计算机专业“十四五”精品教材

Oracle
数据库应用基础

主　编◎ 白　鹤　王　波　黄俊云

副主编◎ 万　波　廖　丽　李　静　幸荔芸

北京希望电子出版社
Beijing Hope Electronic Press
www.bhp.com.cn

内 容 简 介

本书是一本系统、全面地介绍 Oracle 数据库原理、操作与管理技术的教材。全书共分为 10 章，涵盖了数据库基础理论、Oracle 系统详解、环境搭建、基础操作、编程设计、事务控制、安全管理、存储管理、备份与恢复、闪回与分区技术，以及设计实例等内容，通过理论讲解与实践操作相结合的方式，引导读者从零开始，逐步掌握 Oracle 数据库的安装、管理、编程、优化及安全防护等核心技能。全书结构严谨、内容编排循序渐进，且注重数字资源配套的完善，以适应现代教育多元化、个性化的需求。

本书可作为普通高等院校及高等职业院校计算机类各专业数据库课程的教材，也可作为数据库应用系统开发设计工作人员的实用参考书，还可作为相关计算机等级考试的学习指导资料。

图书在版编目（C I P）数据

Oracle 数据库应用基础 / 白鹤，王波，黄俊云主编.
北京 ：北京希望电子出版社，2024. 8. -- ISBN 978-7
-83002-887-9

Ⅰ. TP311.132.3

中国国家版本馆 CIP 数据核字第 2024ZG3914 号

出版：北京希望电子出版社
地址：北京市海淀区中关村大街 22 号
中科大厦 A 座 10 层
邮编：100190
网址：www.bhp.com.cn
电话：010-82620818（总机）转发行部
010-82626237（邮购）
经销：各地新华书店

封面：赵俊红
编辑：毕明燕
校对：李小楠
开本：787 mm×1092 mm　1/16
印张：17
字数：435 千字
印刷：三河市中晟雅豪印务有限公司
版次：2024 年 8 月 1 版 1 次印刷

定价：59.80 元

前　言

计算机科学技术的迅猛发展不仅推动了社会的进步，也深刻地改变了人们的生活、工作和学习方式。其中，数据库技术发展迅速且应用广泛，已经成为计算机信息系统与应用系统的核心技术和重要基础。作为数据库领域的优秀代表，Oracle数据库随着版本的不断升级，功能越来越强大。最新版本的软件为用户提供了完整的数据库解决方案，帮助他们建立自己的电子商务体系，从而增强对外界变化的敏捷反应能力，提高市场竞争力。本书旨在为读者提供较全面、系统的Oracle数据库学习资料，帮助读者掌握Oracle数据库的基本概念、原理和应用，更好地理解和应用数据和信息，为读者提供正确收集、整理和分析数据的方法和工具。

本书共分为10章，内容涵盖了从数据库基础到高级应用的各个方面，每章都有学习目标和巩固练习，帮助读者更好地理解和掌握所学知识。在学习过程中，建议读者结合实际操作进行练习，以便更好地掌握Oracle数据库的实际应用技能。本书各章节内容设置如下：

第1章　数据库基础，介绍了信息、数据和数据库的概念，以及数据库系统的基本组成。此外，还介绍了数据模型的相关概念、组成要素和应用层次等内容。

第2章　Oracle基础，详细介绍了Oracle的发展史、体系结构和Oracle环境的搭建方法。此外，还介绍了Oracle的管理工具，如SQL*Plus、SQL Developer、Database Configuration Assistant和Oracle Enterprise Manager等。

第3章　Oracle数据库基础操作，重点讲解了SQL语言的基础知识和Oracle实例的启动与关闭方法。此外，还介绍了数据表操作、数据查询操作、视图操作、索引操作、序列操作和同义词操作等基本操作。

第4章　Oracle编程设计，主要讲解了PL/SQL语言的基础知识，包括程序结构、编程基础知识，以及游标、过程、函数、包和触发器等编程元素。

第5章　Oracle事务控制，详细介绍了事务的概念、特性和控制方法，以及事务的并发控制和隔离级别等内容。

第6章　Oracle数据库的安全管理，主要讲解了用户管理、权限管理、角色管理、概要文件管理等内容。

第7章　Oracle数据库的存储管理，主要讲解了数据文件、表空间、控制文件、重做日志文件、归档重做日志文件等内容。

第8章　Oracle数据库的备份与恢复，主要讲解了逻辑备份与恢复、脱机备份与恢复、联机备份与恢复，以及各种备份与恢复方法的比较等内容。

第9章　Oracle的闪回技术和分区技术，详细讲解了闪回查询技术、闪回错误操作技术，以及表分区技术和索引分区技术的基本原理和应用方法。

第10章　Oracle数据库设计实例，通过实际案例展示了如何运用所学知识进行数据库设计，这是Oracle数据库应用开发的基础。

本书以简明易懂的方式循序渐进地介绍了掌握Oracle数据库管理系统所需的知识和技能，符合学生的认知规律，可以很好地帮助学生轻松入门并快速提高。本书兼具知识性、逻辑性、系统性和实用性，通过学习本书，学生能够更好地理解和应用数据和信息，提升竞争力和创新能力。

本书可作为普通高等院校及高等职业院校计算机类各专业数据库课程的教材，也可作为数据库应用系统开发设计工作人员的实用参考书，还可作为相关计算机等级考试的学习指导资料。

本书由白鹤（辽宁理工学院）、王波（广西水产畜牧学校）、黄俊云（宁都技师学院）担任主编，由万波（江西旅游商贸职业学院）、廖丽（江西工业工程职业技术学院）、李静（濮阳职业技术学院）、幸荔芸（重庆三峡职业学院）担任副主编。本书在编写过程中参考了一些数据库方面的著作和网络资源，在此对这些著作和资源的创作者表示衷心的感谢！

由于编者水平有限，书中难免存在不足或疏漏之处，恳请广大读者批评指正。

编　者

2024年1月

目 录

第1章 数据库基础

第2章 Oracle基础

第3章 Oracle数据库基础操作

第4章 Oracle编程设计

第5章 Oracle事务控制

第6章 Oracle数据库的安全管理

第 7 章　Oracle数据库的存储管理

第8章　Oracle数据库的备份与恢复

第9章　Oracle的闪回技术和分区技术

第10章 Oracle数据库设计实例

第 1 章

数据库基础

本章导言

在信息化社会的滚滚洪流中，数据已成为驱动世界运行的核心要素之一。随着大数据时代的来临，数据库作为海量信息存储与管理的核心工具，其重要性日益凸显。本章从数据库系统、数据模型、关系型数据库理论等基本概念出发，深入浅出地阐述了数据库的工作机制及其在信息时代的重要角色，帮助学生掌握构建和使用数据库的方法，以满足高效、准确的数据处理需求，培养严谨的逻辑思维能力，树立数据安全意识，并学会从宏观视角审视数据对于科研、商业、社会治理等领域的影响，为后续深入探索Oracle数据库技术打下坚实基础。

学习目标

（1）了解数据库的概念，掌握数据库的组成及其体系结构。

（2）理解数据模型的概念，掌握数据模型的组成要素及其应用层次。

（3）理解关系模型，了解关系型数据库的概念和特点，了解关系型数据库管理系统的概念及构成。

素质要求

（1）培养从实际问题出发，运用数据库原理进行分析和抽象的能力。

（2）能够在数据库设计过程中展现出创新思维，制定科学合理的数据模型。

1.1 数据库概述

数据库技术是一种综合性的软件技术，具有存储、管理大量数据和高效检索的优势，广泛应用于人们日常生活中的各个领域。随着计算机应用的不断发展，数据处理变得越来越重要，数据库技术的应用范围也越来越广泛。

1.1.1 信息、数据和数据库

自计算机问世以来，人类社会进入了信息时代。

信息（information）是现实世界事物的存在方式或运动状态在人们头脑中的反映，是对客观世界的认识。它具有可感知、可存储、可加工、可传递和可再生等自然特性。

数据（data）是用来记录信息的符号，是信息的具体表现形式。数据可以用型和值来表示，其中，型是指数据内容存储在媒体上的具体形式，值是指所描述的客观事物的具体特性。同一信息可以用不同的数据形式来表示，但数据本身不会因为数据形式的不同而改变。例如，一个人的身高可以用两种不同的方式来表示，即“1.60米”或“1米6”，这两种方式的数据的值是相同的，但是数据的型不同。除了数字、文字，数据还包括图形、图像、声音、动画等多媒体数据。

数据库（database, DB）是长期存放在计算机内、有组织的、可共享的数据集合。数据库中的数据是按照一定的数据模型进行组织、描述和储存的，具有较小的冗余度、较高的数据独立性和易扩展性，并可为各种用户所共享，可以形象地理解为存储数据的仓库。当人们在社交媒体上分享动态时，其中的数据实际上被储存在了数据库中；当人们在购物网站上搜索商品时，网站界面展现出来的商品列表其实就是人们在数据库中查询的结果。数据库就像一座图书馆，将各种数据保存起来，便于人们根据需求进行查询和检索。

1.1.2 数据库系统

1. 数据库系统的概念

数据库系统（database system, DBS）是指在计算机系统中引入数据库后的系统，其系统结构如图1-1所示，主要由数据库、支持数据库运行的硬件及操作系统、数据库管理系统、应用系统、数据库管理员和用户构成。

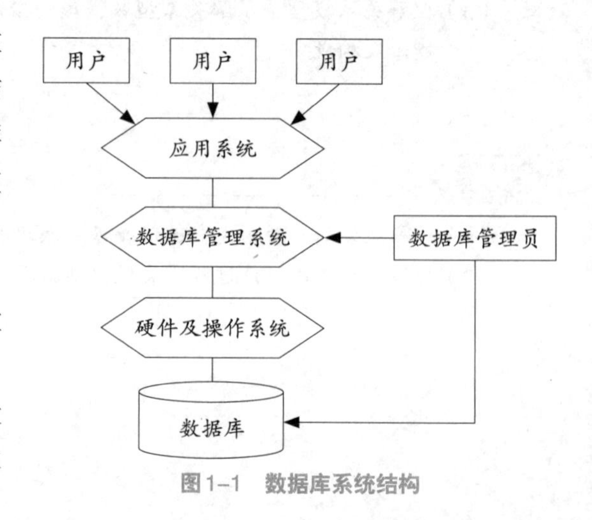

图1-1 数据库系统结构

2. 数据库系统的组成要素

数据库系统的组成要素包括：硬件、软件、人员和数据。

（1）硬件。硬件是指系统所有的物理设备。鉴于数据库应用系统的需求，通常会要求数据库主机或数据库服务器的外存要足够大，I/O存取效率要高；要求主机的吞吐量大、作业处理能力强。对于分布式数据库而言，计算机网络也是基础环境。具体如下：

①要有足够大的内存，能存放操作系统和DBMS的核心模块、数据库缓存区和应用程序。

②要有足够大的硬盘等直接存取设备存放数据库，有足够的存储空间作为数据备份介质。

③要求连接系统的网络有较高的数据传输速度。

④要有较强处理能力的中央处理器（CPU）以保证数据处理的速度。

（2）软件。软件是指系统内所有程序的集合。数据库系统的软件主要包括操作系统（如Linux或Windows）、数据库管理系统（如Oracle、MySQL、DB2、SQL Server或Access等）、数据库系统开发工具（如Oracle SQL Developer、IBM Data Studio、Microsoft SQL Server Management Studio等）。

其中，数据库管理系统是作用于用户与操作系统之间的数据管理软件，它为用户或应用程序提供了访问数据的方法，包括建立数据库、数据操纵、数据检索和数据控制等。

（3）人员。人员是指数据库系统的所有用户，一般把数据库系统中的用户分为4类：数据库管理员、系统分析员和数据库设计人员、应用程序开发人员，以及终端用户。

①数据库管理员。数据库管理员的主要职责是负责数据库的规划、设计、维护和监控，需要对各个应用的数据需求进行全面规划、设计和集成，负责对数据库中数据的安全性、完整性以及系统恢复进行实施与维护，并且不断调整数据库的内部结构，以保持系统的最佳状态和最高效率。

②系统分析员和数据库设计人员。系统分析员的主要任务是编写应用系统的需求分析、确定数据库系统的软硬件配置，并参与数据库的设计和程序开发工作。数据库设计人员主要负责设计数据库的结构，实际上他们是数据库的建筑师。

③应用程序开发人员。应用程序开发人员是负责设计、开发应用系统功能模块的软件编程人员，他们根据数据库结构编写特定的应用程序，并进行调试和安装。

④终端用户。终端用户是使用应用程序的人员，包括日常业务操作人员和高级用户（如主管、经理、董事等）。高级用户可以利用从数据库获取的信息做出战略和战术上的决策。

（4）数据。数据是指存储在数据库中的事实集合，它是一个数据库系统的“质量”基础。

数据库系统中的数据种类包括永久性数据（persistent data）、索引数据（indexes）、数据字典（data dictionary）和事务日志（transaction log）等。

3. 数据库系统架构

根据数据存储和处理方式的不同，数据库系统架构可以分为集中式数据库系统、客户-服务器式（C/S）数据库系统、浏览器-服务器式（B/S）数据库系统和分布式数据库系统。

（1）集中式数据库系统。集中式数据库系统是指数据库系统运行在一台计算机上，不与其他计算机系统交互，例如个人计算机上的单机数据库系统和高性能数据库系统等。这种系统的优点是管理和维护比较简单，数据的安全性和一致性也比较高。但是，当数据量很大时，计算机的性能可能会受到影响，而且如果计算机出现故障，整个系统将无法正常运行。

（2）C/S数据库系统。C/S数据库系统可将数据库功能分为前台客户端系统和后台服务器系统，客户端系统主要负责图形用户界面工具、表格和报表生成等，服务器系统负责数据存取和控制，包括故障恢复和并发控制等。客户端和服务器之间通过网络通信，客户端可以通过客户端软件与服务器进行交互。这种系统的优点是可以将数据处理和存储分离，提高了系统的可扩展性和可靠性，但是需要进行网络通信，可能会受到网络延迟和安全性的影响。

（3）B/S数据库系统。B/S数据库系统将客户端上的应用层从客户端中分离出来，应用程序的用户界面被实现为基于Web的界面，将系统功能实现的核心部分集中到服务器上，所有的业务逻辑和数据处理都在服务器上进行，简化了系统的开发和维护，用户只需要安装一个浏览器即可访问数据库。Web服务器充当了客户端与数据库服务器的中介，架起了用户界面与数据库之间的桥梁。这种系统的优点是用户可以通过任何设备和浏览器访问数据库，无须安装客户端软件，而且系统的维护和管理也比较简单。但是，由于所有的数据处理和存储都在服务器上进行，可能会对服务器的性能产生影响，而且系统的安全性也需要考虑。

（4）分布式数据库系统。分布式数据库系统是将数据分散存储在多个节点上，每个节点都可以处理一部分数据和业务逻辑，通过网络同时存取和处理多个异地数据库中的数据。它由多台计算机组成，每台计算机都配有各自的本地数据库，大部分处理任务由本地计算机完成，是计算机网络发展的必然产物。这种系统的优点是可以实现数据的高可用性和可扩展性，提高了系统的性能和可靠性，但是系统的设计和实现比较复杂，需要考虑数据一致性和分布式事务等问题。

1.2 数据模型

模型是对现实世界的抽象。在数据库技术中，以数据模型的概念描述数据库的结构和语义，并对现实世界的数据进行抽象，从现实世界的信息到数据库存储的数据再到用户使用的数据是一个逐步抽象的过程。

1.2.1 数据模型的概念

数据库中的数据是结构化的，建立数据库时需要考虑如何组织数据，如何表示数据之间的联系，并将数据合理地存放在计算机中，这样才能便于对数据进行有效的处理。

数据模型是对现实世界的一种抽象和描述，它可以用来模拟现实世界中的事物、概念和关系，并在计算机中进行存储、管理和查询。良好的数据模型应该具备以下3个特点。

（1）能够比较真实地描述现实世界，即数据模型应该能够反映现实世界的本质特征和规律。

（2）易于被用户所理解，即数据模型应该具有清晰、简洁、易于理解的表达方式，能够帮助用户快速理解数据结构和关系。

（3）易于在计算机上实现，即数据模型应该能够被计算机程序所理解和处理，能够方便地进行存储、管理和查询。

1.2.2 数据模型的组成要素

数据模型由数据结构、数据操作和数据完整性约束3个要素组成。

1. 数据结构

数据结构用于对数据系统的静态特征进行描述，研究的是数据本身的类型、内容和性质，以及数据之间的关系。

2. 数据操作

数据操作用于对数据系统的动态特征进行描述，是对数据库中对象实例允许执行的操作的集合，包括对对象实例的检索、更新、插入、删除和修改等操作。数据模型必须定义这些操作的确切含义、操作符号、操作规则（如优先级）和实现操作的语言。

3. 数据完整性约束

数据完整性约束是一组完整性规则的集合，用以规定数据库状态及状态变化所应满足的条件，以保证数据的正确性、有效性和相容性。

1.2.3 数据模型的应用层次

在实际应用中，数据模型通常会被分为3个层次：概念数据模型、逻辑数据模型和物理数据模型。通常需要根据具体的需求和应用场景选择合适的数据模型层次，以达到数据存储和管理的最佳效果。

1. 概念数据模型

（1）概念数据模型的定义。概念数据模型（conceptual data model）是对现实世界中的数据结构和关系进行抽象和描述的一种高层次的数据模型。它通常是基于业务需求和用户需求进行设计和建立的，用于描述业务实体和它们之间的关系。概念数据模型通常是一个高层次的概念模型，它并不涉及具体的实现细节，只描述了数据的结构和关系。

（2）E-R模型。概念模型的表示方法很多，其中最常用的是实体-联系模型（entity-relationship model），简称为E-R模型。在E-R模型中，信息由实体、实体属性和实体间的联系3种概念单元来表示。

①实体是指建立概念模型的对象。用长方框表示，在框内写上实体名。例如，学生、课程等。

②实体属性是指实体的说明。用椭圆框表示实体的属性，并用无向边把实体与其属性连接起来。例如，学生实体有学号、姓名、性别、出生日期、手机号等属性。

③实体间的联系是指两个或两个以上实体类型之间有名称的关联。实体间的联系用菱形框表示，菱形框内要有联系名，并用无向边把菱形框分别与有关实体相连接，在无向边的旁边标上联系的类型。例如，可以用E-R图来表示某学校学生选课情况的概念模型，如图1-2所示。一个学生可以选修多门课程，一门课程也可以被多个学生选修，因此，学生和课程之间具有多对多的联系。

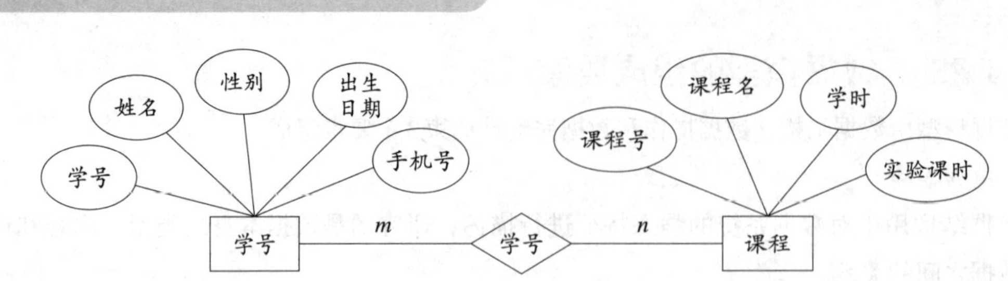

图1-2 实体、实体属性及实体联系模型

2. 逻辑数据模型

（1）逻辑数据模型的定义。逻辑数据模型（logical data model）是对概念数据模型进一步抽象和细化的一种数据模型。它主要描述了数据在计算机内部的存储和组织方式，包括实体、属性、关系等的具体实现方式。逻辑数据模型通常是一个中间层次的数据模型，它将概念数据模型转化为计算机可理解的数据结构和关系。

（2）逻辑数据模型的分类。逻辑数据模型包括层次模型、网状模型、关系模型、面向对象模型和对象关系模型等。

①层次模型。层次模型（hierarchical model）是一种树状结构的数据模型，它由多个实体和它们之间的关系组成，每个实体可以有多个属性。在层次模型中，实体和属性被组织成一个树状结构，其中根节点代表整个数据模型，每个节点代表一个实体，每个实体又可以包含多个子节点和属性。层次模型通常使用层次数据库来实现，它的优点是对于处理具有明确定义的层级关系的数据非常有用（例如组织结构、文件系统等），缺点是缺乏灵活性和适应性，数据库中的数据冗余较高，且难以处理复杂查询。

②网状模型。网状模型（network model）是一种网状结构的数据模型，它由多个实体和它们之间的关系组成，每个实体可以有多个属性。在网状模型中，实体和属性之间的关系是通过多个连接线连接的，每个连接线可以指向一个或多个实体。网状模型通常使用面向对象数据库来实现，它的优点是可以处理大规模数据和复杂的关系，缺点是难以维护和修改。

③关系模型。关系模型（relational model）是一种二维表格结构的数据模型，它由多个实体和它们之间的关系组成，每个实体对应一张表格，而关系则是通过连接线连接的。在关系模型中，每个表格都包含了一组列，每列代表一个属性。关系模型通常使用关系型数据库实现，它的优点是结构清晰、易于维护和修改，缺点是难以处理大规模数据和复杂的关系。

④面向对象模型。面向对象模型（object-oriented model）是一种基于对象的数据模型，它将现实世界中的事物和概念抽象成对象，每个对象都具有属性和方法。在面向对象模型中，数据被组织成一个对象图，每个对象代表一个实体或概念，它们之间的关系通过对象之间的方法和属性来表示。面向对象模型通常使用面向对象数据库或NoSQL数据库实现，它的优点是可以处理大规模数据和复杂的关系，同时也具有良好的可扩展性和灵活性，缺点是需要对面向对象编程有一定程度的理解和掌握。

⑤对象关系模型。对象关系模型（object-relational model）是一种将关系型数据库中的数据映射到面向对象编程语言中的对象上的技术。对象关系模型框架通常提供了一种将数据库表和

对象之间进行映射的方式，使得开发人员可以使用面向对象的方式访问和操作数据库。

3. 物理数据模型

物理数据模型是对逻辑数据模型进行最终实现的一种数据模型。它描述了数据在实际存储和组织中的具体实现方式，包括数据在磁盘、数据库等存储介质中的存储方式、索引方式、备份和恢复方式等。物理数据模型通常是一个低层次的数据模型，它将逻辑数据模型转化为具体的存储结构和实现方式。

1.3 关系型数据库理论

关系型数据库理论是数据库管理系统设计的基础，它围绕关系模型这一核心概念展开，旨在提供一种高效、灵活的数据组织、存储和管理方法。

1.3.1 关系模型

关系模型是一种基于关系代数的数据模型，它使用表格组织和存储数据，并使用关系描述表格之间的联系。

1. 关系代数

关系代数是一种基于关系运算的代数系统，它用于描述和操作关系型数据库中的数据。关系代数主要由基本运算符、函数、关系模式和查询等组成。

（1）基本运算符。基本运算符包括选择（select）、投影（project）、连接（join）、笛卡儿积（cartesian product）、并（union）、交（intersection）、差（difference）等。这些运算符可以用来组合、变换和操作关系模式。

（2）函数。函数是用来计算或操作数据的一种特殊映射，例如求和、求平均值、求最大值等。函数可以用来对数据进行聚合计算，以便从多个关系模式中获取有用的信息。

（3）关系模式。关系模式是用来描述关系型数据库中的实体和实体之间联系的数据结构。一个关系模式通常由一个关系名和若干个属性组成。关系模式可以用来表示实体和实体之间的联系，也可以用来存储和组织数据。

（4）查询。查询是用来从关系模式中获取数据的操作。查询通常由一个或多个选择语句组成，每个选择语句指定要查询的表和要返回的列。查询可以用来获取满足特定条件的数据，也可以用来对数据进行聚合计算和分析。在关系代数中，查询被视为一个表达式，它描述了对关系型数据库中的数据进行操作的方式。

2. 关系的类型

实体间的联系是错综复杂的。在常见的数据库环境中，实体之间有三种类型的关系：一对一、一对多、多对多，如图1-3所示。

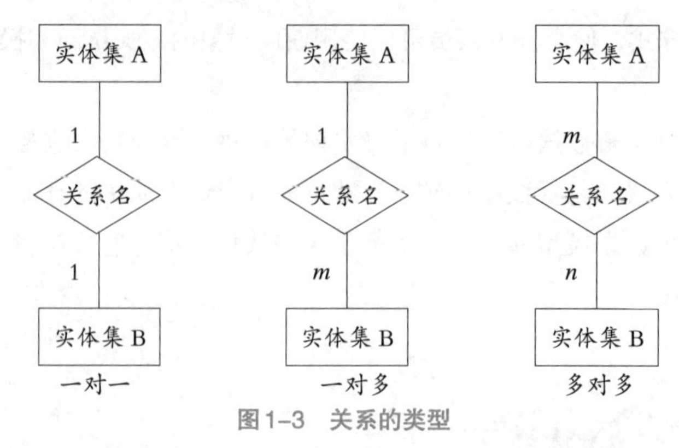

图1-3 关系的类型

（1）一对一关系。对于实体集A中的每一个实体，实体集B中至多有一个实体与之联系，反之亦然，则称实体集A与实体集B具有一对一关系，记为1∶1。例如，通常一个班内都只有一个班长，班级和班长之间具有一对一关系。

（2）一对多关系。对于实体集A中的每一个实体，实体集B中有m个实体（$m \geqslant 2$）与之联系；反过来，对于实体集B中的每一个实体，实体集A中至多有一个实体与之联系：称实体集A与实体集B具有一对多关系，记为1∶m。例如，一个班内有多名学生，一名学生只能属于一个班，即班级与学生之间具有一对多关系。

（3）多对多关系。对于实体集A中的每一个实体，实体集B中有n个实体（$n \geqslant 0$）与之联系；反过来，对于实体集B中的每一个实体，实体集A中也有m个实体（$m \geqslant 0$）与之联系：称实体集A与实体集B具有多对多关系，记为m∶n。例如，学生在选课时，一名学生可以选多门课程，一门课程也可以被多名学生选取，则学生和课程之间具有多对多关系。

3.关系模型的键

在关系模型中，键是用于唯一标识关系中的实体的属性或属性组合。关系模型中的键可以是单个属性，也可以是多个属性的组合。

单个属性键是指一个属性作为关系中实体的唯一标识符。例如，在一名学生和课程之间的关系中，学生的学号可以作为学生的唯一标识符，因此学号可以作为学生的键。

多个属性键是指多个属性作为关系中实体的唯一标识符。例如，在一个订单和订单项之间的关系中，订单号和订单项号可以作为订单的唯一标识符，因此订单号和订单项号可以作为订单的键。

关系模型中的键主要有以下几种。

（1）超键。在关系中，能够唯一标识元组(关系中的一行数据)的属性集被称为关系模式的超键（super key）。一个属性可以作为一个超键，多个属性组合在一起也可以作为一个超键。超键包括候选键和主键。

（2）候选键。超键中最小的属性集，也就是没有冗余元素的超键，称为候选键（candidate key）。候选键通常是没有主键的属性集，但也可以有多个候选键同时存在，这时需要从中选择一个作为主键。候选键必须满足以下两个条件。

唯一性：候选键必须唯一标识关系中的每个实体。

非空性：候选键不能为空值。

（3）主键。在关系模式中，用户正在使用的候选键被称为主键（primary key）。主键用于在数据表中唯一和完整地标识数据对象，一个数据列只能有一个主键，且主键的取值不能缺失（即不能为空值）。主键是从候选键中选择的。主键可以结合外键来定义不同数据表之间的关系，并且可以加快数据查询的速度。主键分为两种类型：单字段主键和多字段联合主键。

（4）外键。外键（foreign key）用来在两个表之间建立连接，可以是一列，也可以是多列。一个表可以有一个或者多个外键。外键对应的是参照完整性，一个表的外键可以为空值，若不为空值，则该外键的值必须是另一个表中主键的值。外键的作用是保持数据的一致性和完整性，定义外键后，即不允许删除在另一个表中具有关联关系的行。

对于两个具有关联关系的表而言，相关联字段中主键所在的表为主表，外键所在的表为从表。

在关系模型中，键的选择是非常重要的，因为它决定了关系中实体的唯一性和完整性。如果键选择不当，可能会导致数据冗余、数据不一致等问题。

4. 关系模型的完整性约束

关系模型中有三类完整性约束，即实体完整性、参照完整性和用户自定义完整性。

（1）实体完整性。实体完整性（entity integrity）是指关系模式中每个实体都必须有一个唯一标识符，并且每个标识符只能对应一个实体。这意味着每个实体都必须有一个唯一的主键，并且不能有重复的主键值。实体完整性可以通过定义主键、唯一约束、非空约束等方式来实现。

（2）参照完整性。参照完整性（referential integrity）是指关系模式中的每个实体都必须有一个唯一的参照实体，并且每个实体只能有一个参照实体。这意味着每个实体都必须有一个唯一的外键，并且不能有重复的外键值。参照完整性可以通过定义外键、唯一约束、非空约束等方式来实现。

（3）用户自定义完整性。用户自定义完整性（user-defined integrity）是指在关系型数据库中，用户可以通过定义约束条件限制数据的插入、更新和删除操作。用户自定义完整性可以提高数据的一致性和完整性，避免数据的错误和不一致。在关系型数据库中，用户自定义完整性通常通过创建触发器（trigger）实现。触发器是一种特殊的存储程序，当满足特定条件时，自动执行预定义的操作，后续章节会对触发器进行详细的讲解。

1.3.2 关系型数据库

1. 关系型数据库的概念

根据数据模型的不同，数据库可以分为关系型数据库（relational database）和非关系型数据库（non-relational database）。

其中，关系型数据库是一种基于关系模型理论的数据库管理系统。它以表格的形式组织数据，每个表格由多个行和列组成，每行表示一个记录，每列表示一个属性。关系型数据库使用SQL（structured query language）作为查询语言，可以对数据进行增、删、改、查等操作。非关系型数据库是一种基于非关系型数据模型的数据库系统，与传统的关系型数据库不同，非关系型数据库不使用表格结构，而是使用键值对、文档、图形等不同的数据模型。非关系型数据库的数据操作和管理方式也不同于关系型数据库，通常使用特定的查询语言或应用程序编程接口进行数据操作。

2. 关系型数据库的特点

（1）关系型数据库的优点。

数据结构清晰：关系型数据库使用表格的形式组织数据，使得数据结构清晰易懂，易于维护和查询。

数据一致性：关系型数据库支持ACID（原子性、一致性、隔离性、持久性）事务，保证了数据的一致性和可靠性。

数据安全性：关系型数据库支持用户权限管理，可以对不同用户进行访问控制，以保证数据的安全性。

数据共享：关系型数据库支持多用户同时访问，可以方便地实现数据共享。

数据备份和恢复：关系型数据库支持数据备份和恢复，可以保证数据的完整性和可靠性。

（2）关系型数据库的缺点。

不适合非结构化数据：关系型数据库只能存储结构化数据，对于非结构化数据的存储和查询不太方便。

不适合大规模数据：关系型数据库在处理大规模数据时可能会出现性能瓶颈。

不适合复杂查询：关系型数据库的查询语言SQL比较简单，对于复杂查询的支持不太好。

1.3.3 关系型数据库管理系统

1. 关系型数据库管理系统的概念

数据库管理系统（database management system,DBMS）是位于用户与操作系统之间的一套数据管理软件，它属于系统软件，为用户或应用程序提供访问数据库的方法，包括数据库的建立、查询、更新，以及各种数据控制和操作。数据库管理系统的结构如图1-4所示。

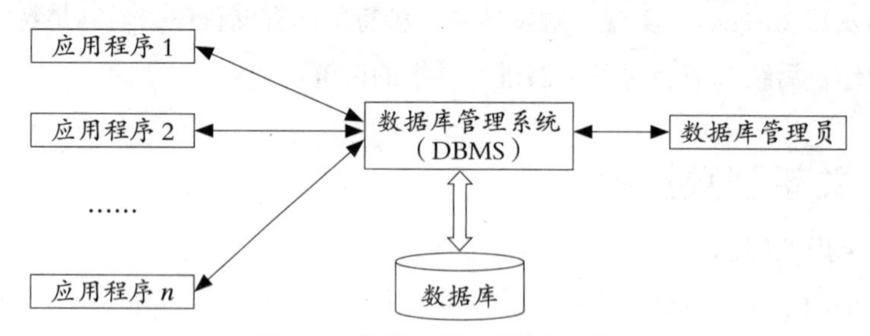

图1-4 数据库管理系统的结构

数据库管理系统是数据库系统的核心组成部分，总是基于某种数据模型，因此，可以把数据库管理系统看成是某种数据模型在计算机系统上的具体实现。基于关系模型的数据库管理系统即为关系型数据库管理系统（relational database management system,RDBMS）。

2. 关系型数据库管理系统的构成

关系型数据库管理系统的体系结构如图1-5所示。

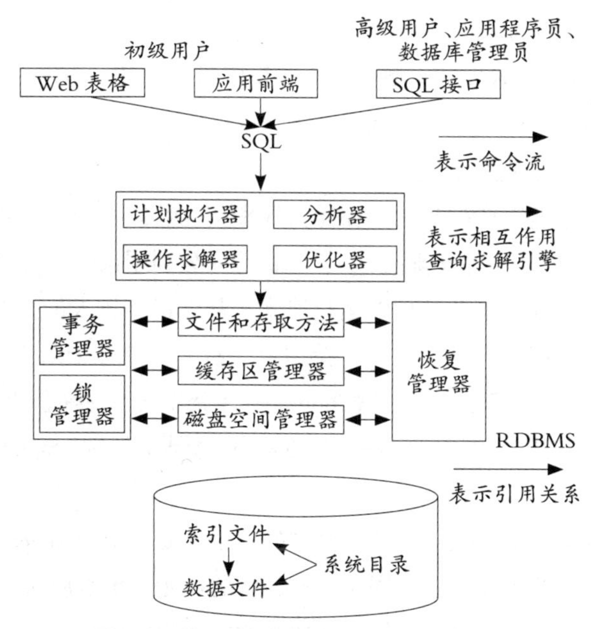

图 1-5　关系型数据库管理系统的体系结构

RDBMS接收各种用户接口产生的SQL命令，生成查询求解计划，然后在数据库中执行这些计划，并返回结果。

当用户提出一个查询，经过语法分析的查询被送至查询优化器。查询优化器借助数据存储的信息生成有效的求解查询的执行计划。执行计划通常表示为关系查询树。关系操作的实现代码位于文件和存取方法层之上，这一层包括支持文件概念的各种软件。在RDBMS中，文件是页和记录的集合。这一层通常支持堆文件或无顺序页文件，以及索引。除了跟踪文件中的页，这一层还组织页内的信息。文件和存取方法层代码位于缓存区管理器之上，缓存区管理器的责任是把页从磁盘取入主存以满足读的需求。RDBMS软件的最底层用于实际存储数据的磁盘空间管理，其上层通过这层分配、回收、读和写页面。该层称为磁盘空间管理器。

RDBMS通过仔细调度用户请求和维护记录数据库所有变化的日志来支持并发控制和故障恢复。与并发控制和故障恢复相关的RDBMS构件包括事务管理器、锁管理器和恢复管理器。事务管理器确保事务依照一个合适的加锁协议来请求和释放锁，并调度执行事务。锁管理器跟踪对锁的需求，并当数据库对象可获得时在该对象上授权加锁。恢复管理器负责维护日志，并在系统崩溃后把系统恢复到一个一致性状态。

3. 常见的关系型数据库管理系统

常见的关系型数据库管理系统包括Oracle、SQL Server、Access、MySQL等。

（1）Oracle。Oracle数据库被认为是业界目前比较成功的关系型数据库管理系统。Oracle的数据库产品被认为是运行稳定、功能齐全、性能超群的高端产品。这一方面反映了它在技术方面的领先，另一方面也反映了它在价格定位上更着重于大型的企业数据库领域。对于数据量大、事务处理繁忙、安全性要求高的企业，Oracle无疑是比较理想的选择。当然，用户必须在费用方面做出充足的考虑，因为Oracle数据库在同类产品中是比较贵的。

（2）SQL Server。SQL Server是大型关系型数据库管理系统。SQL Server的功能比较全面，效率高，可以用作大中型企业或单位的数据库平台。SQL Server在可伸缩性与可靠性方面做了许多工作，近年来在许多企业的高端服务器上得到了广泛的应用。同时，该产品的界面友好、易学易用，与其他大型数据库产品相比，在操作性和交互性方面独树一帜。SQL Server可以与Windows操作系统紧密集成，这种安排使SQL Server能充分利用操作系统所提供的特性，无论是应用程序的开发速度还是系统事务处理的运行速度，都能得到较大的提升。另外，SQL Server可以借助浏览器实现数据库查询功能，并支持内容丰富的扩展标记语言（XML），提供了全面支持Web功能的数据库解决方案。对于在Windows平台上开发的各种企业级信息管理系统来说，无论是C/S（客户机/服务器）架构还是B/S（浏览器/服务器）架构，SQL Server都是一个很好的选择。

（3）Access。Access是MS Office办公套件中的一个重要成员。Access简单易学，任何一个普通的计算机用户都能掌握并使用它。同时，Access的功能也足以应付一般的小型数据管理及处理需要。无论用户是要创建一个个人使用的独立的桌面数据库，还是部门或中小公司使用的数据库，在需要管理和共享数据时，都可以使用Access作为数据库平台以提高工作效率。例如，可以使用Access处理公司的客户订单数据，管理自己的个人通讯录，进行科研数据的记录和处理等。但Access只能在Windows系统下运行。Access最大的特点是界面友好，简单易用，和其他Office成员一样，极易被一般用户所接受。因此，在许多低端数据库应用程序中，经常使用Access作为数据库平台。在初次学习数据库系统时，很多用户也是从Access开始的。

（4）MySQL。MySQL是开源关系型数据库产品，目前为Oracle公司所有。MySQL是一种关联数据库管理系统，关联数据库将数据保存在不同的表中，而不是将所有数据放在一个大仓库内，这样就提升了速度并增强了灵活性。由于其体积小、速度快、成本低，且是开放源码，一般中小型网站的开发都选择MySQL作为网站数据库，目前MySQL是最流行的关系型数据库管理系统之一。

1.4 数据库设计

数据库设计是指在具备了DBMS、系统软件、操作系统和硬件环境的前提下，数据库应用开发人员使用这些环境满足用户需求，并构造最优的数据模型，据此建立数据库及其应用系统的过程。广义上讲，数据库设计包括设计整个数据库应用系统；狭义上讲，数据库设计是指设计数据库的各级模式并建立数据库，这是数据库应用系统设计的一部分。在实际的系统开发项目中，设计一个好的数据库结构是设计一个好的应用系统的基础。

按照规范的设计方法，同时考虑数据库及其应用系统开发的全过程，数据库设计可以分为6个阶段：需求分析、概念模型设计、逻辑模型设计、物理模型设计、数据库实施，以及数据库运行和维护。数据库设计步骤如图1-6所示。

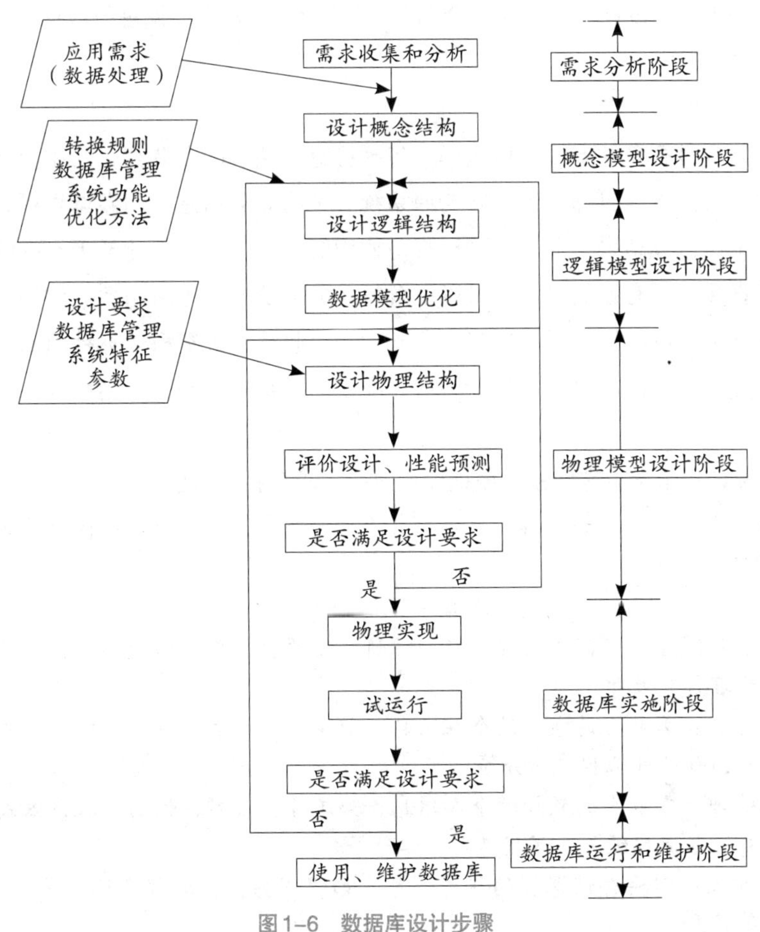

图1-6　数据库设计步骤

下面分别讲解这些阶段。

1.4.1　需求分析

了解用户需求是数据库设计的第一步。用户通常对自己的业务非常熟悉但对需求的表达不够清晰，而设计人员可能对用户的业务不够熟悉，于是难以准确地将用户的需求转化成数据模型。因此，设计人员需要通过与用户充分沟通和交流，从而了解他们的需求，尽可能详细地记录下来，并在此基础上进行后续的数据库设计和开发工作。

1. 需求分析的内容

在进行数据库设计之前，开发人员需要确定被开发的系统需要做什么，需要存储和使用哪些数据，以及需要什么样的运行环境并达到什么样的性能指标。

需求分析分为信息需求、处理需求、安全性和完整性需求3个方面。其中，信息需求描述了用户将向数据库中输入和输出的数据，以及数据之间的联系；处理需求描述了系统需要执行的操作功能和优先级，以及用户响应的时间和处理方式；安全性和完整性需求描述了不同用户对数据库的使用和操作情况，以及数据之间的关联关系和取值范围。需求分析阶段的输出是需求说明书，它是用户和设计者之间的“合同”，设计者先以其为依据进行数据库设计，再以其为依据测试和验收数据库。

2. 需求分析的方法

进行需求分析时有多种方法可供选择，包括检查文档、问卷调查、与用户交谈和现场调查等。其中，检查文档可以更深入地了解与原系统有关的业务信息；问卷调查可以收集用户的职责范围、业务工作目标结果、业务处理过程与使用的数据、与其他业务工作的联系等信息；与用户交谈是最直接、最有效的方法，可以了解各业务的功能、逻辑与数据使用、执行管理等方面的规律；现场调查可以深入了解用户的业务活动，收集有关资料以弥补前面工作的不足。在使用任何一种方法时，都需要用户积极参与和配合。通常需要同时采用多种方法，以获得全面的信息。

例如，为设计一个学生选课系统数据库而进行需求分析。步骤如下：

步骤 01 通过与学生、授课教师、系统操作者等进行交谈及发放调查问卷等方式，收集需求信息。

步骤 02 对收集的信息进行分析，记录如下。

用户登录和权限管理：需要实现用户的注册、登录、密码找回等功能，并设置不同等级的用户权限，如管理员、教师、学生等。

学生信息管理：需要存储学生的个人信息，如学号、姓名、性别、联系方式等，以及学生选课的相关信息，如已选课程、学分等。

教师信息管理：需要存储教师的个人信息，如工号、姓名、性别、联系方式等，以及教师教授的课程信息，如课程编号、课程名称、学时等。

课程信息管理：需要存储课程的相关信息，如课程编号、课程名称、学时、任课教师等，以及选课人数等信息。

选课管理：需要实现学生选课、退课、重修等操作，以及教师对选课信息的审核等功能。

成绩管理：需要实现对学生所选课程的成绩录入、修改和查询等功能，以及对成绩的统计和分析等功能。

通知管理：需要实现系统自动发送通知的功能，如选课提醒、考试提醒等。

系统设置：需要对系统进行一些基础设置，如选课时间设置、选课人数限制等。

安全性需求：需要确保系统数据的安全性，包括数据的加密存储、访问控制等。

可维护性需求：需要确保系统的可维护性，包括系统的升级、备份等。

1.4.2 概念模型设计

概念模型设计是将用户需求抽象为信息结构的过程，是整个数据库设计的关键。在早期的数据库设计中，概念模型设计并不是一个单独的阶段，而是直接将用户需求以数据存储格式转换为DBMS能处理的逻辑模型。这种设计方式存在一些问题，例如设计结果容易受到外界环境变化的影响，而且难以满足用户对数据的处理要求。为了解决这些问题，概念模型设计被引入到数据库设计过程中，并成为一个单独的设计阶段。概念模型设计的好处包括任务相对单一，设计的复杂度降低、稳定性提高，易于被业务用户理解，能真实反映现实世界，以及易于更改和向逻辑模型中的关系模型转换等。在概念模型设计中，最简单实用的一种是E–R（实体–联系）模型，它将现实世界的信息结构统一用属性、实体及实体间的联系进行描述。

1.概念模型设计的方法

概念模型设计有四种方法：自顶向下、自底向上、逐步扩张和混合策略。其中，自顶向下是先定义全局概念结构的框架，再逐步细化；自底向上是最常用的方法，它先定义局部概念结构，再将它们集成起来，得到全局概念结构；逐步扩张是先定义核心业务的概念结构，再向外扩充，以滚雪球的方式逐步生成其他概念结构；混合策略则是将自顶向下和自底向上两种方法相结合。

在概念模型设计中通常采用自底向上的方法，而在需求分析时则采用自顶向下的方法，如图1–7所示。

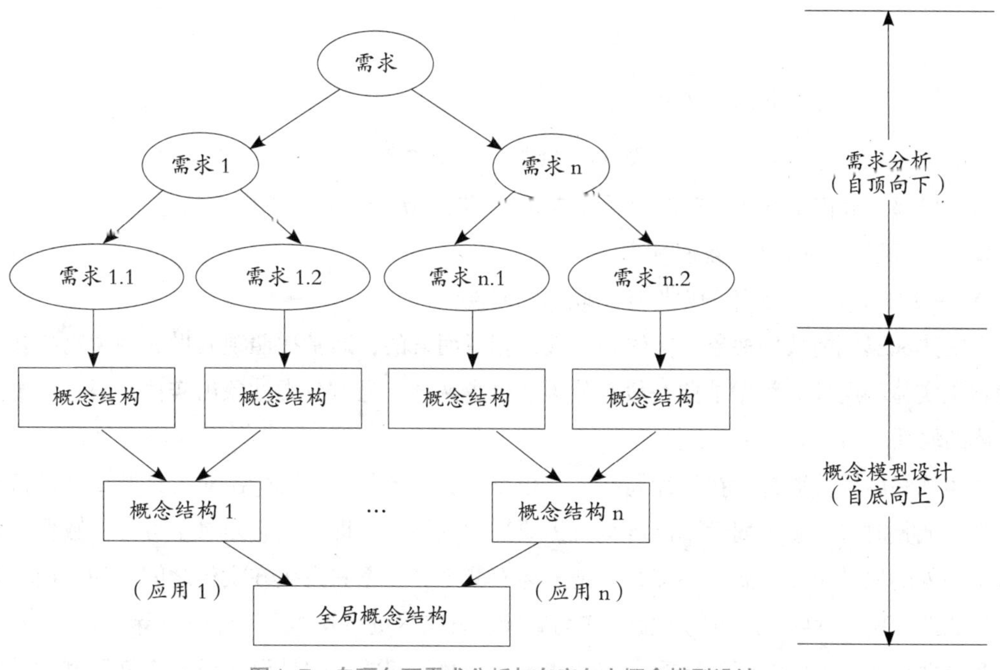

图1–7　自顶向下需求分析与自底向上概念模型设计

2.概念模型设计的步骤

使用E–R模型进行数据库概念模型设计时，可以分为两个步骤：第一，进行数据抽象，设计局部E–R模型；第二，将各局部E–R模型综合成一个全局E–R模型，然后进行优化，得到最终的E–R模型，即概念模型。概念模型设计的步骤如图1–8所示。

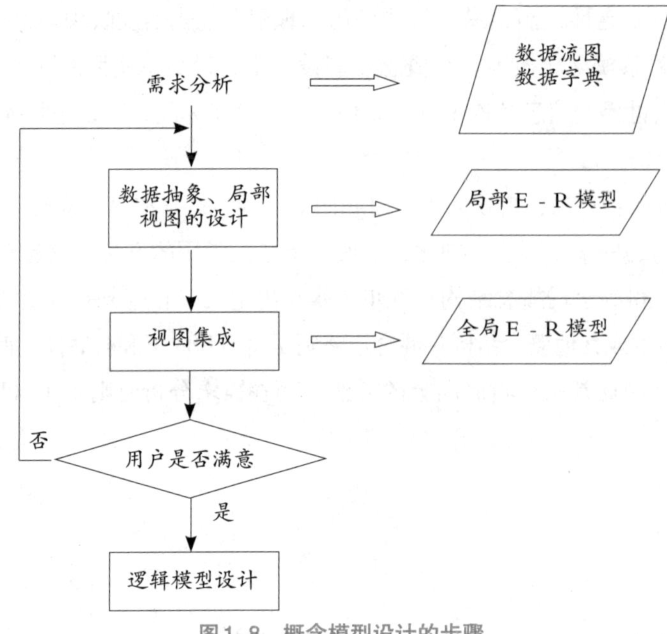

图1-8 概念模型设计的步骤

（1）局部E–R模型设计。在设计局部E–R模型时，需要确定以下内容：

- 一个概念是用实体还是属性表示？
- 一个概念是作为实体的属性还是联系的属性？

①实体和属性的数据抽象。实体和属性是相对而言的，通常按照现实世界中事物的自然划分来定义实体和属性。数据抽象一般有分类和聚集两种，通过分类抽象出实体，通过聚集抽象出实体的属性。

②实体和属性的取舍。在设计局部E–R模型时，需要根据实际情况对实体和属性进行必要的调整。调整时应注意，属性不能再具有需要描述的性质，即属性必须是不可分的数据项，不能再由另外的属性组成。属性不能与其他实体有联系，联系只发生在实体之间。为了简化E–R模型的处理，现实世界中的事物若能够作为属性，就应尽量将其作为属性来对待。

③属性在实体与联系间的分配。属性在实体与联系间的分配是设计局部E–R模型时需要考虑的重要问题。当多个实体使用同一属性时，为了避免数据冗余和完整性约束问题，需要确定将该属性分配给哪个实体。一般来说，应将属性分配给使用频率最高的实体或实体值较少的实体。例如，“课名”属性通常应该归属于“课程”实体，而不是“学生”实体。此外，有些属性不宜归属于任何一个实体，只说明实体之间的联系特性。例如，学生选修某门课程的成绩属性就不能归属于任何一个实体，而应该作为“选课”联系的属性。

④局部E–R模型的设计过程。在设计局部E–R模型时，需要经过以下步骤。

步骤01 确定局部结构范围。根据当前用户或数据库提供的服务，将系统划分为不同的局部结构，并为每个局部结构设计一个E–R模型。

步骤02 建立实体–联系图。实体–联系图是指用于描述局部结构的图形化表示方法，其中实体用矩形表示，联系用菱形表示。在实体–联系图中，每个实体都对应一个或多个属性，每个联系都对应一个关系运算符。

步骤03 定义属性。属性用于描述实体和联系的性质和特征。在定义属性时，需要考虑属性的数据类型、取值范围、唯一性等因素。

步骤04 确定实体和联系之间的关系。实体和联系之间的关系可以通过定义联系的属性来确定。例如，在学生选课的场景中，学生实体和选课联系之间的关系可以通过选课联系的属性来确定，如选课时间、所选课程等。

步骤05 优化实体－联系图。优化的目的是为了减少数据冗余、提高数据存储效率和进行完整性约束。常见的优化方法包括合并相似实体、合并相似联系、拆分实体、拆分联系等。

（2）全局E–R模型设计。在完成所有局部E–R模型的设计后，需要将它们综合成一个全局概念结构。全局概念结构需要支持所有局部E–R模型，并且必须呈现出一个完整、一致的数据库概念结构。

①确定公共实体。在合并多个局部E–R模型之前，需要确定哪些实体是公共实体。公共实体是指在不同局部E–R模型中都存在的实体。确定公共实体的方法包括将同名实体作为公共实体的一类候选，将具有相同键的实体作为公共实体的另一类候选。

②合并局部E–R模型。有多种方法可以合并局部E–R模型，包括一次性合并多个局部E–R图和逐步合并两个局部E–R图。建议采用逐步合并的方式，先合并那些在现实世界中有联系的局部结构，然后从公共实体开始合并，最后加入独立的局部结构。

③解决冲突。由于不同的设计人员可能会以不同的方式设计局部E–R模型，因此不同的局部E–R模型之间可能会存在不一致的地方，即冲突。冲突主要包括属性冲突、命名冲突和结构冲突。

属性冲突包括属性域冲突和属性取值单位冲突。属性域冲突是指属性的值类型、取值范围或取值集合不同；属性取值单位冲突例如质量单位有的用公斤，有的用斤，有的用克。属性冲突通常通过讨论、协商解决。

命名冲突包括同名异义和异名同义两种情况。同名异义是指不同意义的对象在不同的局部E–R模型中具有相同的名称。例如，局部E–R模型A中将教室称为房间，局部E–R模型B中将学生宿舍也称为房间。异名同义是指同一意义的对象在不同的局部E–R模型中具有不同的名称。例如，对科研项目，财务处称为项目，科研处称为课题，生产管理处称为工程。命名冲突包括属性名、实体名、联系名之间的冲突，其中属性的命名冲突更为常见。处理命名冲突通常也通过讨论、协商解决。

结构冲突包括同一对象在不同局部E–R模型中具有不同的抽象、同一实体在不同局部E–R模型中包含的属性个数和属性排列次序不完全相同、实体间的联系在不同的局部E–R模型中为不同类型。解决方法通常是使属性变换为实体或将实体变换为属性，使同一对象具有相同的抽象，使同一实体在不同局部E–R模型中包含的属性个数和属性排列次序完全相同，使实体间的联系在不同的局部E–R模型中为相同类型。

在合并局部E–R模型时，需要检查并消除冲突，以确保全局概念结构的准确性和一致性。

④全局E-R模型的优化。在得到全局E-R模型后，为了提高数据库系统的效率，还需要进一步对全局E-R模型进行优化。优化的目标是使全局E-R模型尽可能准确、全面地反映用户的功能需求，同时尽可能地减少实体个数和冗余属性。具体的优化原则包括实体的合并、冗余属性的消除和冗余联系的消除。

实体的合并：相关实体应该合并成一个，以减少连接操作的开销，提高处理效率。

冗余属性的消除：全局范围内可能存在冗余属性，需要将其消除，以减少数据存储空间和维护代价。可以通过检查属性之间的函数依赖关系确定哪些属性是冗余的。

冗余联系的消除：全局E-R模型中可能存在冗余的联系，需要利用规范化理论中的函数依赖概念将其消除，以减少数据存储空间并提高查询效率。

例如，为设计一个学生选课系统数据库而进行概念模型设计。步骤如下：

步骤01 进行数据抽象，设计局部E-R模型。

首先，确定现实世界中的实体。在选课系统中，可以确定以下实体：学生、教师、课程、选课信息。

其次，对实体进行抽象。从上述实体中，可以抽象出如下属性。

学生的属性：学号、姓名、性别、年龄、选修课程名、平均成绩及所属系别等。

教师的属性：教师工号、姓名、性别、职称、讲授课程编号等。

课程的属性：课程编号、课程名称、学时、授课教师等。

选课信息的属性：学生学号、课程编号、选课时间、成绩等。

然后，确定实体之间的关联关系：

- 一名学生可以选修多门课程，一门课程可以被多个学生选修；
- 一名教师可以讲授多门课程，一门课程可由多位教师讲授；
- 一个系可以有多位教师，一位教师只能属于一个系。

最后，设计局部E-R模型，包括学生选课局部E-R模型和教师授课局部E-R模型，分别如图1-9和图1-10所示。

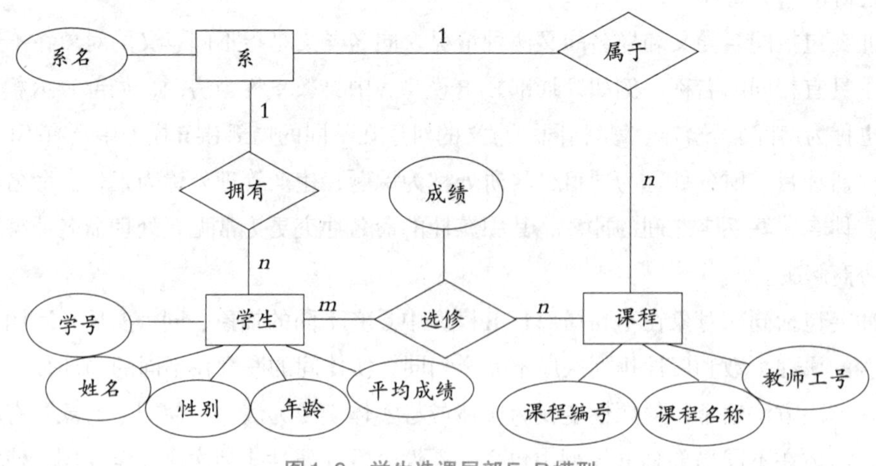

图1-9 学生选课局部E-R模型

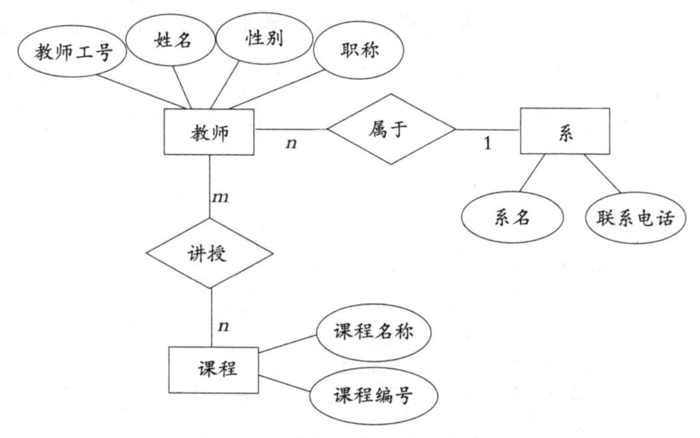

图 1-10　教师授课局部 E-R 模型

步骤 02 将各局部 E-R 模型综合成一个全局 E-R 模型，然后进行优化，得到最终的 E-R 模型，如图 1-11 所示。

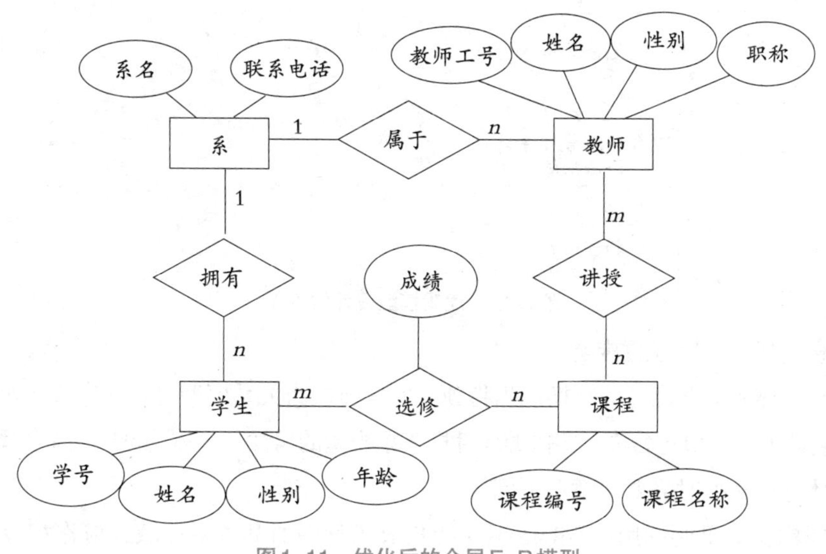

图 1-11　优化后的全局 E-R 模型

1.4.3 逻辑模型设计

概念模型是一个与具体的数据库管理系统或计算机硬件无关的抽象数据结构。为了将概念模型应用于实际的数据库系统，必须将其转换为 DBMS 支持的逻辑数据结构，并最终实现物理数据库结构。目前的技术无法直接将概念模型转换为物理数据库结构，需要先通过逻辑模型设计生成一个它们之间的中间逻辑数据库结构，这个中间结构是特定 DBMS 可以处理的。逻辑模型设计即将概念模型转换为逻辑数据库结构的过程。

逻辑模型设计的任务是将概念模型设计阶段设计好的基本 E-R 图转换为适用于具体数据库管理系统的逻辑结构，以确保数据可以被正确地存储、检索和更新，从而满足数据库的功能、性能、完整性和一致性方面的应用要求。

设计逻辑模型时，应选择最适合描述概念结构的数据模型，并选择最合适的数据库管理系统。在设计逻辑模型时一般包括3个步骤：首先，初始关系模式设计，即将E–R模型转换成关系模型；其次，关系模式的规范化；最后，关系模式的评价与改进。逻辑模型设计的步骤如图1–12所示。

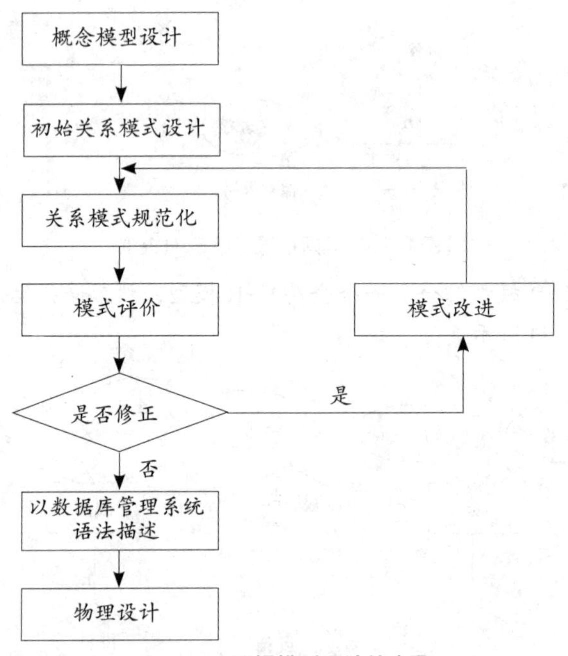

图1–12　逻辑模型设计的步骤

1.E–R模型到关系模型的转换

（1）独立实体到关系模型的转换。当将独立实体转换为关系模型时，一个实体对应一个关系模型，实体名即关系模型的名称，实体的属性即关系模型的属性，实体的键即关系模型的键。

在对实体进行转换时需要注意以下问题。

属性域问题：如果所选用的DBMS不支持E–R模型中的某些属性域，应作相应的修改，否则由应用程序处理转换。

非原子属性问题：E–R模型中允许非原子属性，这不符合关系模型的第一范式条件，必须作出相应处理。

（2）1∶1联系到关系模型的转换。有两种方法可以将1∶1联系转换为关系模型。

方法一：将1∶1联系转换为一个单独的关系模式。将与该联系相连的每个实体的属性和联系本身的属性都转换为关系模式的属性，并将每个实体的键作为关系模式的键。

方法二：将1∶1联系与其中一个端点的关系模式合并。在该关系模式的属性中添加另一个关系模式的主键和联系本身的属性。为了表示关系之间的联系，每个关系模式都会增加对方的关键字作为外部关键字。

（3）1∶n联系到关系模型的转换。有两种方法可以将1∶n联系转换为关系模型。

方法一：将1：n联系转换为一个独立的关系模式。该关系模式包含与1端实体相连的所有实体的主键和联系本身的属性，其中关系模式的主键为n端实体的主键。

方法二：将1：n联系与n端实体对应的关系模式合并。合并后的关系模式包含n端实体的主键和联系本身的属性，以及1端实体的主键。合并后的关系模式的主键不变。

（4）m：n联系到关系模型的转换。对于m：n联系，无法使用单个实体的键来唯一标识它们之间的关系。因此，必须使用关联实体的键的组合来标识m：n联系。此外，需要将联系单独转换为一个关系模式，将与该联系相连的各实体的主键及联系本身的属性都转换为关系模式的属性。关系模式的主键应该是关联实体主键的组合。

（5）多元联系到关系模型的转换。多元联系是指涉及两个以上实体之间的联系。在将其转换为关系模型时，需要创建一个单独的关系表，将所有涉及的实体的关键字作为该关系表的外部关键字，并添加适当的其他属性。

（6）自联系到关系模型的转换。自联系是指在同一个实体类中实体之间的联系。在进行关系模型的转换时，可以按照1：1、1：n和m：n这3种情况分别进行转换。

2. 关系模式规范化

（1）关系模式不合理造成的问题。关系模式的设计质量直接影响到数据库设计的成功与否。数据库逻辑设计的结果不是唯一的，为了提高数据库应用系统的性能，需要对数据模型进行适当的修改和调整，即对数据模型进行规范化。关系模式的规范化是提高数据库应用系统性能的重要手段。

规范化是指用形式更为简洁、结构更加规范的关系模式取代原有的关系模式的过程。一个未经规范化的关系模式可能会存在一些问题，例如冗余数据、数据更新异常等，而规范化的目标就是消除冗余数据、最小化数据更新异常，并确保数据模型符合一定的范式。

例如，为了设计一个教学管理数据库，需要考虑包括学生学号、姓名、年龄、性别、系名、系主任名、学生学习的课程名和该课程的成绩信息等数据。如果将这些信息设计为一个关系，则相应的关系模式如下：

S(s_id, s_name, s_age, s_gender, s_dept, m_name, c_name, s_score)

在该关系模式中，各属性之间的关系为：学生和系之间是一对多的关系，一个系有多名学生，但一名学生只能属于一个系；系和系主任之间是一对多的关系，一个系只能有一位系主任，但一位系主任可以同时兼任多个系的系主任；学生和课程之间是多对多的关系，一名学生可以选修多门课程，而一门课程可以被多名学生选修；最后，每名学生每门课程都有一个成绩。

根据给出的关系模式，可以确定其主键为(s_id, c_name)，即学生学号和课程名称的组合。然而，仅从关系模式的角度来看，这样并不能完全满足实际需求，而且还存在一系列的问题。首先，同一门课程可能被多名学生选修，但是课程信息却被重复存储了多次；每个系的系名和系主任名都被存储了该系学生人数乘以每名学生选修的课程数的次数，导致数据的冗余度很高，重复数据量过大。其次，如果一个新系没有招生或系里的学生没有选修任何课程，那么就会出现插入异常。因为在关系模式中，键是由学号和课程名组成的(s_id, c_name)，但如果没有学生或选课记录，那么这两个属性的值就为空，无法作为关系模式的键，也就无法将新的系名和系主任名插入到数据库中。再次，当某个系的所有学生都毕业且没有新的学生被录取时，如果只删除学生信息而不删除该系及其系主任的信息，那么在数据库中将无法找到该系的信息，造成删除异常。最后，如果某个系的系主任发生了变化，那么该系的所有学生记录都应该被相应地更新，如果更新过程中漏掉了某些记录，就会导致数据库中的数据不一致，出现更新异常。

要解决这些问题，可以通过模式分解的方法将其规范化。例如，将上述关系模式分解为3个关系模式：

S(s_id, s_name, s_age, s_gender, s_dept)

C(c_name, s_id, s_score)

D(s_dept, m_name)

通过上述分解操作，消除了原始关系模式的插入异常和删除异常问题，同时也能控制数据的冗余，使得数据更新更加简单。

（2）函数依赖。关系中属性之间的相互关系称为数据依赖，它是数据内在的性质，反映了现实世界属性间的相互联系。数据依赖包括函数依赖、多值依赖和连接依赖3种类型。其中，函数依赖是指一个或多个属性的值决定了另一个属性的值，多值依赖是指一个或多个属性的值决定了另一个或多个属性的值，连接依赖则是指通过连接两个或多个关系来确定一个或多个属性的值。

在数据依赖中，函数依赖是一种基本且重要的依赖类型。对于函数依赖来说，如果给定一个属性的值，就可以唯一地确定另一个属性的值。例如，知道一名学生的学号，就可以唯一地确定该学生所在的系别，这种关系称为系别函数依赖于学号。这种唯一性不仅仅是指一个记录，而是对于所有记录都成立。函数依赖在关系型数据库中非常重要，可以帮助设计和优化关系模式，以保证数据的完整性和一致性。

（3）范式。关系模式的好坏是以关系模式的范式为标准来衡量的。范式是关系模式满足不同程度的规范化要求的标准，规范化就是将关系模式转换成符合特定范式要求的集合的过程。

关系模式按照其规范化程度从低到高分为6个范式，分别是1NF、2NF、3NF、BCNF、4NF和5NF。规范化可以通过模式分解来实现，将低一级范式的关系模式转换为高一级范式的关系模式的集合。

①第一范式。第一范式要求所有的属性都是不可再分的基本数据项。即不允许重复组的存在。当一个关系模式R满足第一范式的要求，即称R为第一范式，记为$R \in 1NF$。

第一范式是关系模式的基本规范化形式，不满足第一范式的关系称为非规范化关系。在关系型数据库系统中，所有的关系结构都必须是规范化的，即至少满足第一范式的要求。第一范式是关系模式必须具备的基本条件，也是关系型数据库系统设计的基础。

②第二范式。第二范式要求关系模式中的所有非主属性都完全依赖于关系模式的候选键。当关系模式$R \in 1NF$，且R中的每个非主属性都完全函数依赖于R的任意候选键时，即称关系模式R为第二范式，记为$R \in 2NF$。

满足第二范式的关系模式能够避免数据的冗余和更新异常，提高了数据的一致性和完整性。

③第三范式。第三范式要求关系模式中的每个非主属性都不传递依赖于任何候选键的属性，即没有一个非主属性依赖于另一个非主属性，或者说没有一个非主属性决定另一个非主属性。

当关系R∈2NF，且R中不存在传递依赖性时，即称关系模式R为第三范式，记为R∈3NF。

满足第三范式的关系模式在避免数据的冗余和更新异常并提高了数据的一致性和完整性的同时，也减少了数据存储空间的使用。

——知识拓展——

主属性和非主属性

在关系数据库中，一个关系模式（或表）由若干个属性组成，其中有些属性被称为主属性，有些属性被称为非主属性。

主属性是指在关系模式中起到唯一标识一条记录的属性，即主键。主属性的值必须唯一，且不能为空。在关系模式中只能有一个主属性，但一个主属性可以由多个属性组成。

非主属性是指在关系模式中不是主属性的属性，也称为普通属性。非主属性可以有多个，且可以重复出现。非主属性的值可以为空，但是如果一个非主属性的值被指定为一个唯一的值，那么它就成为了一个主属性。

举个例子，假设有一个关系模式R（A,B,C,D），其中A是主属性，B、C、D是非主属性。在这个关系模式中，A是唯一标识一条记录的属性，而B、C、D则是记录的其他属性。

3. 关系模式的评价与改进

数据库设计的最终目标是满足应用需求。为了提高数据库应用系统的性能，需要对关系模式进行设计、规范化、评价和改进。关系模式的评价和改进包括功能评价和性能评价，通过检查规范化后的关系模式集是否符合用户的所有功能要求，并估计实际性能，可以确定需要加以改进的部分，经过多次的关系模式评价和改进，最终得以确定最优的关系模式。

1.4.4 物理模型设计

数据库物理模型设计的目标是为了满足数据的高效存储、快速访问和维护的需要，同时保证数据的安全性、完整性和可靠性。

1. 物理模型设计的任务

具体来说，数据库物理模型设计的任务包括以下几个方面。

（1）确定数据的存储方式。数据的存储方式包括顺序存储、链式存储、索引存储和哈希存储等。

①顺序存储。顺序存储是指将数据依次存储在磁盘上，适用于对数据随机访问的情况。在顺序存储中，每个记录都被存储在磁盘的连续位置，并且记录之间没有任何关系。由于记录是

连续存储的，每次访问一个记录都需要从磁盘中读取相邻记录，这会导致磁盘的寻址时间变长，从而降低了数据的读写效率。此外，当要删除或插入记录时，需要移动相邻记录，这也会增加存储的开销。这种存储方式的优点是简单、易实现，缺点是读写效率较低，不适合存储大数据量的数据。

②链式存储。链式存储是一种将数据按照一定规则存储在磁盘上的方式，通过指针将数据连接起来，适用于对数据的访问是顺序的情况。在链式存储中，由于每个记录都包含一个指向下一个记录的指针，因此在查找和访问数据时，只需要沿着指针链表遍历即可。链式存储的优点是可以提高数据的访问效率，缺点是需要额外的空间存储指针，不适合存储大量数据。

③索引存储。索引存储是将数据按照一定的索引方式存储在磁盘上，适用于对数据频繁访问的情况。在索引存储中，通过建立索引，可以将数据按照指定的列或列组合进行排序和组织，使得查询数据时可以快速定位到所需的数据，大大提高了查询效率，尤其是在处理大量数据时。但是，由于索引存储需要额外的存储空间来存储索引信息，因此会增加数据库的存储成本，而且因为索引的存在，对表的某些数据更新操作可能会变得更加复杂。

④哈希存储。哈希存储是一种基于哈希表实现的数据存储方式，通过哈希函数将数据映射到磁盘上，可以快速定位数据，适用于对数据的访问需要快速定位的情况。在哈希存储中，数据通常被存储在一个哈希表中，哈希表是由若干个桶组成的，每个桶中包含若干个键值对。哈希函数的作用是将键映射到哈希表中的一个桶，从而实现快速定位。哈希存储的缺点是对于哈希冲突的处理比较复杂，需要使用一些特殊的数据结构来解决。此外，哈希存储的空间利用率比较低，因为哈希表中的桶可能会存在空缺，导致存储空间的浪费。

在设计数据库的物理模型时，应根据数据的特点和访问方式选择最适合的存储方式。

（2）确定数据的存储结构。数据的存储结构包括关系型存储结构和层次型存储结构等。

①关系型存储结构。关系型存储结构是一种基于关系模型的数据组织方式，将数据以表格的形式存储在磁盘上。每个表格由若干行和若干列组成，每行表示一个实体或记录，每列表示一个属性或字段。通过在表格之间建立关系，可以实现数据的关联和查询。关系型存储结构的优点是数据结构简单、易于维护和查询，缺点是数据冗余度高、数据更新和插入操作相对较慢。

②层次型存储结构。层次型存储结构是一种基于树状结构的数据组织方式，将数据以树的形式存储在磁盘上。每个节点表示一个实体或记录，每个节点包含若干个子节点和若干个属性或字段。通过在节点之间建立父子关系，可以实现数据的分层和嵌套。层次型存储结构的优点是数据结构灵活、易于扩展和查询，缺点是数据冗余度高，数据更新和插入操作相对较慢。

关系型存储结构通常用于事务处理系统、金融系统等需要保证数据一致性和完整性的场景，而层次型存储结构通常用于文档管理系统、知识库等需要支持复杂查询和灵活扩展的场景。在设计数据库的物理结构时，应根据数据之间的关系和层次结构选择最适合的存储结构。

（3）确定数据的存储位置。数据的存储位置包括本地存储和分布式存储等。

①本地存储。本地存储指的是将数据存储在单个计算机或设备的本地存储介质中，例如硬盘、固态硬盘（SSD）、内存等。本地存储的优点是读写速度快，数据访问延迟低，适合存储小

规模的数据集。但是本地存储存在单点故障的问题，一旦存储设备出现故障，数据可能会丢失或不可用。

②分布式存储。分布式存储指的是将数据分散存储在多个计算机或设备中，通过网络进行数据访问和管理。分布式存储的优点是具有高可靠性、高可扩展性和高可用性，能够提供更好的数据保护和容错能力。分布式存储通常采用分布式系统的技术，例如数据分片、数据冗余、数据备份等。分布式存储的缺点是数据访问延迟相对较高，需要进行数据分片和数据冗余，增加了系统的复杂度和管理难度。

在实际应用中，本地存储和分布式存储常常结合使用，以充分发挥它们各自的优势。例如，在单机上使用本地存储来存储热点数据，使用分布式存储来存储较少访问但需要高可用性和高可靠性的数据。

（4）确定数据的备份和恢复策略。数据备份和恢复策略是数据管理中非常重要的一部分，它们可以帮助企业或个人保护数据免受意外损坏、灾难性故障或人为错误的影响。以下是数据备份和恢复策略的一些重要方面。

①数据备份频率。数据备份的频率取决于数据的重要性和变化的频率。一般来说，重要数据需要每天或每周备份一次，而不太重要的数据可以每周或每月备份一次。此外，还应该制订备份计划，包括备份时间、备份位置和备份内容等。

②数据备份方式。数据备份方式包括全备份、增量备份和差异备份等。全备份会备份整个数据集，增量备份会备份自上次备份以来发生更改的数据，差异备份会备份自上次全备份以来发生更改的数据。选择备份方式应根据数据的重要性和变化的频率决定。

③数据恢复方法。数据恢复方法包括完整恢复、部分恢复和增量恢复等。完整恢复是从最后一次完整备份开始，将数据恢复到最初的状态。部分恢复是从最近的备份开始，将数据恢复到某个特定的时间点。增量恢复是从最后一次完整备份或最近的备份开始，将数据恢复到最近的备份时间点。选择恢复方法应根据数据的重要性和恢复的需求决定。

④数据备份存储位置。备份数据应存储在安全的地方，例如离线磁带库、云存储服务或远程备份服务器等。备份数据的存储位置应该足够安全，以防止数据泄露、数据丢失或数据被恶意攻击等。

（5）确定数据的安全性措施。数据的安全性措施是保护数据安全性的重要手段，包括数据权限管理、访问控制、加密、防火墙和安全审计等措施。这些措施可以帮助企业或个人保护数据抵御非法访问、篡改、泄露或破坏的风险，确保数据的安全性和保密性。

（6）确定数据的性能优化策略。确定性能优化策略可以使数据库的物理结构更加符合应用需求，提高数据库的性能和响应速度，从而更好地满足用户的数据处理需求。数据的性能优化策略包括索引的建立、查询语句的优化、缓存的使用和分布式计算等方式，应根据实际情况进行调整，以保证数据库的高性能和稳定性。

2. 物理模型设计的评价

数据库的物理模型设计，需要考虑时间效率、空间效率、维护代价和用户需求等多个因素，并根据这些因素进行权衡，以确定最终的物理模型设计方案。评价物理模型设计方案的方法通常是通过对各种方案进行定量估算，包括存储空间、存取时间和维护代价等指标，然后进行比较和权衡，以选择出一个最优的方案。

在数据库物理模型设计过程中，需要不断地进行评估和修改，以确保最终的物理模型能够满足用户需求，并且具有较高的性能和可靠性。

1.4.5 数据库的实施

数据库的实施是指将数据库设计方案转化为可执行的数据库系统，并进行数据的加载、测试、调试和上线等满足用户需求的一系列工作。数据库实施阶段的主要任务是利用数据库管理系统提供的功能实现数据库逻辑模型和物理模型设计的结果，实现数据的有效管理和利用，提高数据的可靠性、安全性和可用性，为企业的信息化建设提供有力的支持。

数据库实施的步骤包括建立数据库的结构、加载数据、调试应用程序和试运行数据库。

1. 建立数据库的结构

建立数据库结构的目的是设计出一个符合用户需求的数据库模式。在建立数据库结构之前，需要先确定数据库的类型、数据存储方式、数据访问方式等基本参数。内容如下。

定义数据表：根据用户需求，定义相应的数据表，包括表名、列名、数据类型、约束条件等。

定义数据关系：定义数据表之间的关系，包括主键、外键、联合主键等。

定义数据索引：为了提高数据的检索效率，需要为数据表定义索引。

定义视图：为了简化用户的操作，可以定义一些视图，将多个表的数据合并成一个视图。

2. 加载数据

加载数据的目的是将数据从源系统中导入数据库系统中。在加载数据之前，需要先对数据进行校验和清洗等处理，以确保数据的准确性和完整性。步骤如下。

数据准备：包括数据的格式转换、数据的去重、数据的加密等操作。

数据导入：将准备好的数据导入到数据库系统中，可以采用批量导入、单条记录导入等方式。

数据校验：对导入的数据进行校验，以确保数据的准确性和完整性。

3. 调试应用程序

调试应用程序的目的是测试应用程序是否能够正确地操作数据库。在进行调试之前，需要先对应用程序进行编译和打包等处理，以便于进行调试。步骤如下。

测试数据：使用测试数据对应用程序进行测试，检查应用程序是否能够正确地操作数据库。

调试代码：对应用程序的代码进行调试，查找和修复代码中的错误和缺陷。

性能测试：对应用程序进行性能测试，检查应用程序的响应速度和并发能力等性能指标。

4. 试运行数据库

试运行数据库的目的是测试数据库系统是否能够正常运行，并对数据库系统进行优化和调整。在进行试运行之前，需要先对数据库进行备份，以防止数据丢失。步骤如下。

功能测试：测试数据库系统的各项功能是否正常。

性能测试：测试数据库系统的性能指标，如响应速度、并发能力等。

优化和调整：根据测试结果对数据库系统进行优化和调整，以提高数据库系统的性能和可靠性。

1.4.6 数据库的运行与维护

1. 数据库的运行

当数据库经过试运行并且符合设计目标后，就可以正式投入运行了。数据库的运行是指DBMS在计算机上执行的操作，包括对数据进行存储、检索、更新、删除等操作。步骤如下。

连接：客户端应用程序通过连接字符串与数据库建立连接，以便访问数据库。

认证：客户端应用程序向数据库发送认证请求，以验证客户端应用程序的身份。

并发控制：数据库管理系统使用锁机制和事务管理来控制并发访问数据库的操作，以确保数据的一致性和完整性。

数据访问：客户端应用程序通过SQL语句向数据库发送请求，包括查询、插入、更新和删除等操作。

数据处理：数据库管理系统将SQL语句解析为内部命令，并将其转换为对磁盘和内存的读写操作，以执行请求的操作。

结果返回：数据库管理系统将运行结果返回客户端应用程序，以便客户端应用程序进行后续处理。

断开连接：当客户端应用程序结束访问数据库时，可以通过关闭连接释放资源并断开与数据库的连接。

2. 数据库的维护

由于应用环境的不断变化，数据库在运行过程中的物理存储也会随之变化。因此，对数据库设计进行评价、调整和修改等维护工作是一个长期的任务，也是设计工作的继续和深入。

数据库的维护包括数据库的转储和恢复，数据库的安全性和完整性控制，数据库性能的监督、分析和改进，以及数据库的重组和重构等方面。

（1）数据库的转储和恢复。在系统运行期间，可能会发生一些无法预料的自然或人为因素导致数据库运行中断或者破坏数据库的部分内容，例如电源故障或磁盘故障等。为了应对这种情况，许多大型的DBMS都提供了故障恢复的功能。但是，这种恢复通常需要数据库管理员（datebase administrator, DBA）的配合才能完成。DBA也因此需要根据不同的应用需求制订不同的备份计划，并定期对数据库和日志文件进行备份。这样一来，一旦发生故障，就可以利用备份文件尽快将数据库恢复到某个一致性状态，并尽可能减少对数据库的破坏。

（2）数据库的安全性和完整性控制。DBA有责任确保数据库的安全性和完整性，并根据用户的实际需求授予不同的操作权限。在数据库运行过程中，由于应用环境的变化，对安全性的要求也可能发生变化，例如一些数据可能从机密变为公开查询，而新加入的数据可能是机密的，同时系统中用户的密级也可能会发生变化。因此，DBA需要根据实际情况修改原有的安全性控制措施。同样地，由于应用环境的变化，数据库的完整性约束条件也可能会发生变化，DBA需要根据实际情况进行相应的修正。

（3）数据库性能的监督、分析和改进。DBA的一个重要职责是监督数据库系统的运行，并对监测数据进行分析，以找出提高系统性能的方法。借助DBMS提供的监测工具，DBA可以轻松获取系统运行过程中的各种性能参数值。然后，DBA应该仔细分析这些数据，确定当前系统是否处于最佳运行状态。如果系统未达到最佳状态，则需要调整某些参数以进一步提高数据库性能。

（4）数据库的重组和重构。随着时间的推移，数据库中存储的数据量不断增加，这会导致数据的增、删、改操作变得越来越耗时，从而降低数据库的性能。为了提高数据库的性能，DBA可以进行数据库重组，重新安排存储位置、回收垃圾、减少指针链。

当数据库应用环境发生变化时，会导致数据库的模式和内模式（即存储模式）需要适当调整，这就是数据重构。然而，重构数据库的程度是有限的。如果应用变化太大，已无法通过重构数据库来满足新的需求，或者重构数据库的代价太大，则表明现有数据库应用系统的生命周期已结束，应该重新设计数据库系统，开始新数据库应用系统的生命周期。

一、选择题

1. 长期存放在计算机内、有组织的、可共享的数据集合称为（　）。

A. 数据　B. 数据库　C. 数据库系统　D. 数据库管理系统

2. 下列（　）选项不是数据库系统架构。

A. 集中式架构　B. 分布式架构　C.B/C　D.B/S

3. 下列有关数据库的描述，正确的是（　）。

A. 数据库是一个结构化的数据集合　B. 数据库是一个关系

C. 数据库是一个DBF文件　D. 数据库是一组文件

4. 下列不属于数据库系统人员的是（　）。

A. 数据库管理员　B. 终端用户　C. 数据库营销专员　D. 应用程序开发人员

5. 下列不属于数据模型的组成要素的是（　）。

A. 数据定义　B. 数据操作　C. 数据结构　D. 数据完整性约束

6.（　）表示建立概念模型的对象，是用于唯一标识一个实体的属性或属性组合。

A. 实体　B. 实体型　C. 键　D. 域

7. 从关系中选择若干属性（字段）组成新关系的一种运算称为（　　）。

A. 集合运算　　B. 选择运算　　C. 投影运算　　D. 连接运算

8.（　　）是指关系模式中的每个实体都必须有一个唯一的参照实体，并且每个实体只能有一个参照实体。

A. 实体完整性　　B. 参照完整性　　C. 用户自定义完整性　　D. 命名完整性

9. 下列关于关系型数据库描述不正确的是（　　）。

A. 关系型数据库支持ACID事务，保证了数据的一致性和可靠性

B. 关系型数据库支持用户权限管理，可以对不同用户进行访问控制，保证了数据的安全性

C. 关系型数据库不依赖于表格结构，可以更加灵活地存储和查询数据，适用于不同类型和格式的数据

D. 关系型数据库支持多用户同时访问，可以方便地实现数据共享

10. 下列缩写中，代表关系型数据库管理系统的是（　　）。

A. DBMS　　B. DBAS　　C. RDB　　D. RDBMS

二、填空题

1. 数据库系统主要由4个部件构成：________、________、________和________。

2. 在实际应用中，数据模型通常会被分为3个层次：________、________和________。

3. 在E-R概念模型中，信息由________、________和________三种概念单元来表示。

4. 基于关系模型的数据库管理系统即________________________________。

5. 数据库设计的步骤分别是________、________、________、________、________和________。

三、简答题

1. 什么是数据库？什么是数据库系统？简述二者的区别和联系。

2. 组成数据库系统的人员都有哪些？他们的主要任务分别是什么？

3. 数据模型的组成要素都有什么？简要说明各组成要素的功能。

4. 什么是数据库管理系统？它有什么功能？

5. 在设计数据库时，怎样进行概念结构设计？

第2章 Oracle基础

本章导言

Oracle作为全球领先的数据库管理系统，以其卓越的性能、稳定性及安全性深受业界推崇。本章主要介绍Oracle的发展历程、核心特性及其在企业级应用中的广泛应用场景，引导学生理解Oracle数据库的基础架构和工作原理，认识到数据库技术对现代信息技术体系的重要性，并明确学习Oracle数据库技术对于提升个人专业技能、适应市场需求的意义。

学习目标

（1）了解Oracle的发展史，理解Oracle的体系结构。
（2）熟悉Oracle Database 19c的功能及特性。
（3）掌握Oracle Database 19c的下载、安装及卸载方法。
（4）了解并掌握SQL*Plus、SQL Developer等Oracle管理工具的使用方法。
（5）了解Oracle的示例数据库。

素质要求

（1）提升应用现代工具解决信息管理问题的能力，增强对新技术的敏感度和创新能力。
（2）通过实践操作，培养遵循规范、尊重知识产权以及负责任地使用技术资源的社会责任感。

2.1 Oracle简介

Oracle数据库是一款关系型数据库管理系统，自发布以来，已有30多年的历史。目前，它在数据库市场上占据主导地位，是全球广泛使用的数据库管理系统之一。

Oracle数据库以分布式数据库为核心，是当前流行的C/S或B/S体系结构的数据库之一。它是世界上第一个支持SQL语言的商业数据库，主要在高端工作站、小型机和高端服务器上使用。此外，Oracle数据库还支持在UNIX、Linux和Windows等多种系统平台上进行安装和部署。与其他数据库相比，Oracle数据库在稳定性、安全性、兼容性、高性能、处理速度和大数据管理方面表现出色，得到了广大用户的认可。

2.1.1 Oracle的发展史

1970年6月，IBM公司的研究员埃德加·泰德·科德（Edgarh Ted Cod）发表了一篇具有里程碑意义的论文——《大型共享数据库数据的关系模型》。这篇论文被认为是数据库发展史上的一个转折点。当时，层次模型和网状模型的数据库产品在市场上占据主导地位，而科德的论文提出了一种全新的关系型数据库软件的概念，为数据库领域带来了革命性的变革。

1977年6月，拉里·埃里森（Larry Ellison）、鲍勃·迈纳（Bob Miner）和爱德华·奥茨（Edward Oates）在硅谷共同创办了一家名为“软件开发实验室”的软件公司（英文缩写SDL），这是Oracle公司的前身。奥茨阅读了埃德加·泰德·科德的著名论文以及其他相关文献后非常兴奋，他邀请埃里森和迈纳一起阅读。他们预见到关系型数据库软件的巨大潜力，并决定合作开发商用关系型数据库管理系统，并将其命名为Oracle。就这样，Oracle数据库诞生了。

1979年，软件开发实验室更名为关系软件有限公司（RSI）。同年夏季，他们发布了商用Oracle产品（Oracle第2版），适用于DEC公司的PDP-11计算机。这个数据库产品整合了完整的SQL实现，包括子查询、连接和其他特性。

1983年3月，Oracle第3版发布，该版本使用C语言重新编写。由于C编译器具有良好的可移植性，从那时起，Oracle产品具备了关键的特性——可移植性。

1984年10月，Oracle第4版发布，其稳定性得到了一定的增强。

1985年，Oracle第5版发布，这个版本被认为是Oracle数据库诞生以来最稳定的版本之一，也是首批可以在Client/Server模式下运行的关系型数据库管理系统产品。

1988年，Oracle第6版发布，引入了行级锁和PL/SQL语言。此外，该版本还引入了联机热备份功能，增强了数据库的可用性。

1992年6月，Oracle第7版发布，增加了分布式事务处理、增强的管理功能、新工具和安全性方法等特性，正是这一版本确立了Oracle在数据库市场的主导地位。

1997年6月，Oracle第8版发布，支持面向对象开发和多媒体应用，并奠定了支持因特网和网络计算的基础。该版本开始具备同时处理大量用户和海量数据的特性。

1998年9月，Oracle公司正式发布了Oracle 8i，其中“i”代表Internet（因特网）。这一版本添加了大量为支持因特网而设计的特性，并为数据库用户提供了全方位的Java支持。Oracle 8i成为第一个完全整合了本地Java运行时环境的数据库，可以使用Java编写存储过程。

2001年6月，Oracle公司发布了Oracle 9i。Oracle 9i最重要的新特性是Real Application Clusters（RAC），即集群技术。

2003年9月，埃里森宣布了下一代数据库产品为Oracle 10g。这一版本的主要特性是加入了网格计算功能，其中“g”代表grid（网格）。Oracle应用服务器10g也成为Oracle公司下一代应用基础架构软件的集成套件。

2007年11月，Oracle 11g正式发布。它实现了信息生命周期管理等多项创新，大幅提高了系统性能和安全性。

2013年6月，Oracle Database 12c正式发布。12c中的“c”代表cloud，意味着云计算。

2018年2月，Oracle 18c发布，继续秉承Oracle的Cloud first（云优先）理念。

2019年2月，Oracle Database 19c发布，作为Oracle Database 12c和18c系列产品的长期支持版本。它提供了更高级别的版本稳定性、更长时间的支持服务和错误修复帮助。

2022年，Oracle Database 21c发布，该版本为创新版，新功能包括对原生的区块链表的多模支持、SQL宏支持，以及多租户多负载优化等。

2023年，Oracle推出免费的Oracle Database 23c早期开发人员版本，适用于云端和本地部署。

长期以来，Oracle一直以绝对优势占据着数据库市场的第一位。随着人类社会信息资源的不断增长，对强大而安全的数据库管理系统的需求也在增加，这导致Oracle数据库的市场占有率逐年上升，其市场领导地位毋庸置疑。

2.1.2 Oracle的体系结构

Oracle的体系结构主要用于研究和理解Oracle数据库的构成、运行机制以及数据在数据库中的组织和管理方式。在这里，“Oracle数据库”是一个逻辑上的概念，它并不直接指代安装了Oracle数据库管理系统的服务器。

在Oracle数据库管理系统中，有3个核心概念需要理解，即实例（instance）、数据库（database）和数据库服务器（database server）。实例是指一组后台进程以及在服务器中分配的共享内存区域，包括数据库后台进程（如PMON、SMON、DBWn、LGWR、CKPT等）和内存区域SGA（包括shared pool、large pool、database buffer cache、redo log buffer、java pool、streams pool等）。数据库则是由一系列基于磁盘的物理文件组成，包括数据文件、控制文件、日志文件、参数文件和归档日志文件等。至于数据库服务器，它是指管理数据库的各种软件工具（如SQL*Plus、OEM等）、实例及数据库。

在实例与数据库之间存在一种辩证的关系：实例用于管理和控制数据库，而数据库则为实例提供所需的数据。一个数据库可以被多个实例装载和打开，但在同一生存期内，一个实例只能装载和打开一个数据库。

启动Oracle数据库服务器实际上是在服务器的内存中创建一个Oracle实例，然后使用这个实例来访问和控制磁盘中的数据文件。当用户连接到数据库时，首先连接到数据库的实例，然后由实例负责与数据库进行通信，最后将处理结果返回给用户。

Oracle体系结构主要分为内存结构、进程结构、存储结构，如图2-1所示。内存结构主要由系统全局区（SGA）和程序全局区（PGA）构成；进程结构主要由用户进程和Oracle进程构成；存储结构主要由逻辑存储和物理存储构成。

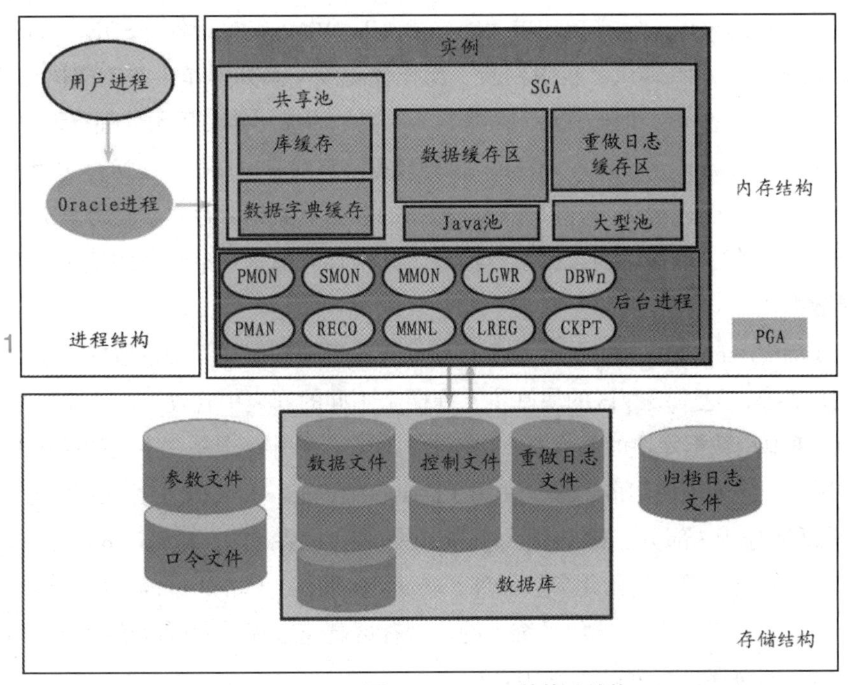

图2-1　Oracle的体系结构

1. 内存结构

Oracle的内存结构主要分为系统全局区与程序全局区，如图2-2所示。

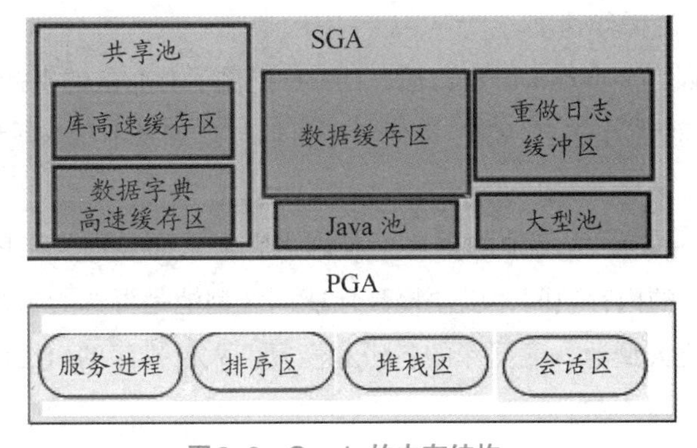

图2-2　Oracle的内存结构

（1）系统全局区。系统全局区（system global area，SGA）是一块巨大的共享内存区域，它被看作Oracle数据库的一个大缓存池，这里的数据可以被Oracle的各个进程共用。SGA主要包括共享池、数据缓存区、重做日志缓存区、Java池和大型池等几个部分。

①共享池（shared pool）。共享池保存了最近执行的SQL语句、PL/SQL程序和数据字典信息，是对SQL语句和PL/SQL程序进行语法分析、编译、执行的内存区。共享池可以分为库高速缓存区和数据字典高速缓存区两个部分。

库高速缓存区（library cache）也称库缓存，用于解析用户进程提交的SQL语句或PL/SQL 程序，以及保存最近解析过的SQL语句或PL/SQL程序。Oracle DBMS在执行各种SQL、PL/SQL之前，要对其进行语法解析、对象确认、权限判断、操作优化等一系列操作，并生成执行计划，同时库缓存会保存已经解析的SQL和PL/SQL，因此，为提高效率应尽量使用预处理查询。

数据字典高速缓存区（data dictionary cache）也称数据字典缓存。Oracle在运行过程中会频繁地对数据字典中的表、视图进行访问，以便确定操作的数据对象是否存在、是否具有合适的权限等。数据字典缓存保存了最常用的数据字典信息，其中存放的是一条一条的记录，而其他缓存区中保存的是数据块。

②数据缓存区（database buffer cache）。该缓存区保存最近从数据文件中读取的数据块，其中的数据被所有用户共享。这个缓存区的块基本上在两个不同的列表中管理。一个是“脏”块的列表（dirty list），需要用数据库块的书写器（DBWR）写入；另外一个是“不脏的”块的列表（free list）。一般情况下，该列表使用最近最少使用（least recently used，LRU）算法来管理。

数据缓存区可以细分为3部分：默认池（default pool）、保持池（keep pool）、回收池（recycle pool）。如果不是人为设置初始化参数文件，Oracle将默认为default pool。由于操作系统寻址能力的限制，不通过特殊设置，32位系统中的块缓存区高速缓存最大可以达到1.7 GB，64位系统中的块缓存区高速缓存最大可以达到10 GB。

③重做日志缓存区（redo log buffer）。这是指重做日志文件的缓存区，把对数据库的任何修改都按顺序记录在其中，然后由日志写进程将它写入磁盘。这些修改信息可能是数据操纵语言（data manipulation language，DML）语句，如INSERT、UPDATE、DELETE语句，也可能是数据定义语言（data definition language，DDL）语句，如CREATE、ALTER、DROP等语句。重做日志缓存区可以加快数据库的操作速度。

④Java池（Java pool）。自Oracle 8i以后，Oracle提供了对Java的支持，Java池用于存放Java代码、Java程序等，一般不小于20 MB，以便虚拟机运行。如果不用Java程序，则没有必要改变该缓存区的默认大小。

⑤大型池（large pool）。大型池的得名不是因为它大，而是因为它用于需要大块内存的操作，为其提供相对独立的内存空间，以便提高性能。大型池是可选的内存结构，DBA可以决定是否需要在SGA中创建大型池。数据库的备份和恢复、大量排序的SQL语句、并行化的数据库操作等都需要大型池。

（2）程序全局区。程序全局区（program global area，PGA）是当用户进程连接到数据库并创建一个对应的会话时，由Oracle为服务器进程分配的、专门用于当前用户会话的内存区。PGA的大小由操作系统决定，并且分配后保持不变；PGA是非共享的，会话终止时会自动释放PGA所占的内存。

2. 进程结构

进程是操作系统中的一个概念，是一个可以独立调用的活动，用于完成指定的任务。进程与程序的区别如下：

- 进程是动态创建的，完成后销毁；程序是静态的实体，可以复制、编辑；
- 进程强调执行过程，程序仅仅是指令的有序集合；
- 进程在内存中，程序在外存中。

Oracle中包括用户进程和Oracle进程两类。

（1）用户进程。在Oracle数据库中，每个用户进程都是一个单独的会话，它由一个或多个数据库进程组成。当一个用户连接到数据库时，Oracle会为该用户创建一个进程，该进程被称为用户进程。用户进程的作用是将用户的SQL语句传递给服务器。

（2）Oracle进程。Oracle进程又包括服务器进程和后台进程。

服务器进程用于处理用户进程的请求，其首先分析SQL命令并生成执行方案，然后从数据缓存区中读取数据，再将运行结果返回用户。

后台进程为所有数据库用户异步完成各种任务。后台进程有数据库写进程（DBWn）、日志写进程（LGWR）、系统监控进程（SMON）、进程监控进程（PMON）、检查点进程（CKPT）、归档进程（ARCn）、恢复进程（RECO）和封锁进程（LCKn）。

①数据库写进程（DBWn）。该进程的主要作用是将修改过的数据缓存区的数据写入对应数据文件，并且维护系统内的空缓存区。DBWn是一个很底层的工作进程，它批量地把缓存区的数据写入磁盘而不受前台进程的控制。

②日志写进程（LGWR）。该进程将重做日志缓存区中的数据写入重做日志文件，LGWR是一个必须和前台用户进程通信的进程。当数据被修改的时候，系统会产生一个重做日志并记录在重做日志缓存区内。在提交的时候，LGWR必须将被修改数据的重做日志缓存区内的数据写入日志数据文件，然后通知前台进程提交成功，并由前台进程通知用户。LGWR承担了维护系统数据完整性的任务。

③系统监控进程（SMON）。该进程的工作主要包括：清除临时空间、在系统启动时完成系统实例恢复、聚结空闲空间、从不可用的文件中恢复事务的活动、Oracle并行服务中失败节点的实例恢复、清除OBJ$表、缩减回滚段、使回滚段脱机等。

④进程监控进程（PMON）。该进程主要用于清除失效的用户进程，释放用户进程所用的资源，如PMON将回滚未提交的工作、释放锁、释放分配给失败进程的SGA资源等。

⑤检查点进程（CKPT）。检查点进程负责执行检查点，并更新控制文件，启用DBWR进程将“脏”缓存块中的数据写入数据文件。CKPT对于许多应用都不是必需的，只有当数据库数据文件很多，LGWR在检查点时性能明显降低的情况下才使用CKPT。CKPT的作用主要是同步数

据文件、日志文件和控制文件。

⑥归档进程（ARCn）。归档进程在发生日志切换时会将重做日志文件复制到指定的存储设备中。只有当数据库运行在ARCHIVELOG模式下且自动归档功能被开启时，系统才会启动ARCn进程。一个Oracle实例中最多可以运行10个ARCn进程。若当前的ARCn进程不能满足工作负载的需要，则LGWR进程将启动新的ARCn进程。告警日志会记录LGWR启动ARCn进程。

⑦恢复进程（RECO）。恢复进程用于分布式数据库结构，它能自动纠正分布式事务的错误。一个节点的RECO 进程会自动连接到一个有疑问的分布式事务的其他相关数据库。当RECO重新连接到相关的数据库服务时，它会自动地解决有疑问的事务，并从相关数据库的活动事务表中移除与此事务有关的数据。

如果RECO进程无法连接到远程服务，则会在一定时间间隔后尝试再次连接，但是每次尝试连接的时间间隔会以指数级的方式增长。只有实例允许分布式事务时才会启动RECO进程。实例中不会限制并发的分布式事务的数量。

⑧封锁进程（LCKn）。封锁进程用于在并行服务器中实现多个实例间的封锁。

3. 存储结构

Oracle数据库的核心功能是存储和管理数据，其存储数据的方式被称为存储结构。Oracle数据库的存储结构如图2-3所示。

Oracle的存储结构主要可以划分为逻辑存储结构和物理存储结构，这两种存储结构既相互独立又相互联系。其中，逻辑存储结构是描述Oracle数据库内部如何组织、管理数据的方式，它与操作系统平台无关，由Oracle数据库自身创建和管理；而物理存储结构主要描述Oracle数据库外部数据的存储方式，用于展示Oracle在操作系统中物理文件的组成情况，即如何在操作系统层面进行数据组织和管理，这与特定的操作系统密切相关。

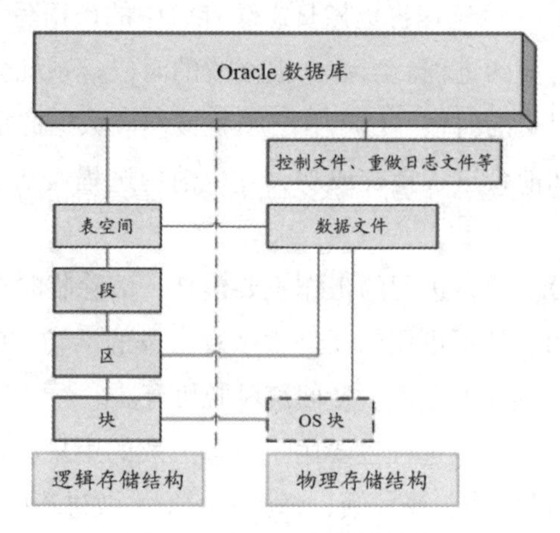

图2-3 Oracle的存储结构

（1）逻辑存储结构。Oracle的逻辑存储结构是由一个或多个表空间组成的，一个表空间（tablespace）由一组段组成，一个段（segment）由一组区组成，一个区（extent）由一批数据块组成。Oracle的逻辑存储结构示意图如图2-4所示。

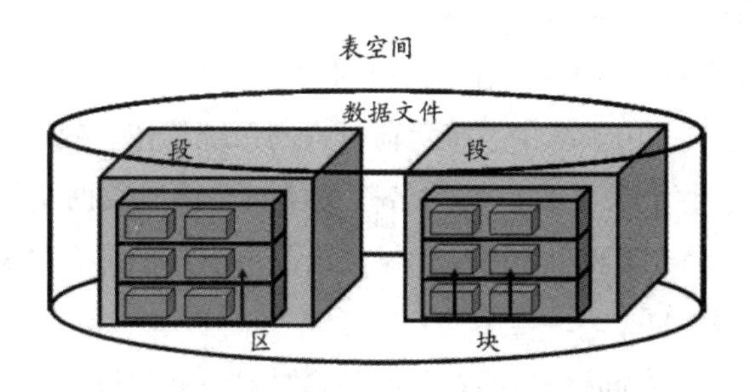

图2-4 Oracle的逻辑存储结构

①数据块。块是数据库使用的I/O最小单元，也是最基本的存储单位，又称逻辑块或Oracle块，其大小在建立数据库时指定。它虽然在初始化文件中可见，但是不能修改。为了保证存取的速度，它是操作系统块（OS块）的整数倍。Oracle的操作都是以块为基本单位，一个区间可以包含多个块，如果区间大小不是块大小的整数倍，Oracle实际也会扩展到块的整数倍。

数据块的基本结构由以下几个部分组成。

块头部：包含块中一般的属性信息，如块的物理地址、块所属段的类型等。

表目录：包含块中表的信息，这些信息用于聚集段。

行目录：包括块中的有效行信息。

空闲区：数据块中尚未使用的存储空间，当向数据中添加新数据时，将减小空闲空间。

行数据区：块中已经使用的空间，在此存储了表或索引的数据。

②区。区是数据库存储空间分配的逻辑单位。在一个段中可以存在多个区，区是为数据一次性预留的一个较大的存储空间，当该区被用满时，数据库会继续申请一个新的预留存储空间，即新的区，直至达到段的最大区数量（max extent）或没有可用的磁盘空间可以申请。

理论上一个段可以划分为无穷个区，但是过多的区对Oracle的性能是有影响的。Oracle建议把数据分布在尽量少的区上。

③段。段是对象在数据库中占用的空间，虽然段和数据库对象是一一对应的，但段是从数据库存储的角度来看的。一个段只能属于一个表空间，但一个表空间可以有多个段。

表空间和数据文件是物理存储上的一对多的关系，表空间和段是逻辑存储上的一对多的关系，段不直接和数据文件发生关系。一个段可以属于多个数据文件，段可以指定扩展到哪个数据文件上面。

段基本可以分为以下4种。

数据段（data segment）：存储表中的所有数据。

索引段（index segment）：存储表中最佳查询的所有索引数据。

回滚段（rollback segment）：存储修改之前的位置和值。

临时段（temporary segment）：存储表排序操作期间建立的临时表的数据。

④表空间。表空间是最大的逻辑单位，对应一个或多个数据文件，表空间的大小是它所对

应的数据文件大小的总和。表空间是Oracle逻辑存储结构中数据的逻辑组织，一个数据库至少有一个系统表空间（system tablespace）。

Oracle Database 19c自动创建的表空间有以下5种。

Sysaux：辅助系统表空间，用于减少系统负荷，提高系统的作业效率。

System：系统表空间，存放关于表空间的名称、控制文件、数据文件等管理信息，是最重要的表空间。它属于SYS、SYSTEM两个用户，仅被这两个或其他具有足够权限的用户使用。不可删除或者重命名System表空间。

Temp：临时表空间，该表空间存放临时表和临时数据，用于排序。

Undotbs：重做表空间，该表空间用于实现Oracle数据库事务的撤销功能。当一个事务需要回滚时，它可以将所有已做的修改反向执行，使数据库从逻辑错误中恢复。

Users：用户表空间，用于永久存放用户对象和私有信息，也称为数据表空间。一般情况下，系统用户使用System表空间，非系统用户使用Users表空间。

（2）物理存储结构。Oracle的物理存储结构主要包括3种数据文件：控制文件、数据文件和日志文件。此外，还包括一些参数文件。控制文件负责管理数据文件和日志文件，参数文件负责寻找控制文件。其中，数据文件的扩展名为.DBF，日志文件的扩展名为.LOG，控制文件的扩展名为.CTL。

①控制文件（control file）。数据库控制文件是一个很小的二进制文件，它维护着数据库的全局物理结构，用以支持数据库成功地启动和运行。创建数据库的同时就提供了与之对应的控制文件。在数据库使用过程中，Oracle不断地更新控制文件，所以只要数据库是打开的，控制文件就必须处于可写状态。若由于某些原因，控制文件不能被访问，则数据库也就不能正常工作了。

②数据文件（data file）。一个Oracle数据库可以拥有一个或多个物理的数据文件，数据文件包含全部数据库数据。逻辑数据库结构的数据也物理地存储在数据库的数据文件中。

数据文件具有如下特征：

- 一个数据库可拥有多个数据文件，但一个数据文件只对应一个数据库；
- 可以对数据文件进行设置，使其在数据库空间用完的情况下进行自动扩展；
- 一个表空间（数据库存储的逻辑单位）可以由一个或多个数据文件组成。

数据文件是用于存储数据库数据的文件，如表、索引数据等都物理地存储在数据文件中。数据文件中的数据在需要时可以读取并存储在Oracle的内存储区中。

数据文件的大小可以用两种方式表示，即字节和数据块。数据块是Oracle数据库中最小的数据组织单位，它的大小由参数“DB_BLOCK_SIZE”确定。

③日志文件（redo log file）。日志文件也称为重做日志文件。重做日志文件用于记录对数据库的所有修改信息，包括用户对数据的修改和管理员对数据库结构的修改。重做日志文件是保证数据库安全和数据库备份与恢复的文件。

重做日志文件主要在数据库出现故障时使用。在每一个Oracle数据库中，至少有两个重做日志文件组，每组有一个或多个重做日志成员，一个重做日志成员物理地对应一个重做日志文件。在现实作业系统中为确保日志的安全，基本上对日志文件采用镜像的方法。在同一个日志文件组中，其日志成员的镜像个数最多可以达到5个。有关日志的模式包括归档模式和非归档模式两种。

④参数文件（parameter file）。当Oracle实例启动时，它从一个初始化参数文件中读取初始化参数。初始化参数文件记载了许多数据库的启动参数，如内存大小、控制文件、进程数等，它对数据库的性能影响很大。这个初始化参数文件可以是一个只读的文本文件，或者是可以读/写的二进制文件，这个二进制文件总是存储在服务器上，被称为服务器参数文件（server parameter file）。使用服务器参数文件，可以让管理员通过使用ALTER SYSTEM命令把对数据库所做的改变保存起来，这样即使重新启动数据库，所做的改变也不会丢失。因此，Oracle建议用户使用服务器参数文件。用户既可以通过编辑初始化的文本文件，也可以使用Oracle自带的数据库管理工具——数据库配置助手（database configuration assistant, DBCA）来创建服务器参数文件。

4. 数据字典

数据字典（data dictionary）是Oracle数据库的重要组成部分，是Oracle存放数据库中所有对象详细信息的地方，如一个表的创建者信息、创建时间信息、所属表空间信息、用户访问权限信息等。

（1）数据字典的功能。数据字典主要有以下3个功能。

①Oracle通过访问数据字典查找关于用户、模式对象和存储结构的信息。

②Oracle每次执行一个数据定义语句时都会修改数据字典。

③任何Oracle用户都可以将数据字典作为数据库的只读参考信息。

（2）数据字典的分类。数据字典由一系列拥有数据库元数据（metadata）信息的数据字典表和用户可以读取的数据字典视图组成，而根据数据字典对象的虚实性不同，又可分为静态数据字典和动态数据字典。静态数据字典在用户访问数据字典时不会发生改变，但动态数据字典是依赖数据库运行的，反映数据库运行的一些内在信息，所以这类数据字典往往不是一成不变的。

①静态数据字典表。静态数据字典表是指在数据库中存储的数据字典表，这些表中的数据在数据库实例启动后就已经被加载到内存中，并且不会再被修改。因此，静态数据字典表中的数据通常是只读的，可以被用来查询数据库中的元数据信息，例如表、列、约束、索引等。

在查询静态数据字典表时，通常不需要使用任何特殊的权限，这些表中的数据对于所有用户都是可访问的。

②动态数据字典表。动态数据字典表是指在数据库运行时动态生成的数据字典表，包含了当前数据库中的元数据信息。与静态数据字典表不同，动态数据字典表是通过查询系统表来构建的，因此数据是动态更新的，可以反映当前数据库的状态，而且查询速度通常比静态数据字典表更快，因为动态数据字典表的数据是实时生成的。

查询动态数据字典表时，需要使用特定的权限，这些表中的数据对于所有用户都是可访问的。

③静态数据字典视图。静态数据字典视图是指在Oracle数据库中存储的只读视图，包含了

数据库中的元数据信息。与静态数据字典表不同，静态数据字典视图是通过查询元数据信息来构建的，而不是将这些信息存储在数据库中。静态数据字典视图通常是由DBA或开发人员创建的，不需要占用额外的存储空间，而且查询速度通常比动态数据字典视图更快，因为静态数据字典视图的数据是预先计算好的。

在查询静态数据字典视图时，通常不需要使用任何特殊的权限，这些视图中的数据对于所有用户都是可访问的。

Oracle静态数据字典视图可以分为3类，各类视图都有独特的前缀。

以ALL_为前缀的数据字典视图：反映了某个用户所能看到的全部数据库内容，包括该用户所拥有的方案对象、可访问的公共对象以及通过被授权才能够访问的方案对象。这些视图包括了许多常用的视图，如ALL_TABLES、ALL_TABLE_COLUMNS、ALL_ROLE_PRIVS等，对于需要查询整个数据库的用户来说非常实用，可以助其更好地了解数据库中的对象和数据。

以USER_为前缀的数据字典视图：是Oracle数据库中一类常用的数据字典视图，反映了数据库中某个特定用户的全部情况，包括该用户创建的方案对象和此用户所做的授权行为等。这些视图只展示和某个用户相关的信息，其内容是以ALL为前缀的视图的子集。此外，这些视图可以在其上创建经过缩写的PUBLIC同义词以便于使用。以USER为前缀的数据字典视图包括许多常用的视图，如USER_TABLES、USER_TABLE_COLUMNS、USER_ROLE_PRIVS等，对于普通数据库用户来说非常实用，可以助其更好地管理和使用数据库中的对象和数据。

以DBA_为前缀的数据字典视图：包含整个数据库的全部内容，因此不应该在这些视图上创建同义词。管理员需要查询DBA视图时，需要在视图名之前加上其拥有者的前缀SYS，如SYS.DBA_OBJECTS。SYS用户可以直接访问这些视图，而不需要加上SYS模式名前缀。这些视图包括一些常用的视图，如DBA_TABLES、DBA_TABLE_COLUMNS、DBA_ROLE_PRIVS等，它们提供了对整个数据库的完整访问权限，因此只能由管理员使用。

常用的静态数据字典视图如表2-1所示。

表2-1　常用的静态数据字典视图

名　称	说　明
DBA_TABLESPACES	表空间的信息
DBA_TS_QUOTAS	所有用户表空间限额的信息
DBA_FREE_SPACE	所有表空间中的自由分区的信息
DBA_SEGMENTS	数据库中所有段的存储空间的信息
DBA_EXTENTS	数据库中所有分区的信息
DBA_TABLES	数据库中所有数据表的信息
DBA_TAB_COLUMNS	所有表、视图和簇的列的信息
DBA_VIEWS	数据库中所有视图的信息
DBA_SYNONYMS	关于同义词的信息查询

续表

名　称	说　明
DBA_SEQUENCES	所有用户序列信息
DBA_CONSTRAINTS	所有用户表的约束信息
DBA_INDEXS	数据库中所有索引的信息
DBA_IND_COLUMNS	在所有表及簇上压缩索引的列的信息
DBA_TRIGGERS	所有用户的触发器信息
DBA_SOURCE	所有用户的存储过程信息
DBA_DATA_FILES	查询关于数据库文件的信息
DBA_TAB_GRANTS/PRIVS	查询关于对象授权的信息
DBA_OBJECTS	数据库中所有对象的信息
DBA_USERS	数据库中所有用户的信息
DBA_ROLE_PRIVS	当前数据库中所有角色的权限信息

④动态数据字典视图。在动态性能表上创建的视图称为动态数据字典视图，又称为动态性能视图，是Oracle数据库中的一类特殊数据字典视图，包含当前数据库中的动态信息，即在数据库运行时动态生成的信息。这些视图通常包括当前正在使用的对象信息、当前连接的用户信息、当前执行的语句信息等。与静态数据字典视图不同，动态数据字典视图的内容是在数据库运行时动态更新的，因此提供了更加准确和实时的信息。

常用的动态字典视图如表2–2所示。

表2-2　常用的动态数据字典视图

名　称	说　明
V$DATABASE	描述关于数据库的相关信息
V$DATAFILE	数据库使用的数据文件信息
V$LOG	从控制文件中提取有关重做日志组的信息
V$LOGFILE	有关实例重置日志组文件名及其位置的信息
V$ARCHIVED_LOG	记录归档日志文件的基本信息
V$ARCHIVED_DEST	记录归档日志文件的路径信息
V$CONTROLFILE	描述控制文件的相关信息
V$INSTANCE	记录实例的基本信息
V$SYSTEM_PARAMETER	显示实例当前有效的参数信息
V$SGA	显示实例的SGA的大小
V$SGASTAT	统计SGA使用情况的信息
V$PARAMETER	记录初始化参数文件中所有项的值
V$LOCK	通过访问数据库会话，设置对象锁的所有信息

续表

名　称	说　明
V$SESSION	记录当前连接到数据库的所有会话信息
V$SESSION_EVENT	记录当前连接到数据库的所有事件信息
V$SQL	记录SQL语句的详细信息
V$SQLAREA	记录SQL语句的执行计划信息
V$SQLTEXT	记录SQL语句的语句信息
V$BGPROCESS	显示后台进程信息
V$PROCESS	当前进程的信息

2.2 Oracle环境搭建

在深入探讨Oracle数据库的具体操作之前，首先需要完成Oracle环境的搭建工作，这是使用Oracle Database进行数据库开发、管理和维护的基础。

2.2.1 Oracle Database 19c介绍

Oracle Database 19c构建于早期版本的创新成果之上，如多租户、In-Memory、JSON支持、分片，以及许多其他支持Oracle自治数据库云服务的特性。此外，还引入了一项全新的多模型企业级数据库功能，适用于客户的各种典型用例，包括：

- 操作型数据库用例，如传统事务、实时分析、JSON文档存储和物联网应用；
- 分析型数据库用例，如传统和实时数据仓库，以及数据集市、大数据湖和图形分析。

Oracle 数据库为开发人员提供原生编程接口，并提供对下列多种开发语言和脚本编写语言的支持：

- SQL 和 PL/SQL；
- Oracle Call Interface；
- 包括 Java、C 和 C++ 在内的各种编程语言；
- 包括 PHP、Ruby 和 Perl 在内的各种脚本编写语言；
- .NET 工具，包括 Oracle Developer Tools for Visual Studio、Oracle Data Provider for .NET 和 Oracle Database Extensions for .NET。

与其他RDBMS相比，Oracle数据库是目前数据库管理系统中稳定性较好的，其运行速度快，支持SQL语言并扩展了相关SQL语言功能，提供了角色、用户、权限分工，以及数据库、数据表、列等不同级别上的权限控制。在数据完整性检查、一致性、安全性等方面，Oracle数据库的表现良好，数据库管理功能完善。它还支持二进制图形、图像、声音、视频等多媒体数据类型，能够在Windows、Linux等多种平台上部署运行。

2.2.2 Oracle Database 19c的下载

要下载Oracle Database 19c，用户需要先打开浏览器，在浏览器的地址栏输入网址“https://www.oracle.com/database/technologies/oracle-database-software-downloads.html#19c”，即可进入Oracle的官网下载页面，如图2-5所示。下载好的文件名为“WINDOWS.X64_193000_db_home.zip”。

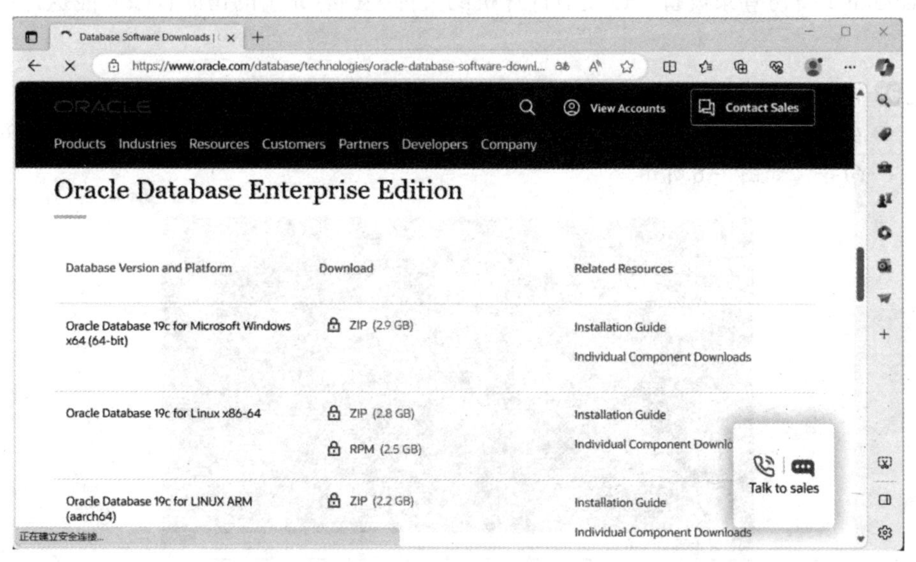

图2-5　Oracle官网下载页面

2.2.3 Oracle Database 19c的安装

1.Oracle Database 19c的安装条件

Oracle Database 19c可以在Windows、Linux和UNIX系统下运行。下面介绍Oracle Database 19c在Windows平台上的安装条件。安装Oracle之前，需要先安装64位Windows 10及以上版本的操作系统，或安装Windows Server 2012 R2 X64及以上版本的服务器操作系统，具体的硬件配置要求如表2-3所示。

表2-3　Oracle Database 19c在64位Windows环境下对硬件配置的要求

硬件需求	说　明
CPU	至少为64位处理器
物理内存（RAM）	最小为1 GB，建议2 GB以上
虚拟内存	物理内存的两倍
硬盘（NTFS格式）	企业版至少6.5 GB以上
	标准版至少6 GB以上
TEMP临时空间	最小为1 GB，建议2 GB以上
处理器主频	550 MHz以上

Oracle数据库的安装要求比较简单，一般会在检测条件时给出相应的提示，目前Oracle

Database 19c对操作系统的要求为至少Windows 10及以上版本。

2.Oracle Database 19c的安装方法

下面以在64位Windows操作系统下安装Oracle Database 19c数据库软件为例介绍Oracle Database 19c的安装过程。需要注意的是，在安装Oracle Database 19c时，要求用户以管理员（Administrator）身份登录设备，以便对计算机的文件夹拥有完全的访问权限并能执行所需的修改操作。

步骤01 将Oracle Database 19c的安装文件“WINDOWS.X64_193000_db_home.zip”解压缩，在解压后的文件夹中双击setup.exe可执行文件，即可启动Oracle Database 19c的安装向导，如图2-6所示。

图2-6　启动Oracle Database 19c的安装向导

步骤02 在打开的“选择配置选项”界面中，选择“创建并配置单实例数据库。”选项（如图2-7所示），单击“下一步”按钮。

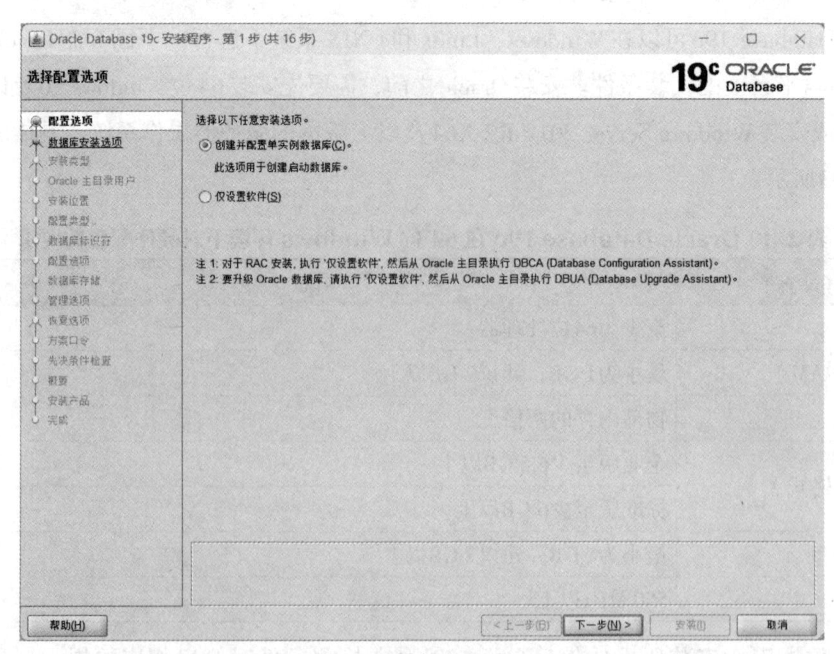

图2-7　选择配置选项

步骤03 在“选择系统类”界面中选择“桌面类”选项（如图2-8所示），单击“下一步”按钮。

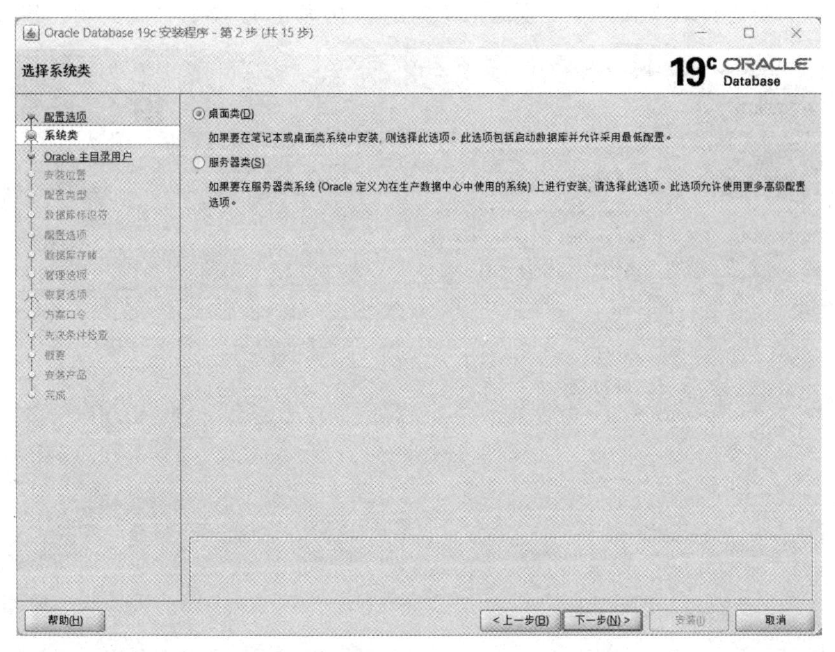

图2-8　选择安装系统类型

步骤04 在指定“Oracle主目录用户”界面中选择“使用虚拟账户”选项（如图2-9所示），单击“下一步”按钮。

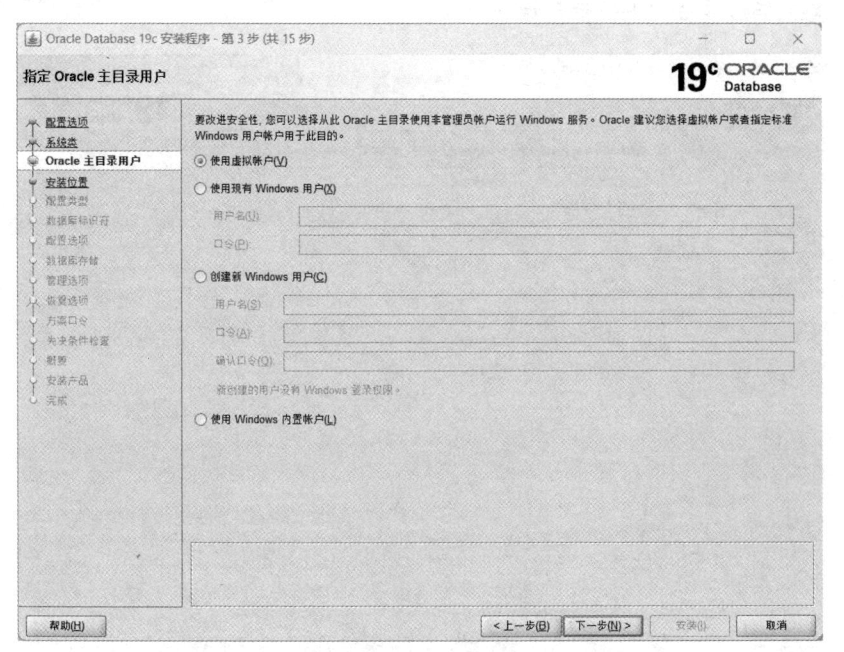

图2-9　设置Oracle主目录用户

步骤05 在“典型安装配置”界面中，指定“Oracle基目录”及“数据库文件位置”，“数据库版本”保持默认的“企业版”,“字符集”保持默认的“Unicode(AL32UTF8)”,“全局数据库名”保持默认的“orcl”,然后设置登录数据库的口令并确认口令,取消勾选“创建为容器数据库”复选框(如图2-10所示),单击“下一步”按钮。

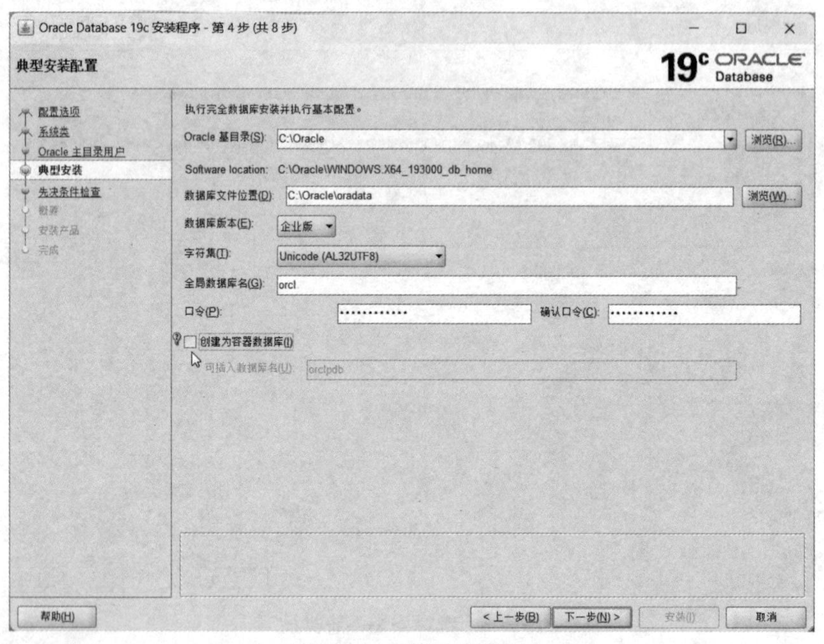

图2-10 设置安装选项

步骤 06 进入“执行先决条件检查”界面,显示“正在检查”进度条(如图2-11所示),检查完毕后单击“下一步”按钮。

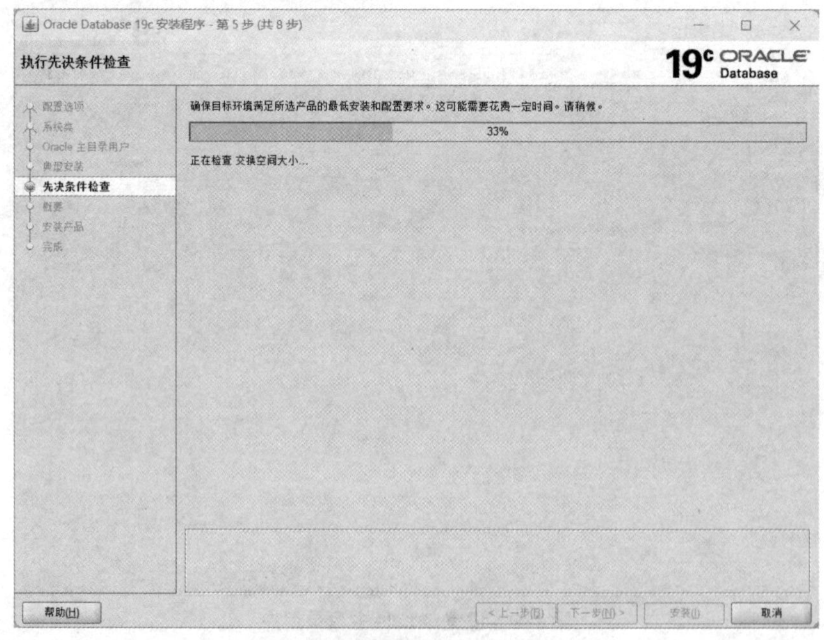

图2-11 先决条件检查

步骤 07 “概要”界面中显示了Oracle Database 19c安装程序的概要信息（如图2-12所示），确认无误后单击“安装”按钮。

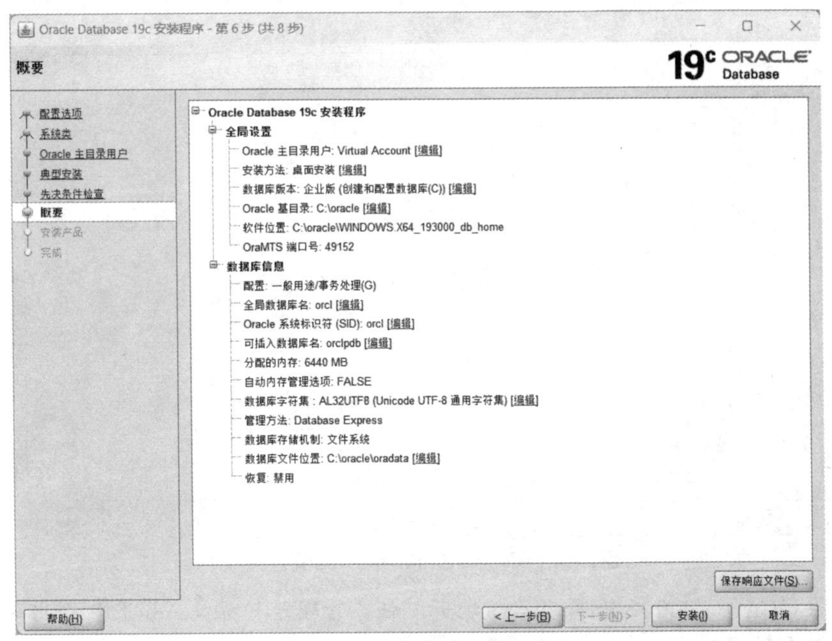

图2-12　安装程序的概要信息显示

步骤 08 开始安装数据库，根据计算机配置的不同，安装时间需要几分钟至几十分钟，如图2-13所示。

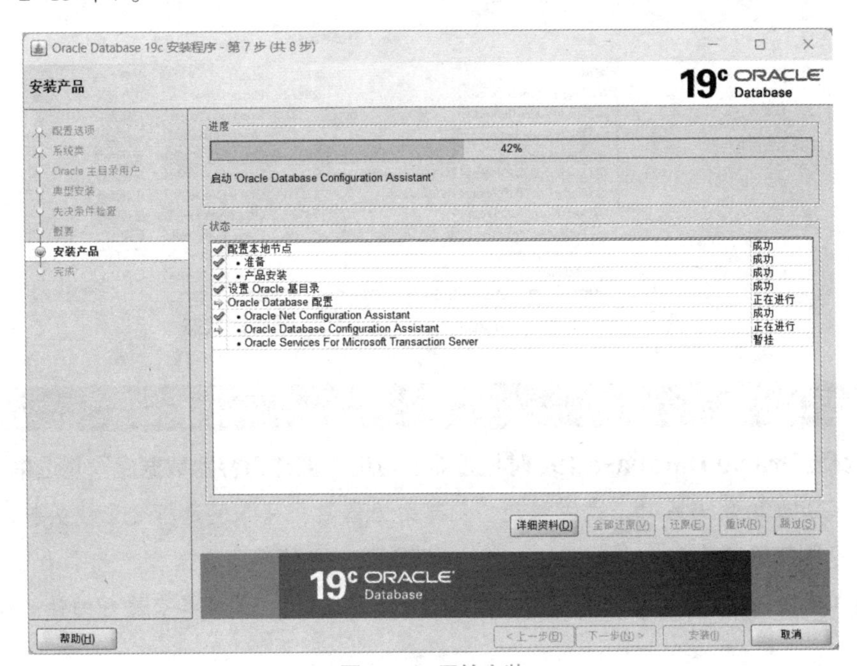

图2-13　开始安装

步骤 09 安装完成后，系统提示已完成安装（如图2-14所示），单击“关闭”按钮即可退出安装程序。

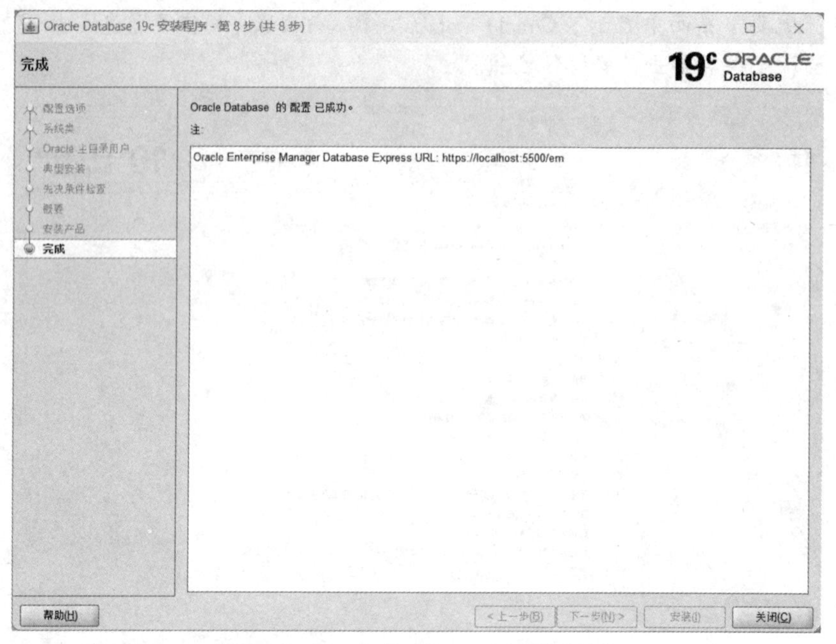

图2-14　Oracle Database 19c安装完成

步骤10 按“Ctrl + Shift + Esc”组合键打开“任务管理器”窗口，如果在“服务”列表中可以看到“OracleServiceORCL”服务的状态为“正在运行”（如图2-15所示），则说明已经完成了在Windows操作系统中安装Oracle Database 19c的全部操作。

图2-15　查看“OracleServiceORCL”服务的状态

——知识拓展——

安装Oracle Database 19c时是否需要勾选“创建为容器数据库”复选框

在安装Oracle数据库时，是否勾选“创建为容器数据库”复选框会影响数据库的管理和性能。容器数据库（container database，CDB）是一种特殊的数据库，它可以包含多个数据库实例和多个表空间。CDB提供了更好的管理和监控功能，并且具有更好的性能和可扩展性。

Oracle数据库至少包含一个数据库实例和一个数据库。数据库实例处理内存和进程。数据库由称为数据文件的物理文件组成，可以是非容器数据库或多租户容器数据库。Oracle数据库在其运行期间也使用多个数据库系统文件。

单实例数据库体系结构由一个数据库实例和一个数据库组成，数据库和数据库实例之间存在一对一的关系。可以在同一台服务器计算机上安装多个单实例数据库，每个数据库都有单独的数据库实例。此配置对于在同一台计算机上运行不同版本的Oracle数据库非常有用。

Oracle集群数据库（Oracle Real Application Clusters, Oracle RAC）的体系结构由在不同服务器计算机上运行的多个实例组成。它们都共享同一个数据库。服务器计算机集群在一端显示为单个服务器，在另一端显示为最终用户和应用程序。此配置旨在实现高可用性、可伸缩性和高端性能。典型的Oracle RAC环境是远程运行的。

如果用户只需要安装一个数据库实例，则不需要选择“创建为容器数据库”复选框。但是，如果用户需要在同一台服务器上安装多个数据库实例或需要更好的管理和监控功能、更好的性能和可扩展性，则应该选择“创建为容器数据库”复选框。

如果在安装时默认选择了此选项却在后续使用中发现不适用，用户也可以打开数据库配置助手（Database Configuration Assistant），删除当前的数据库并重新创建新的数据库，再取消勾选“创建为容器数据库”复选框。

2.2.4 Oracle Database 19c的卸载

若要从Windows操作系统中卸载Oracle Database 19c数据库，必须手动删除所有以Oracle开头的注册表项、文件和文件夹，具体操作步骤如下。

步骤01 停止Oracle服务。按“Ctrl + Shift + Esc”组合键打开“任务管理”窗口，找到所有Oracle的相关服务，在其上右击，在弹出的快捷菜单中选择“停止”选项（如图2-16所示），依次关闭所有Oracle的相关服务。

图2-16 关闭Oracle的相关服务

步骤02 删除以Oracle开头的注册表项。右击开始菜单，选择“运行”选项，然后输入“regedit”，单击“确定”按钮，打开“注册表编辑器”窗口，如图2-17所示。

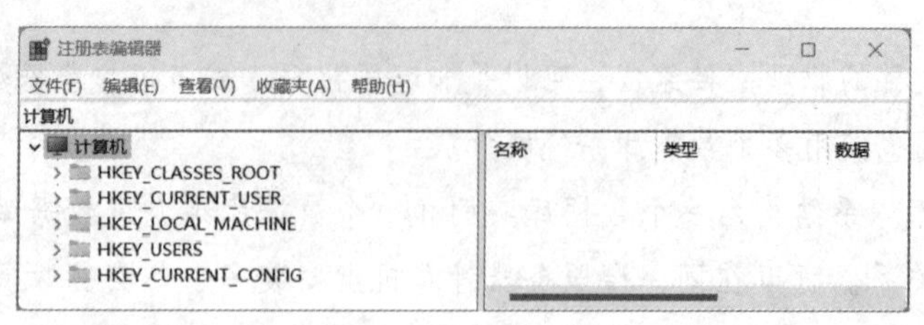

图2-17 注册表编辑器

①找到HKEY_LOCAL_MACHINE\SOFTWARE\Oracle文件夹，在其上右击，在弹出的快捷菜单中选择“删除”选项。

②找到HKEY_LOCAL_MACHINE\SOFTWARE\Wow6432Node\ORACLE文件夹，在其上右击，在弹出的快捷菜单中选择“删除”选项。

③找到HKEY_LOCAL_MACHINE\SYSTEM\CurrentControlSet\Services文件夹，依次选中与Oracle相关的文件夹并在其上右击，在弹出的快捷菜单中选择“删除”选项。

④找到HKEY_LOCAL_MACHINE\SYSTEM\CurrentControlSet\Services\EventLog\Application文件夹，依次选中Oracle相关的文件夹并在其上右击，在弹出的快捷菜单中选择“删除”选项。

步骤 03 删除安装时产生的相关文件。若Oracle软件安装在C盘，则要删除的文件位置如下。

- C:\Oracle\WINDOWS.X64_193000_db_home
- C:\Program Files\Oracle
- C:\Users\Administrator\Oracle（该地址会随安装时用户文件夹名称的不同而不同。）
- C:\ProgramData\Microsoft\Windows\Start Menu\Programs\Oracle - OraDB19Home1

步骤 04 按“Ctrl + Shift + Esc”组合键打开“任务管理器”窗口，如果在“服务”列表中找不到Oracle的相关服务，则说明Oracle软件已经从计算机中移除。

2.3 Oracle的管理工具

Oracle数据库提供了多种管理工具，用于管理和监控数据库的性能和状态，以及执行数据库管理任务，主要有SQL*Plus、SQL Developer、Database Configuration Assistant、Oracle Enterprise Manager。下面分别讲解这些工具的功能。

2.3.1 SQL*Plus

SQL*Plus是Oracle数据库提供的一个用来输入和执行SQL语句并显示输出结果的纯文本环境，可以连接到Oracle数据库实例，并允许用户通过直接输入、编辑命令和选择各种选项与Oracle数据库进行交互。SQL*Plus还支持批处理模式，可以一次执行多条SQL语句以提高效率。

1. SQL*Plus的启动与退出

在Oracle Database 19c中，用户对数据库的操作主要是通过SQL*Plus来完成的。作为Oracle的客户端工具，SQL*Plus既可以建立位于数据库服务器上的数据连接，也可以建立位于网络中的数据连接。

（1）启动SQL*Plus。

①通过客户端启动。由于Oracle未在系统桌面创建快捷方式，用户需要到“开始”菜单中找到SQL*Plus命令行工具并将其打开，具体操作步骤如下。

步骤01 单击“开始”按钮，打开“开始”菜单，选择“所有应用”选项，在应用程序列表中找到“Oracle-OraDB19Home1”文件夹，如图2-18所示。单击将其打开，选择“SQL Plus”选项，即可弹出命令行工具界面，如图2-19所示。

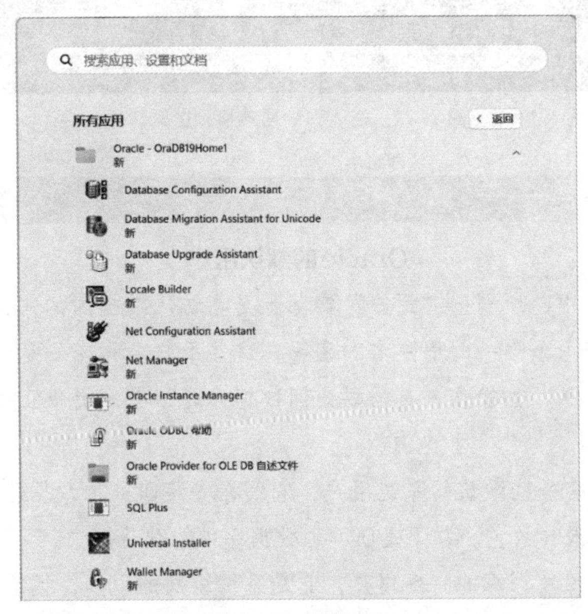

图2-18　开始菜单

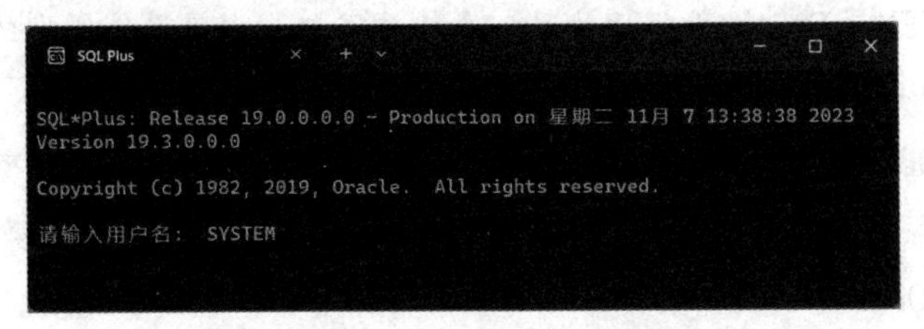

图2-19　SQL*Plus命令行工具界面

步骤02 输入Oracle软件安装时的默认用户名“SYSTEM”，按“Enter”键确认，此时界面会要求输入口令，如图2-20所示。

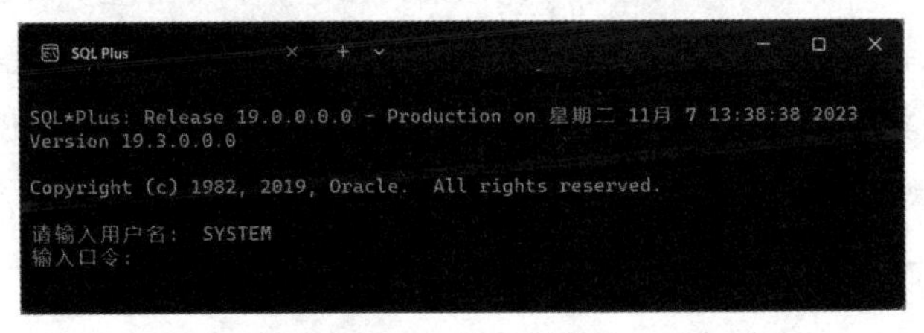

图2-20　输入用户名

步骤03 输入安装Oracle软件时设置的口令，按“Enter”键确认（输入口令时工具界面不会显示输入动态），即可成功启动SQL*Plus连接到数据库，如图2-21所示。

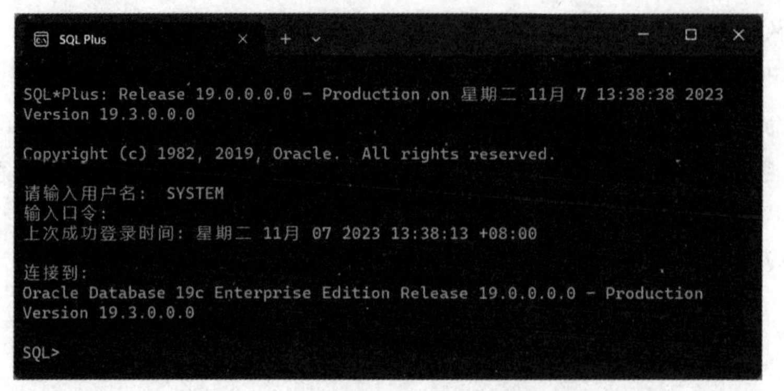

图2-21　输入口令后连接到数据库

——知识拓展——

Oracle的默认用户

在Oracle数据库中，所谓的“用户”实际上是指访问数据库的账户或用户名。更准确地说，每个用户都有一个唯一的用户名和密码，这些用户名和密码是连接到Oracle数据库所必需的身份验证信息。当操作人员需要访问数据库时，必须提供正确的用户名和密码才能成功登录。

Oracle数据库中有一些默认的系统用户，它们在安装Oracle数据库时就已经创建好了，并拥有一些默认的权限和角色。以下是Oracle数据库中的默认用户。

SYS：SYS是Oracle数据库的特殊用户，它是系统级别的用户，拥有最高的权限。SYS用户可以访问所有对象，并且可以执行任何操作，包括创建和删除其他用户和角色。

SYSTEM：SYSTEM是Oracle数据库的另一个特殊用户，也是系统级别的用户。与SYS用户一样，SYSTEM用户也拥有最高的权限。

SYSDBA：SYSDBA是SYS用户的同义词，也是系统级别的用户，拥有管理员级别的权限。SYSDBA可以执行所有数据库管理任务，包括创建和删除用户、表空间、数据库等操作。

SYSOPER：SYSOPER是Oracle数据库中的一个特殊用户，也是系统级别的用户，拥有执行DDL语句的权限。SYSOPER用户可以创建和删除表、索引、视图等对象，但是不能创建或删除用户。

DBA：DBA是Oracle数据库中的一个系统级别的角色，拥有管理员级别的权限。DBA角色可以执行所有数据库管理任务，包括创建和删除用户、表空间、数据库等操作。

在Oracle中，当以特权用户身份登录数据库时，必须带有AS SYSDBA或AS SYSOPER选项。例如下面的代码。

```
SQL> CONNECT SYSTEM/password AS SYSDBA;
已连接。
```

上述代码的作用是以SYSTEM用户的身份连接到Oracle数据库，并使用密码“password”进行身份验证。同时，通过指定连接的模式为SYSDBA，可以获得对整个数据库的完全控制权限，包括创建、删除、修改表、视图、索引等操作。

②通过命令提示符启动。除了从客户端启动，用户还可以通过命令提示符启动SQL*Plus，步骤如下。

步骤01 在系统搜索框中输入“cmd”，会显示“命令提示符”提示信息，单击“命令提示符”图标，即可打开命令提示符窗口，如图2-22所示。

图2-22　命令提示符窗口

步骤02 在命令提示符窗口输入“sqlplus”命令，弹出输入用户名提示信息，如图2-23所示。

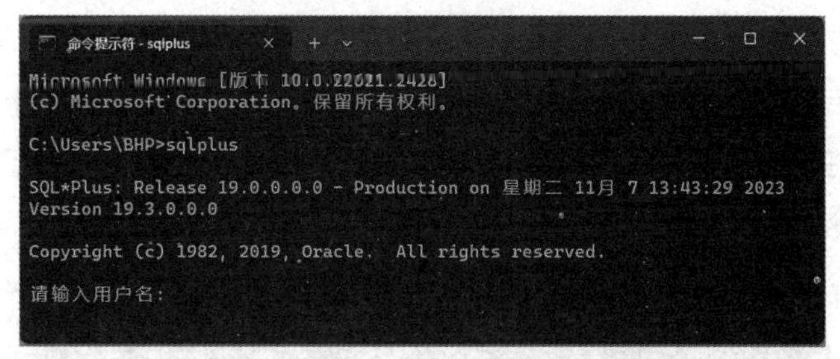

图2-23　输入“sqlplus”命令后弹出提示信息

步骤03 输入用户名“SYSTEM”，按“Enter”键确认，弹出输入口令提示信息；输入安装Oracle时设置的口令，按“Enter”键确认，即可连接到数据库，如图2-24所示。

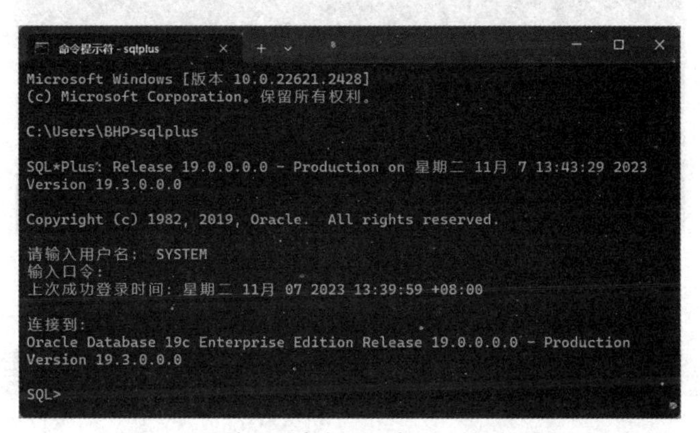

图2-24　输入用户名和口令后连接到数据库

（2）退出SQL*Plus。当需要断开数据库连接时，只需在命令窗口的“SQL>”后面输入“exit”或“quit”命令，然后按“Enter”键即可，如图2-25所示。

图2-25　断开数据库链接

提示：要断开数据库的连接，使用命令退出SQL*Plus为正常方式，直接单击命令窗口右上角的关闭按钮属于非正常方式。在对数据库进行数据操作后，非正常的退出方式可能会导致数据丢失。

2. SQL*Plus的命令

SQL*Plus是一个基于C/S两层结构的客户端操作工具，包括客户层（即命令行窗口）和服务器层（即数据库实例），这两层既可以在一台主机上，也可以在不同主机上。SQL*Plus中既可以运行SQL*Plus命令，也可以运行SQL命令。如果要执行一个SQL*Plus命令，只需在命令提示符后输入该命令，然后按“Enter”键，命令就会自动执行。如果要执行SQL命令，则必须使用一个特定字符作为终止符来表明要执行输入的语句，如分号（;）或斜线（\）。分号（;）可以直接放在输入命令的后面或者放在接下来的空行中，而斜线（\）则必须放在接下来的空行中才可以被识别，若直接将斜线（\）放在语句的后面，按下“Enter”键后，光标会移动到下一行而不是立即执行语句命令。

SQL*Plus的命令列表如图2-26所示。一些常用的SQL*Plus命令及功能如表2-4所示。

```
SQL> HELP INDEX

Enter Help [topic] for help.

 @             COPY         PASSWORD                 SHOW
 @@            DEFINE       PAUSE                    SHUTDOWN
 /             DEL          PRINT                    SPOOL
 ACCEPT        DESCRIBE     PROMPT                   SQLPLUS
 APPEND        DISCONNECT   QUIT                     START
 ARCHIVE LOG   EDIT         RECOVER                  STARTUP
 ATTRIBUTE     EXECUTE      REMARK                   STORE
 BREAK         EXIT         REPFOOTER                TIMING
 BTITLE        GET          REPHEADER                TTITLE
 CHANGE        HELP         RESERVED WORDS (SQL)     UNDEFINE
 CLEAR         HISTORY      RESERVED WORDS (PL/SQL)  VARIABLE
 COLUMN        HOST         RUN                      WHENEVER OSERROR
 COMPUTE       INPUT        SAVE                     WHENEVER SQLERROR
 CONNECT       LIST         SET                      XQUERY
```

图2-26　SQL*Plus的命令列表

表2-4　常用的SQL*Plus命令及功能

命　　令	功　　能
SQL>	进入SQL*Plus交互式命令行界面
CONNECT username/password@database	将指定的用户连接到Oracle数据库
QUIT I EXIT	退出SQL*Plus
HELP|? [topic]	显示符合[topic]的命令列表
START	在指定的脚本中运行SQL*Plus语句

续表

命　　令	功　　能
STARTUP	启动一个Oracle数据库实例
SHUTDOWN	关闭当前正在运行的Oracle数据库实例
BREAK	中断当前会话
RESET	重置SQL*Plus状态
EDIT file=file_name	进入SQL编辑器
GET file=file_name	从指定文件中读取SQL语句
SPOOL file_name	将SQL语句输出到指定文件中
SAVE file=file_name	保存SQL语句到指定文件中
SOURCE file_name	从指定文件读取SQL脚本
EXECUTE statement	执行单个SQL语句或运行存储过程
DEFINE variable_name = value	定义变量
SET system_variable value	设置SQL*Plus环境变量
DECRYPT [option] file=file_name	解密加密的数据库密码
SELECT * FROM table_name	从表中检索所有数据
WHERE condition	根据条件过滤数据
ORDER BY column_name	按照指定列名排序
DESC[RIBE] {[schema.]object[@connect_identifier]}	显示指定数据库对象的列信息
DISPLAY column_name	显示指定列名的数据
COLUMN [column_name] [format]	设置列的显示格式
TITLE "my_title"	设置SQL*Plus输出的标题
BTITLE "my_subtitle"	设置SQL*Plus输出的页眉

2.3.2 SQL Developer

SQL Developer是SQL*Plus的图形化版本，采用Java编写，支持SQL和PL/SQL开发。用户可以使用标准数据库身份验证连接到任何Oracle数据库架构。SQL Developer可以帮助管理员管理和开发Oracle数据库，提高数据库开发和管理的效率。它可以连接到Oracle数据库实例，并提供各种功能和选项，用于执行SQL语句、管理用户和数据库对象、执行SQL脚本等。SQL Developer提供对象浏览器，可以浏览和管理数据库中的对象，如表、视图、索引、存储过程、触发器等，且能够显示对象的结构和属性，以及提供搜索和过滤功能。它还集成了数据导入和导出工具，可以方便地将数据从一个数据库迁移到另一个数据库。

1. SQL Developer的下载

Oracle Database 19c并没有直接提供SQL Developer工具，需要用户自行下载。下载地址为：“https://www.oracle.com/database/sqldeveloper/technologies/download/”。下载好的文件名

为："sqldeveloper-23.1.0.097.1607-x64.zip"，将文件解压缩，双击"sqldeveloper"文件夹下的"sqldeveloper.exe"可执行文件，即可打开SQL Developer工具，其主界面如图2-27所示。

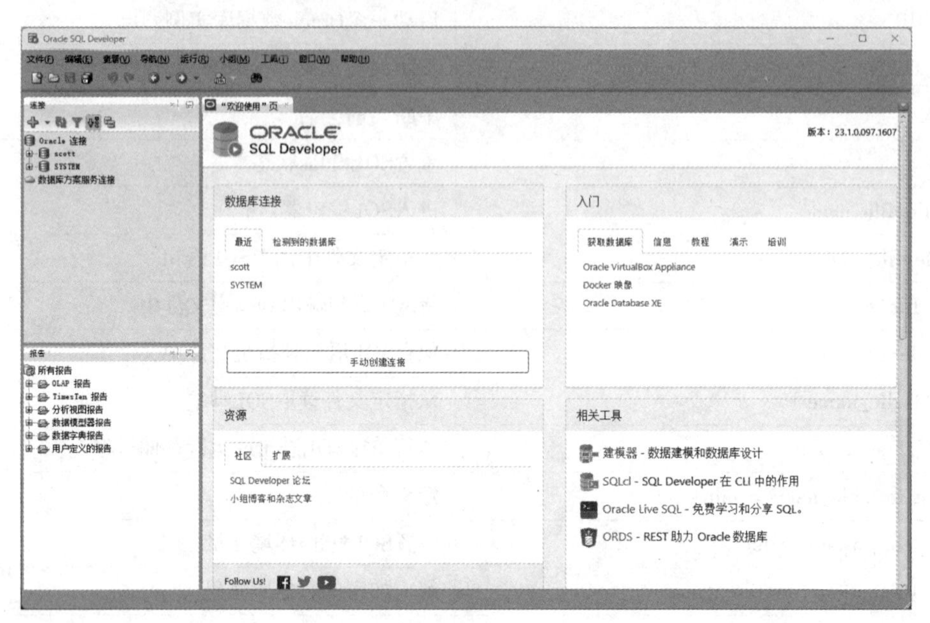

图2-27　SQL Developer主界面

2. 将SQL Developer连接到数据库

在使用SQL Developer对数据库进行各种操作之前，需要创建一个数据库连接，以便与目标数据库进行通信和操作。创建数据库连接的步骤如下。

步骤01 在SQL Developer的主界面中单击"手动创建连接"按钮，弹出"新建/选择数据库连接"对话框，如图2-28所示。

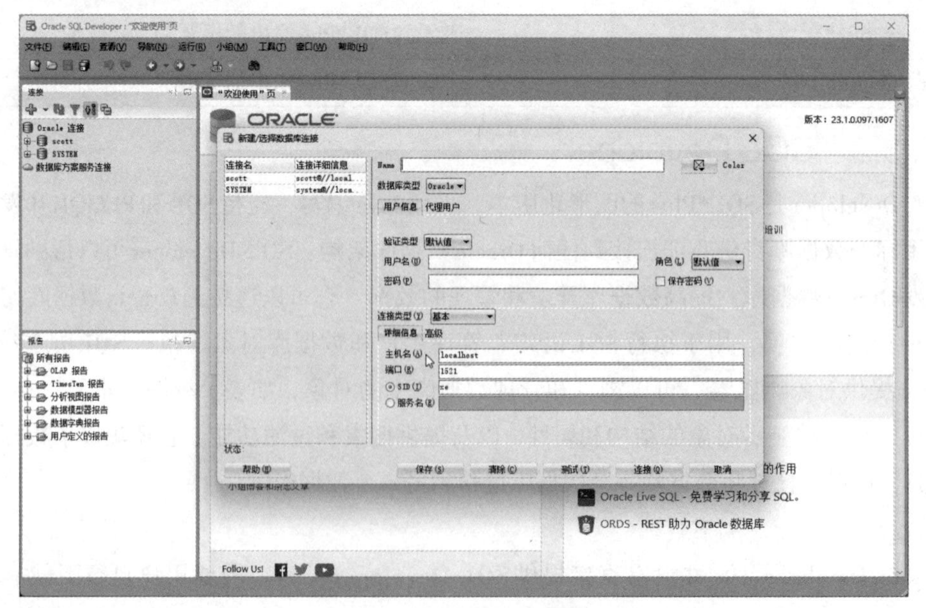

图2-28　"新建/选择数据库连接"对话框

步骤 02 在“新建/选择数据库连接”对话框中，用户需要填写要创建的数据库连接的信息。如果要创建一个Oracle数据库中SYSTEM用户方案的数据库连接，需要填写的内容如下：

- 在“Name”中输入一个自定义的连接名称，如“system_orac1”；
- 在“用户名”中输入“system”；
- 在“密码”中输入登录Oracle的口令，并勾选“保存密码”复选框；
- 在“SID”中输入数据库的SID“orcl”。

其他选项保持默认设置，如图2-29所示。

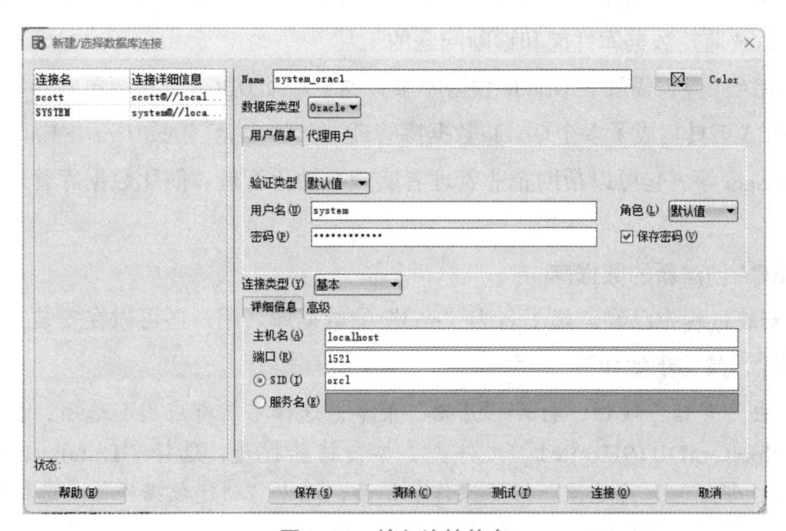

图2-29　输入连接信息

步骤 03 单击“连接”按钮，即可成功连接至数据库，如图2-30所示。

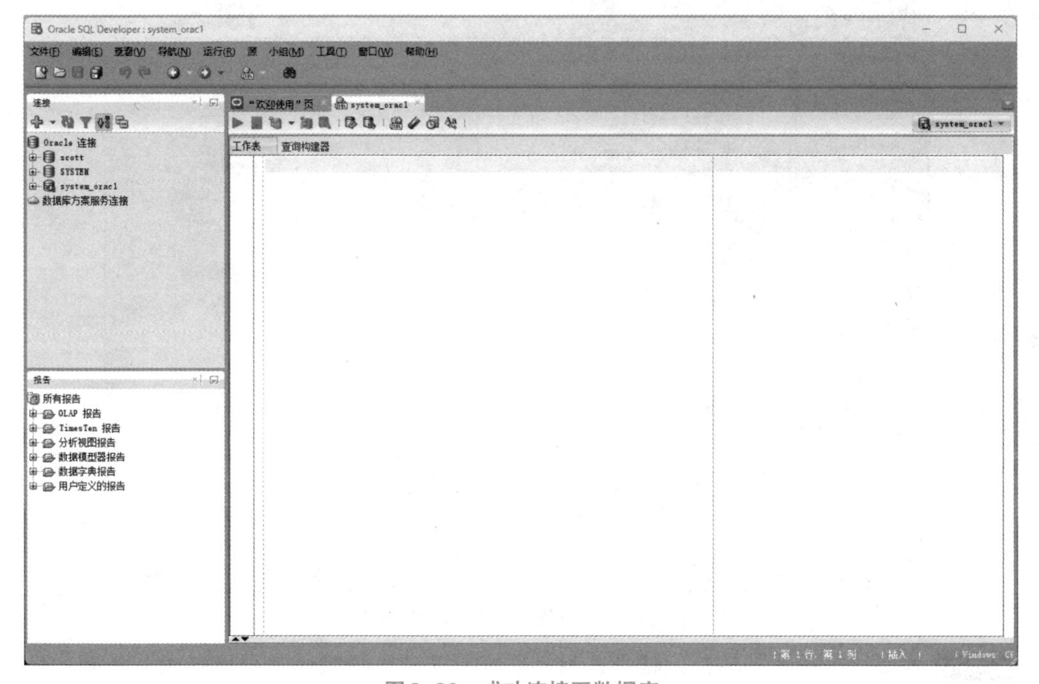

图2-30　成功连接至数据库

2.3.3 Database Configuration Assistant

1.DBCA简介

Database Configuration Assistant（DBCA，数据库配置助手）是Oracle数据库提供的一个向导式配置工具，用于帮助管理员配置和管理Oracle数据库实例。它提供了一个图形化的用户界面，可以帮助管理员快速创建和配置新的Oracle数据库实例，并提供了一些常用的数据库管理功能，例如删除数据库、管理数据库模板、配置网络服务等。此外，DBCA还提供了数据库实例的备份和恢复功能，以及监控数据库性能和诊断问题的工具。

要使用DBCA工具，需要在Oracle数据库服务器上启动DBCA，并按照向导提示进行配置和管理操作。DBCA工具集成了多个Oracle数据库管理工具的功能，例如Oracle Enterprise Manager、Oracle Net Manager等。它可以帮助企业管理者实现自动化管理、简化数据库管理流程、提高管理效率等。

2. 使用DBCA创建新的数据库

Oracle在安装过程中已经创建了名为“orcl”的数据库。用户还可以在安装完成后重新创建自命名的数据库，具体步骤如下。

步骤 01 单击“开始”按钮，打开“开始”菜单，选择“所有应用”选项，在应用程序列表中找到“Oracle-OraDB19Home1”文件夹，单击将其打开，选择“Database Configuration Assistant”选项，即可弹出“选择数据库操作”界面，选中“创建数据库”单选按钮，如图2-31所示。

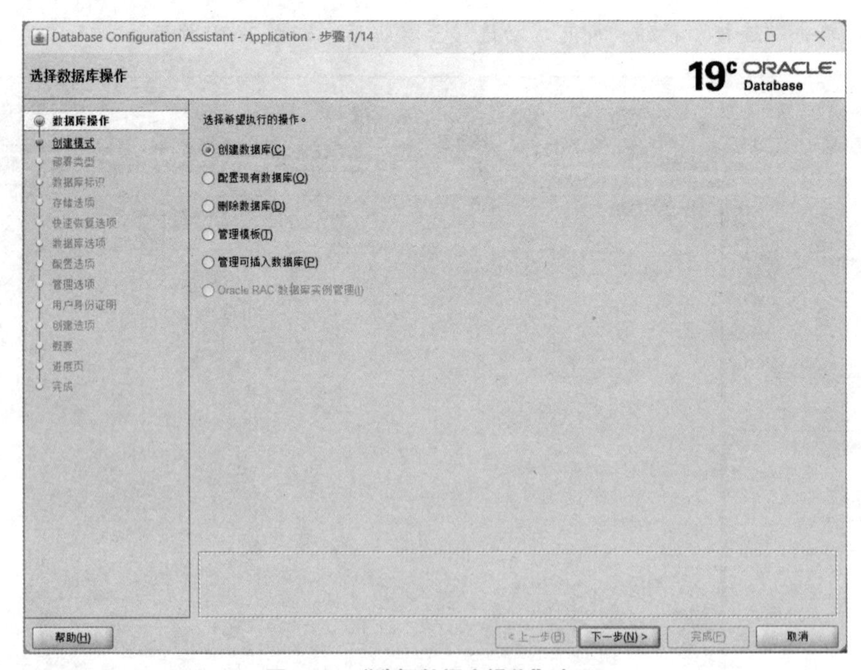

图2-31 “选择数据库操作”窗口

步骤 02 单击“下一步”按钮，稍等片刻，即可打开“选择数据库创建模式”界面。用户可以输入要设置的全局数据库名，取消勾选“创建为容器数据库”复选框，然后输入要设置的管理口令并确认口令，其余设置保持默认，如图2-32所示。

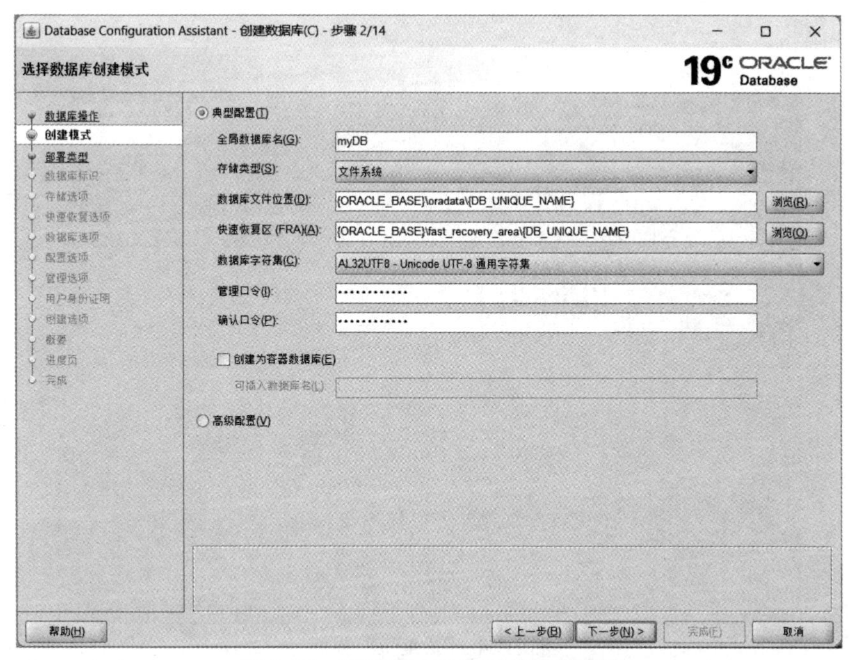

图2-32 “选择数据库创建模式”界面

步骤03 单击“下一步”按钮，打开“概要”界面，如图2-33所示。

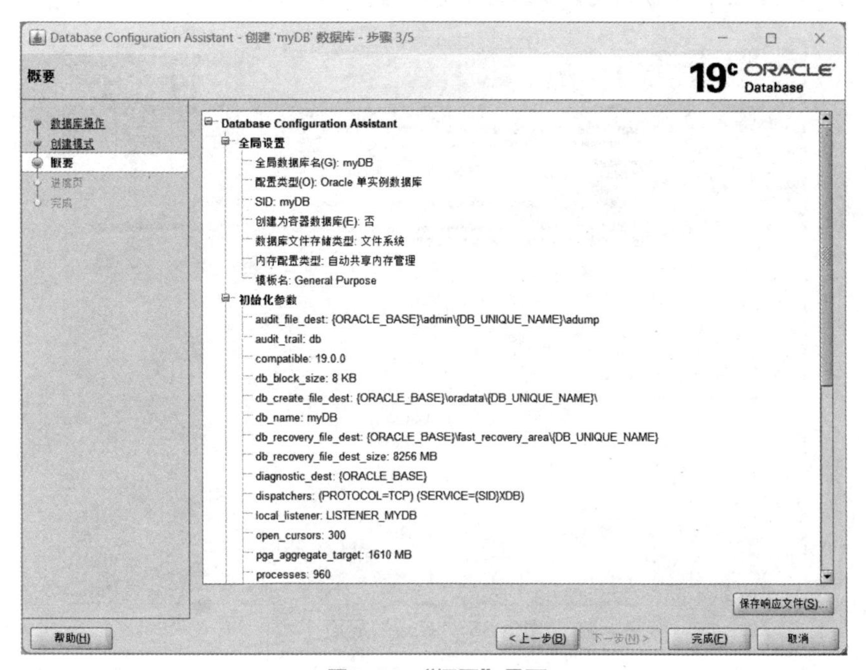

图2-33 “概要”界面

步骤04 查看所要创建的数据库的详细信息，确认无误后，单击“完成”按钮，系统开始自动创建新的数据库，并在“进度页”界面中显示新数据库的创建过程和创建的详细信息，如图2–34所示。

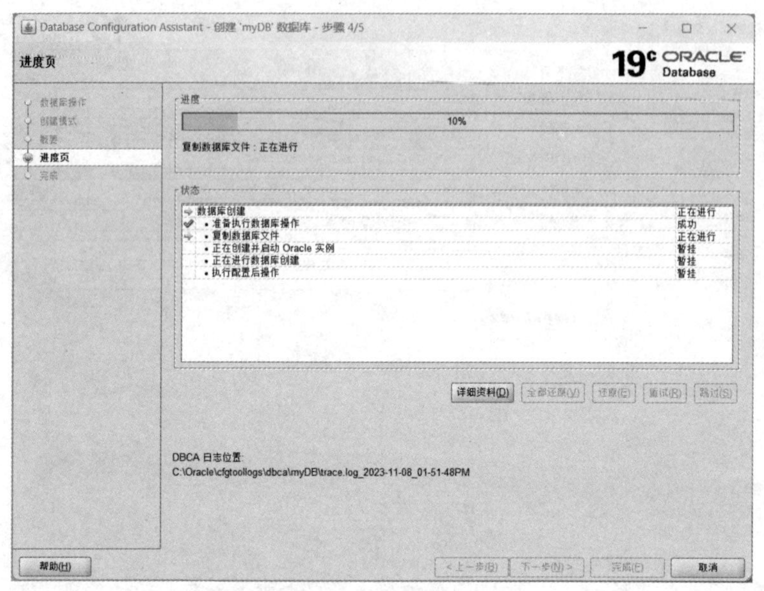

图2–34　“进度页”界面

步骤05 数据库的创建过程需要一段时间，创建完成后，会弹出“完成”界面，如图2–35所示。单击“关闭”按钮，即可完成数据库的创建操作。

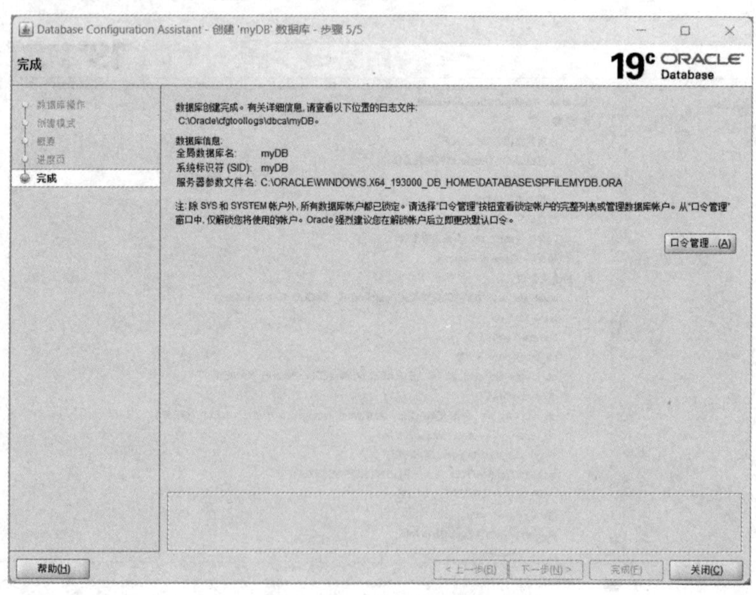

图2–35　“完成”界面

2.3.4　Oracle Enterprise Manager

Oracle企业管理器（Oracle Enterprise Manager, OEM）是基于Web界面的Oracle数据库管理工具。它提供了图形化的用户界面，使管理员可以轻松地管理Oracle数据库服务器，包括创建和配置数据库、管理数据库对象、监控数据库性能、执行备份和恢复等操作。

OEM工具集成了多个Oracle数据库管理工具的功能，例如Oracle Enterprise Manager Grid Control、Oracle Enterprise Manager Database Control等。它可以帮助企业管理者实现自动化管理、简化数据库管理流程、提高管理效率等。要使用OEM工具，用户需要在Web浏览器中输入OEM的URL地址，然后登录到OEM的图形化界面。

2.4 Oracle的示例数据库

Oracle的示例数据库为用户学习关系型数据库和SQL语句提供了一个通用平台，以便于对Oracle数据库的各种功能和特征进行演示。

2.4.1 SCOTT示例数据库模式

SCOTT示例数据库很早以前就开始使用，由4张表来示例关系型数据库的各种特性，这4张表分别是：部门表（dept）、雇员表（emp）、奖金表（bonus）和工资等级表（salgrade）。SCOTT用户的密码默认为tiger。但是，Oracle Database 19c中并不存在SCOTT用户，需要用户自行创建。

——知识拓展——

用户与模式的关系

在Oracle数据库中，可以通过对用户的各种安全参数进行控制来维护数据库的安全性。这些安全参数包括模式、权限、角色、存储设置、空间限额、存取资源限制和数据库审计等。例如，管理员可以给不同的用户分配不同级别的权限以控制其对数据库的操作权限。

其中，模式（schema）又称为方案，实际上是用户拥有的数据库对象的集合。具有创建对象权限并创建了对象的用户被称为拥有某个模式。每个创建数据库对象（如视图、表等）的用户都会拥有一个以该用户名称开头的模式，并被视为模式用户。因此，对数据库对象的访问和管理实际上就是在操作和控制模式及其包含的对象。在Oracle数据库中，用户与模式是一一对应的关系，并且二者名称相同。例如，SCOTT用户拥有的所有对象都属于SCOTT模式。

在访问Oracle数据库对象时，有几个重要的注意事项。首先，在同一模式中不能存在同名的对象，也就是说在同一用户下不能有两个名字完全相同的表、视图或索引等对象。然而，在不同模式中的对象名是可以相同的，即不同用户下可以有相同名字的对象。其次，当用户尝试直接访问其他模式的对象时，必须拥有该对象的相应权限。换言之，只有获得了访问权限的用户才能查看或操作其他用户的数据库对象。此外，当用户要访问其他模式对象时，如果存在同名的表、视图、索引等对象，可以使用限定符（例如表名前缀）来唯一指定对象。

2.4.2 其他示例数据库模式

随着Oracle数据库技术的不断发展，SCOTT用户的4张表已经不能展示Oracle数据库最基本的特征了。为了适应产品文档、培训课件、软件开发和应用案例的各种需求，自Oracle 9i开始，提供了一个更为丰富的示例数据库。Oracle的这个示例数据库是基于一个假想的通过各种渠道销售物资的公司，这些示例方案分别对应于该公司的不同部门，它们相互交织在一起，共同完成公司的各种业务。这个示例数据库提供了不同层次、不同复杂程度的数据库应用技术方面的范例。

1. 人力资源（HR）模式

这是最简单的关系型数据库模式，用于介绍最简单和最基本的问题。创建其他几个模式之前，必须先创建HR模式。HR类似以前的SCOTT模式，其中有部门和员工等多张数据表。

HR模式共有7张表，分别是雇员表（employees）、部门表（departments）、地点表（locations）、国家表（countries）、地区表（regions）、岗位表（jobs）和工作履历表（job_history）。这些表使用了基本数据类型，适用于学习Oracle数据库的一些基本特性。

2. 订单目录（OE）模式

这是一个较为复杂的模式，OE模式建立在HR模式之上。它在模型中增加了客户、产品和订单数据表。这些复杂的布局可以使用额外的数据类型，包括嵌套数据表和额外数据表选项，如索引组织表（IOTs）。同时，该模式中还保存了一个称为在线目录OC的与对象相关的例子，用来测试Oracle中面向对象的特性。

OE模式包含7张表：客户表（customers）、产品说明表（product_description）、产品信息表（product_information）、订单项目表（order_item）、订单表（order）、库存表（inventories）和仓库表（warehouses）。

3. 在线目录（OC）模式

该模式是OE模式的子模式，是面向对象的数据库对象的集合，用于测试Oracle中面向对象的特性。它将产品组织成为一个层次结构，以便用户通过不断挖掘逐渐细化的产品分类而找到特定的产品。

4. 信息交换（IX）模式

该模式设计用于演示Oracle的高级排队中进程间通信的特性。在10g以前的版本中，该模式称为排队组装服务质量。

5. 产品媒体（PM）模式

该模式集中用于多媒体数据类型，包含两张实体表，即在线媒体数据表（online_media）和印刷媒体数据表（print_media），以及一种用于定义多媒体数据的头部信息的对象类型（adheader_typ），还有一张用于存储文本文档信息的嵌套表（textdoc_typ）。

6. 销售历史记录（SH）模式

该模式不是很复杂。它比其他模式包含更多行的数据，主要用于展示大数据量的例子，是实验SQL分析函数、MODEL语句等的好方式。它包含1张大范围分区的销售表（sales）和另外5张表，即时间表（times）、促销活动表（promotions）、销售渠道表（channels）、产品表（products）和客户表（customers）。

巩固练习

一、选择题

1. 下列关于Oracle叙述不正确的是（　　）。

A. 用户是访问Oracle数据库的逻辑实体，用于授权和管理对数据库对象的访问权限

B. 模式是Oracle数据库中的逻辑容器，用于存储数据库对象

C. 一个模式可以包含多个对象，每个对象都与模式相关联

D. 一个用户只能使用一个模式，不同的用户需要使用不同的模式来访问数据库对象

2. 下列不属于Oracle的物理存储结构的是（　　）。

A. 控制文件　　B. 系统文件　　C. 日志文件　　D. 参数文件

3. v$database属于（　　）。

A. 静态数据字典表　　B. 动态数据字典表

C. 静态数据字典视图　　D. 动态数据字典视图

4. Oracle的命令行工具是（　　）。

A. SQL*Plus　　B. SQL Developer

C. Oracle Enterprise Manager　　D. Database Configuration Assistant

二、填空题

1. Oracle Database 19c中的“c”代表________，意味着________。

2. ________是连接到数据库并执行操作的实体，________是用于组织和管理数据库对象的集合，________是物理存储数据的容器，而________是运行数据库软件的进程。

3. Oracle的体系结构由________、________、________组成。

4. Oracle数据库的存储结构分为________________和________________。

5. 数据字典由一系列拥有数据库元数据信息的________和用户可以读取的________组成。

三、实训题

1. 下载并安装Oracle Database 19c软件。

2. 卸载Oracle Database 19c软件。

第 3 章

Oracle数据库基础操作

本章导言

在掌握了Oracle数据库的基本概念后，本章着重探讨Oracle数据库的实际操作技巧，学习如何使用SQL语句进行数据查询、插入、更新与删除等基本操作，并在此基础上深入探究Oracle的数据表、视图、索引、序列，以及同义词等对象的创建、管理与优化。通过这一系列实操练习，帮助学生灵活运用SQL语句处理各种复杂业务场景，并进一步增强其对Oracle数据库内部机制的理解和把握。

学习目标

（1）了解SQL语言的基础知识，掌握SQL语句的分类及语法规则。
（2）掌握使用SQL*Plus工具启动和关闭Oracle实例的方法。
（3）掌握Oracle的数据表操作，能够创建和管理数据表。
（4）掌握Oracle的数据查询操作，以及SELECT语句的用法。
（5）掌握Oracle的视图、索引、序列、同义词等对象的创建、修改、删除等操作。

素质要求

（1）锻炼运用SQL语言进行数据查询与处理的问题分析能力和解决方案设计能力。
（2）在操作实践中培养团队合作精神，养成严谨细致的工作态度和良好的职业道德规范。

3.1 SQL语言基础

用户面对一个数据库管理系统时，通常需要采用一种方式与其进行交互，以完成自己的工作，此时就要用到结构化查询语言（structured query language,SQL）。

3.1.1 SQL语言简介

当SQL语言是一种面向集合的数据库查询语言，是RDBMS能够听懂的语言，是人们用来告诉RDBMS如何完成各种数据管理操作的手段。因此，要想有效地与RDBMS交流，就必须熟练掌握SQL语言。

应用程序和Oracle工具通常允许用户在不直接使用SQL的情况下访问数据库，但这些应用程序在执行用户请求时必须使用SQL。当用户使用某个应用程序（如SQL*Plus）的时候，它在本质上只是一种能够让其把想要执行的SQL语句发送到服务器的工具而已。

SQL语言有如下几个特点。

（1）SQL语言是类似于英语的自然语言，简洁易用。

（2）SQL语言是一种非过程语言，即用户只要提出“干什么”即可，而不必关心具体的操作过程，也不必了解数据的存取路径，只要指明所需的结果即可。

（3）SQL语言是一种面向集合的语言，每个命令的操作对象是一个或多个关系，其结果也是一个关系。

（4）SQL语言既是自含式语言，又是嵌入式语言；既可独立使用，又可嵌入到宿主语言中使用。自含式语言可以独立使用交互命令，适用于终端用户、应用程序员和数据库管理员；嵌入式语言嵌入在高级语言中使用，供应用程序员开发应用程序。

通过SQL语句，用户可以执行以下任务：

- 查询数据；
- 在表中插入、更新和删除行；
- 创建、替换、更改和删除对象；
- 控制对数据库及其对象的访问；
- 保证数据库的一致性和完整性。

3.1.2 SQL语句分类

Oracle SQL语言将数据查询、数据操纵、事务控制、数据定义和数据控制等功能集于一身，这些功能对应着各自的SQL语句。

1. 数据定义语言语句

数据定义语言（data definition language,DDL）语句用于定义数据库中的数据结构，可以用来修改数据库中对象的属性，而不影响应用程序对这些数据库对象的访问。例如，可以向一个被人力资源应用程序访问的表中添加一列，而不需要重新编写应用程序。此外，DDL语句还可以在数据库用户正在执行数据库操作时修改对象的结构。

简而言之，DDL语句允许数据库管理员对数据库对象的结构进行修改，例如添加、删除或修改表、列、索引等，而不会影响应用程序的正常运行。这样，数据库管理员可以在不中断应用程序的情况下对数据库进行维护和升级，提高了数据库的可用性和稳定性。

DDL语句可以实现以下功能：

- 创建、更改和删除架构对象和其他数据库结构，包括数据库本身和数据库用户（关键字CREATE、ALTER、DROP）；
- 删除架构对象中的所有数据，而不删除这些对象的结构（关键字TRUNCATE）；
- 授予和撤销权限和角色（关键字GRANT、REVOKE）；
- 打开和关闭审核选项（关键字AUDIT、NOAUDIT）；
- 向数据字典添加注释（关键字COMMENT）。

2.数据操作语言语句

数据操作语言（data manipulation language,DML）语句用于查询或操作数据库中的数据。DDL语句更改数据库的结构，而DML语句查询或更改内容。

DML语句可以实现以下功能：

- 从一个或多个表或视图中检索或提取数据（关键字SELECT）；
- 通过指定列值列表或使用子查询选择和操作现有数据，将新的数据行添加到表或视图中（关键字INSERT）；
- 更改表或视图的现有行中的列值（关键字UPDATE）；
- 有条件地更新行或将行插入到表或视图中（关键字MERGE）；
- 从表或视图中删除行（关键字DELETE）；
- 查看SQL语句的执行计划（关键字EXPLAIN PLAN）；
- 锁定表或视图，暂时限制其他用户的访问（关键字LOCK TABLE）。

3.事务控制语句

事务控制语句用于管理DML语句所做的更改，并将DML语句分组到事务中。

事务控制语句可以实现以下功能：

- 将对事务的更改永久化（关键字COMMIT）；
- 撤销事务中自事务开始或保存点以来的更改，保存点是事务上下文中用户声明的中间标记（关键字ROLL BACK 、ROLLBACK TO SAVEPOINT），需要注意的是，ROLL BACK语句结束事务，但ROLLBACK TO SAVEPOINT不会结束事务；
- 设置可以回滚到的点（关键字SAVE POINT）；
- 建立事务的属性（关键字SET TRANSACTION）；
- 指定是在每次DML语句之后检查可延迟完整性约束，还是在提交事务时检查（关键字SET CONSTRAINT）。

4. 会话控制语句

会话控制语句用于动态管理用户会话的属性。会话是数据库实例内存中的逻辑实体，表示当前用户登录数据库的状态。会话从用户通过数据库身份验证开始持续，直到用户断开连接或退出数据库应用程序。

会话控制语句可以实现以下功能：

- 通过执行专用功能，例如设置默认日期格式（关键字ALTER SESSION）更改当前会话；
- 启用和禁用当前会话的角色（即权限组，关键字SET ROLE）。

5. 系统控制语句

系统控制语句用于更改数据库实例的属性。唯一的系统控制语句是ALTER SYSTEM。它使用户能够更改设置，例如共享服务器的最小数量、终止会话，以及执行其他系统级任务。

6. 嵌入式SQL语句

嵌入式SQL语句用于将DDL、DML和事务控制语句合并到过程语言程序中，与Oracle预编译器一起使用。嵌入式SQL是将SQL合并到过程语言应用程序中的一种方法；另一种方法是使用过程API，例如开放式数据库连接（ODBC）或Java数据库连接（JDBC）。

嵌入式SQL语句可以实现以下功能：

- 定义、分配和释放游标（关键字DECLARE/OPEN/CLOSE CURSOR）；
- 指定数据库并连接到该数据库（关键字DECLARE/CONNECT DATABASE）；
- 指定变量名称（关键字DECLARE STATEMENT）；
- 初始化描述符（关键字DESCRIBE）；
- 指定如何处理错误和警告条件（关键字WHENEVER）；
- 解析并运行SQL语句（关键字PREPARE、EXECUTE、EXECUTE IMMEDIATE）；
- 从数据库检索数据（关键字FETCH）。

3.1.3 SQL语句的语法规则

1.SQL语句的组成

SQL语句的组成有多种选项可供选择，但通常都是由关键字、表、列和函数组成。

关键字：每一条SQL命令都是以一个关键字（如SELECT、INSERT或者UPDATE）作为开始，它告知命令处理器即将要执行的操作类型。其余在表名之前的关键字则指明要使用哪些数据参与操作，以及这些数据将要进行的特定操作等。

表：SQL命令中所包含该命令要操作的表的名称。

列：SQL命令中所包含该命令要影响的列的名称。

函数：函数是一个小程序，是SQL语言的一部分。每一个函数只执行一个操作。例如，函数AVG用于计算数字值的平均值。

所有的SQL命令都要求有关键字和表。根据要执行的操作类型，列是可选的。合法的SQL语句不强求函数，但若要获得指定结果时就要使用函数了。

2.SQL语句的编写约定

（1）在发出SQL语句时，用户可以在语句定义中的任意位置插入一个或多个制表符、回车符、空格或注释。

（2）在保留字、关键字、标识符和参数中并不区分大小写，但在文本文字和引用名称中是区分大小写的。

（3）在不同的编程环境中，SQL语句的终止方式不同。Oracle中使用默认的SQL*Plus字符分号（;）作为终止符。当SQL语句输入完毕，要以分号作为终止符。

（4）在SQL*Plus环境中编写SQL语句时，如果SQL语句较短，可以将语句放在一行显示；如果SQL语句很长，为了便于用户阅读，可以将语句分行显示（Oracle会在除第一行之外的每一行前面自动加上行号）。

3.1.4 Oracle SQL的基础知识

1.数据类型

（1）数据类型的分类。数据类型是编程语言中用于定义变量、常量或函数返回值等数据属性的一种机制。数据类型指导SQL如何理解每个列所期望存储的数据类型，并标识了SQL如何与存储的数据进行交互。具体来说，数据类型解决了“存”和“取（读）”的问题，决定了使用这个类型需要开辟的空间大小，以及内存中的数据是如何存储的。同时，它改变了看待内存空间的视角，使得在内存中相同的两块空间如果存放的两个变量的类型不同，那么它们的意义也将不同。此外，不同的数据类型还有各自特定的作用，例如数字类型可以进行加、减、乘、除等运算，而字符串、布尔等其他类型则无法进行此类运算。因此，选择合适的数据类型对于提高程序运行效率和数据库性能至关重要。

①SQL通用数据类型。不同的数据类型具有不同的取值范围、精度和存储空间等特性，SQL通用数据类型如表3-1所示。

表 3-1 SQL 通用数据类型

数据类型	说　明
CHARACTER(n)	字符/字符串，固定长度为n
VARCHAR(n)或CHARACTER VARYING(n)	字符/字符串，可变长度，最大长度为n
BINARY(n)	二进制串，固定长度为n
BOOLEAN	存储TRUE或FALSE值
VARBINARY(n)或BINARY VARYING(n)	二进制串，可变长度，最大长度为n
INTEGER(p)	整数值（没有小数点），精度为p
SMALLINT	整数值（没有小数点），精度为5

续表

数据类型	说　明
INTEGER	整数值（没有小数点），精度为10
BIGINT	整数值（没有小数点），精度为19
DECIMAL(p,s)	精确数值，精度为p，小数点后位数为s。例如，decimal(5,2)是一个小数点前有3位数，小数点后有2位数的数字
NUMERIC(p,s)	精确数值，精度为p，小数点后位数为s（与DECIMAL相同）
FLOAT(p)	近似数值，尾数精度为p。一个采用以10为基数的指数计数法的浮点数。该类型的size参数由一个指定最小精度的单一数字组成
REAL	近似数值，尾数精度为7
FLOAT	近似数值，尾数精度为16
DOUBLE PRECISION	近似数值，尾数精度为16
DATE	存储年、月、日的值
TIME	存储小时、分、秒的值
TIMESTAMP	存储年、月、日、小时、分、秒的值
INTERVAL	由一些整数字段组成，代表一段时间，取决于区间的类型
ARRAY	元素的固定长度的有序集合
MULTISET	元素的可变长度的无序集合
XML	存储XML数据

②Oracle SQL的数据类型。Oracle数据库操作的每个值都有一个数据类型，一个值的数据类型将一组固定属性与该值关联起来。这些属性允许Oracle以不同于另一种数据类型的值的方式处理一种数据类型的值。创建表或集群时，必须为其每列指定数据类型。创建存储过程或存储函数时，也必须为每个参数指定数据类型。这些数据类型定义每个列可以包含的值域或每个参数可以具有的值域。

Oracle数据库使用代码在内部标识数据类型。Oracle支持的内部数据类型如表3-2所示。

表 3-2　Oracle 支持的内部数据类型

数据类型	说　明
CHAR	用于指定数据库字符集中的固定长度字符串，取值范围为0~2 000 B
NCHAR	用于指定本地字符集中的固定长度字符串，取值范围为0~1 000 B
VARCHAR2(size)	用于指定数据库字符集中的可变长度字符串，取值范围为0~4 000 B
NVARCHAR2(size)	用于指定国家/地区字符集中的可变长度字符串，取值范围为0~1 000 B
LONG	用于指定超长的可变长度字符串，取值范围为0~2 GB
NUMBER(p,s)	数字类型，p为整数位，s为小数位
DECIMAL(p,s)	数字类型，p为整数位，s为小数位

续表

数据类型	说　明
INTEGER	整数类型，数值较小的整数
FLOAT(p)	浮点数类型，双精度
REAL	实数类型，精度更高
BINARY_FLOAT	32位单精度浮点数
BINARY_DOUBLE	64位双精度浮点数
DATE	日期（日–月–年），DD–MM–YY(HH–MI–SS)，用来存储日期和时间，取值范围是公元前4712年1月1日到公元9999年12月31日
TIMESTAMP	日期（日–月–年），DD–MM–YY(HH–MI–SS:FF3)，用来存储日期和时间，与DATE类型的区别就是显示日期和时间时更精确，DATE数据类型的时间精确到秒，而TIMESTAMP数据类型可以精确到小数秒，TIMESTAMP存放日期和时间还能显示上午、下午和时区
INTERVAL YEAR TO MONTH	用于存储一个时间段，其精确度为年和月
INTERVAL DAY	用于存储时间，精确到天、小时、分钟和秒
RAW(size)	固定长度的二进制数据，最大长度为2 000 B
LONG RAW	可变长度的二进制数据，最大长度为2 GB
BLOB	二进制数据，最大长度为4 GB
CLOB	字符数据，最大长度为4 GB
NCLOB	根据字符集而定的字符数据，最大长度为4 GB
BFILE	存放在数据库外的二进制数据，最大长度为4 GB
ROWID	数据表中记录的唯一行号，最大长度为10 B

除了上述Oracle内部的数据类型，Oracle数据库还支持用户自定义数据类型。用户定义的数据类型使用Oracle内部数据类型和其他用户定义的数据类型作为对象类型的构建块，这些对象类型对应用程序中数据的结构和行为进行建模。

（2）数据类型的选择。为了优化存储，并提高数据库性能，在任何情况下均应使用最精确的类型，即在所有可以表示该列值的类型中，该类型使用的存储最少。

①整数和小数类型的选择。Oracle的数值类型主要通过NUMBER(m,n)来实现，其中m为精度，表示数字的总位数，范围为1~38；n为范围，表示小数点右边的数字的位数，范围为–84 ~ 127。NUMBER(m,n)可以存储正数、负数、零、定点数和精度为30位的浮点数。

如果不需要小数部分，则使用整数来保存数据，可以定义为NUMBER(m,0)或者NUMBER(m)；如果需要表示小数部分，则使用NUMBER(m,n)。

②日期与时间类型的选择。如果只需要记录日期，可以使用DATE类型。如果需要记录日期和时间，则可以使用TIMESTAMP类型。如果需要显示上午、下午或者时区，则必须使用TIMESTAMP类型。

③字符类型的选择。CHAR是固定长度字符，VARCHAR2是可变长度字符；CHAR会自动

补齐插入数据的尾部空格，VARCHAR2不会补齐尾部空格。由于CHAR是固定长度，它的处理速度要比VARCHAR2快，但缺点是浪费存储空间。因此，当对存储空间效率要求不高但在速度上有要求时，可以选择CHAR类型；反之，可以选择VARCHAR2类型。

2. 常量和变量

（1）常量。常量是指在程序运行过程中值始终不变的量，又称为文字值或标量值。常量的使用格式取决于值的数据类型，可分为字符串常量、数值常量、日期/时间常量、布尔值常量和NULL值。其中，字符串常量又分为ASCII字符串常量和Unicode字符串常量；数值常量又分为整型常量（二进制常量、十进制常量、十六进制常量）和实数型常量（定点数、浮点数）。

常量的表示方法如表3-3所示。

表3-3　常量的表示方法

常量类型	表示方法	示　　例
ASCII字符串常量	使用单引号（' '）或双引号（" "）括起来的字符序列表示	'Hello'、"Hello"、'你好'
Unicode字符串常量	使用N前缀和单引号（' '）或双引号（" "）括起来的字符序列表示	N'Hello'、N'你好'
十进制常量	直接使用数字表示	42
二进制常量	使用B前缀和数字表示	B'1010'
十六进制常量	使用X前缀和数字表示	X'1A'
定点数常量	使用P前缀和数字表示	P'123.45'
浮点数常量	直接使用数字表示	3.14
日期常量	使用TO_DATE函数表示	TO_DATE('2022-01-01', 'YYYY-MM-DD')
时间常量	使用TO_TIMESTAMP函数表示	TO_TIMESTAMP('2022-01-01 12:34:56', 'YYYY-MM-DD HH24:MI:SS')
布尔值常量	使用TRUE或FALSE表示	TRUE/ FALSE
NULL值	使用NULL表示	NULL/null

（2）变量。变量是一种存储数据的容器，其值可以在程序运行期间改变。

变量可以根据其数据类型和用途进行分类。Oracle SQL的变量可以分为以下几类。

系统变量（system variables）：是指Oracle数据库系统提供的全局变量，用于控制数据库的行为和配置。

会话变量（session variables）：是指每个会话特有的变量，用于存储和操作数据。当一个会话结束时，这些变量将被销毁。

临时变量（temporary variables）：只在当前会话中有效，当会话结束时，这些变量将被销毁。

绑定变量（bind variables）：用于将查询结果与程序中的变量关联起来。

用户定义变量（user-defined variables）：是指用户在SQL语句中定义的变量，用于存储和操作数据。

3.运算符

运算符即连接表达式中各个操作数的符号，用以指明对操作数所进行的运算。运用运算符可以更加灵活地使用表中的数据。

（1）运算符的分类。Oracle支持的运算符主要分为：算术运算符、比较运算符、逻辑运算符和位运算符。

①算术运算符。算术运算符用于各类数值运算。Oracle SQL算术运算符的符号和注解如表3-4所示。

表3-4　算术运算符的符号和注解

符　　号	注　　解
+	加法运算符，将两个数值相加
-	减法运算符，将一个数值减去另一个数值
*	乘法运算符，将两个数值相乘
/	除法运算符，将一个数值除以另一个数值
%	取余运算符，返回除法运算的余数
^	幂运算符，将一个数值指数次幂
SIN、COS、TAN等	三角函数运算符，分别计算正弦、余弦和正切值
ABS	绝对值运算符，返回一个数值的绝对值
CEILING	向上取整运算符，返回大于或等于给定数值的最小整数
FLOOR	向下取整运算符，返回小于或等于给定数值的最大整数
ROUND	四舍五入运算符，将一个数值四舍五入到指定的小数位数
TRUNCATE	截断运算符，将一个数值截断为指定的小数位数

②比较运算符。比较运算符的表达式通常用于条件判断，计算结果是0或1，0表示条件不成立，1表示条件成立。在Oracle中查询数据时常用比较运算符，以判断表中的哪些记录是符合条件的。比较运算符的符号和注解如表3-5所示。

表3-5　比较运算符的符号和注解

符　　号	注　　解
=	等于
<=>	安全的等于
<>或!=	不等于
<=	小于等于
>=	大于等于
>	大于
<	小于

续表

符　号	注　解
IS NULL	判断一个值是否为空
IS NOT NULL	判断一个值是否不为空
BETWEEN x AND y	判断一个值是否在[x,y]之间
NOT BETWEEN x AND y	判断一个值是否不在[x,y]之间
IN	判断一个值是否是列表中的任意一个值
NOT IN	判断一个值是否不是列表中的任意一个值
LIKE	模糊匹配，LIKE一般会搭配通配符"%"或"_"使用，其中"%"表示任意个字符，"_"表示一个字符
REGEXP_LIKE或REGEXP_INSTR	正则表达式匹配。其中，REGEXP_LIKE函数用于判断一个字符串是否匹配指定的正则表达式；REGEXP_INSTR函数用于查找一个字符串中是否存在符合指定正则表达式的部分

③逻辑运算符。逻辑运算符又称布尔运算符，用来判断表达式的真假。如果表达式是真，结果返回1；如果表达式是假，结果返回0。Oracle中支持4种逻辑运算符：与、或、非和异或。

逻辑运算符的符号和注解如表3-6所示。

表3-6　逻辑运算符的符号和注解

名称	符号	注　解
与	AND或&&	AND或者&&是与运算的两种表达方式。如果所有数据不为0且不为空值（NULL），结果返回1；如果存在任何一个数据为0，结果返回0；如果存在一个数据为NULL且没有数据为0，结果返回NULL。与运算符支持多个数据同时进行运算
或	OR或||	OR或者||表示或运算。如果所有数据中存在任何一个数据为非0的数字，结果返回1；如果所有数据中不包含非0的数字但包含NULL，结果返回NULL；如果操作数中有0，结果返回0。或运算符也可以同时操作多个数据
非	NOT或!	NOT或者!表示非运算。通过非运算，将返回与操作数据相反的结果。如果操作数据是非0的数字，结果返回0；如果操作数据是0，结果返回1；如果操作数据是NULL，结果返回NULL
异或	XOR	XOR表示异或运算。只要其中任何一个操作数据为NULL，结果返回NULL；如果两个操作数都是非0值，或者都是0，结果返回0；如果一个为0，另一个为非0值，结果返回1

④位运算符。位运算符是在二进制数上进行计算的运算符。位运算符会先将操作数变成二进制数再进行运算，然后将计算结果从二进制数变回十进制数。Oracle中支持6种位运算符，分别是按位与、按位或、按位取反、按位异或、按位左移和按位右移。位运算符的符号及注解如表3-7所示。

表 3-7　位运算符的符号和注解

名称	符号	注　解
按位与	&	进行该运算时，数据库系统会先将十进制数转换为二进制数，然后在对应操作数的每个二进制位上进行与运算。1和1相与得1，和0相与得0。运算完成后再将二进制数变回十进制数
按位或	|	将操作数转换为二进制数后，每位都进行或运算。1和任何数或运算的结果都是1，0和0或运算的结果为0
按位取反	~	将操作数转换为二进制数后，每位都进行取反运算。1取反后变成0，0取反后变成1
按位异或	^	将操作数转换为二进制数后，每位都进行异或运算。相同的数异或的结果是0，不同的数异或的结果为1
按位左移	<<	用于将一个二进制数向左移动指定的位数。m<<n表示m的二进制数向左移n位，右边补上n个0。例如，二进制数001左移1位后将变成010
按位右移	>>	用于将一个二进制数向右移动指定的位数。m>>n表示m的二进制数向右移n位，左边补上n个0。例如，二进制数011右移1位后变成001，最后一个1直接被移出

（2）运算符的优先级。运算符的优先级可以理解为运算符在一个表达式中参与运算的先后顺序，优先级别越高，越早参与运算；优先级别越低，则越晚参与运算。在Oracle中，常用运算符的优先级如表3-8所示。若一个表达式中运算符的优先级相同，一般按照从左到右的顺序进行运算；若表达式中有括号，则先对括号内的表达式进行求值；若表达式中有嵌套的括号，则首先对嵌套最深的表达式求值。

表 3-8　Oracle 中常用运算符的优先级

优先级	运算符（同一行中的运算符具有相同的优先级）
1	!
2	-（负号）、~
3	^（位运算符）
4	*、/、%
5	+、-（减号）
6	<<、>>
7	&
8	|
9	=（比较运算符）、<=>、<、<=、>、>=、!=、<>、IS、LIKE、IN、REGEXP
10	BETWEEN
11	NOT
12	&&、AND
13	XOR
14	||、OR
15	=（赋值运算符）、:=

4. 表达式

表达式是SQL语言中一种由一个或多个值、运算符和函数组成的计算式，用于描述数值之间的关系和计算，可以对其求值并获得结果，其结果为一个值。例如，可以将表达式用作查询检索数据中的一部分，也可以用作查找满足一组条件的数据时的搜索条件。表达式可以分为简单表达式和复杂表达式。

（1）简单表达式。简单表达式是指在SQL查询语句中，由一个值、列名、伪列名、常量、序列号或NULL组成的表达式，用于对数据进行筛选、排序、计算等操作。例如，可以使用简单表达式来筛选出某一列的值大于某个常量的行，或者对某一列进行排序等。对于简单表达式，其计算结果的数据类型、排序规则、精度、小数位数和值就是它所引用的元素的数据类型、排序规则、精度、小数位数和值。

（2）复杂表达式。复杂表达式由一个或多个运算符连接的简单表达式构成。在Oracle SQL中，两个表达式可以由一个运算符组合起来，只要它们具有该运算符支持的数据类型，并且满足以下条件之一：①两个表达式有相同的数据类型；②优先级低的数据类型可以隐式转换为优先级高的数据类型；③CAST函数能够显式地将优先级低的数据类型转换成优先级高的数据类型，或者转换为一种可以隐式地转换成优先级高的数据类型的过渡数据类型。如果没有支持的隐式或显式转换，则两个表达式将无法组合。对于复杂表达式，用比较运算符或逻辑运算符组合两个表达式时，生成的值为布尔值常量，即TRUE或FALSE；由多个符号和运算符组成的复杂表达式的计算结果为单值结果。

5. 系统内置函数

SQL语言是一种脚本语言，它提供了大量内置函数，使用这些内置函数可以大大增强SQL语言的运算和判断功能。Oracle中的常用系统内置函数有字符类函数、数字类函数、日期和时间类函数、转换类函数、聚合函数等。

（1）字符类函数。字符类函数是专门用于字符处理的函数，处理的对象可以是字符或字符串常量，也可以是字符类型的列。常用的字符类函数及其说明如表3-9所示。

表 3-9　常用的字符类函数及其说明

字符类函数	说　明
ASCII(c)	用于返回一个字符的ASCII码，其中参数c表示一个字符
CHR(i)	用于返回给出ASCII码值所对应的字符，i表示一个ASCII码值
CONCAT(s1,s2)	该函数将字符串s2连接到字符串s1的后面。如果s1为NULL，返回s2；如果s2为NULL，返回s1；如果s1和s2都为空，则返回NULL
INITCAP(s)	该函数将字符串s的每个单词的第一个字母大写，其他字母小写。单词之间用空格、控制字符、标点符号来区分
INSTR(s1,s2[,i][,j])	用于返回字符s2在字符串s1中第j次出现时的位置，搜索从字符串s1的第i个字符开始。如果没有发现要查找的字符，该函数返回值为0；如果i为负数，那么搜索将从右向左进行，但函数的返回位置还是按从左向右来计算。其中，s1和s2均为字符串；i和j均为整数，默认值为1

续表

字符类函数	说　明
LENGTH(s)	用于返回字符串s的长度，如果s为NULL，则返回值为NULL
LOWER(s)	用于返回字符串s的小写形式
UPPER(s)	用于返回字符串s的大写形式
LTRIM(s1,s2)	用来删除字符串s1左边的字符串s2。如果函数中不指定字符串s2，则表示去除相应方位的空格
RTRIM(s1,s2)	用来删除字符串s1右边的字符串s2
TRIM(s1,s2)	用来删除字符串s1左右两端的字符串s2
REPLACE(s1,s2[,s3])	该函数使用s3字符串替换出现在s1字符串中的所有s2字符串，并返回替换后的新字符串，其中，s3的默认值为空字符串
SUBSTR(s,i,[j])	表示从字符串s的第i个位置开始截取长度为j的子字符串。如果省略参数j，则直接截取到尾部。其中，i和j为整数

（2）数字类函数。数字类函数主要用于执行各种数据计算，所有的数字类函数都有数字参数并返回数字值。Oracle系统提供了大量的数字类函数，这些函数大大增强了Oracle系统的科学计算能力。常用的数字类函数及其说明如表3-10所示。

表3-10　常用的数字类函数及其说明

数字类函数	说　明
ABS(n)	返回n的绝对值
CEIL(n)	返回大于或等于数值n的最小整数
COS(n)	返回n的余弦值，n为弧度
EXP(n)	返回e的n次幂，e=2.718 281 83
FLOOR(n)	返回小于或等于n的最大整数
LOG(n1,n2)	返回以n1为底的n2的对数
MOD(n1,n2)	返回n1除以n2的余数
POWER(n1,n2)	返回n1的n2次方
ROUND(n1,n2)	返回舍入小数点右边n2位的n1的值，n2的默认值为0，会返回小数最接近的整数。如果n2为负数，则舍入到小数点左边相应的位上，n2必须是整数
SIGN(n)	若n为负数，返回-1；若n为正数，返回1；若n=0，则返回0
SIN(n)	返回n的正弦值，n为弧度
SQRT(n)	返回n的平方根
TRUNC(n1,n2)	返回截尾到n2位小数的n1的值，n2默认设置为0。当n2为默认设置时，会将n1截尾为整数；如果n2为负值，就截尾在小数点左边相应的位上

（3）日期和时间类函数。日期和时间类函数用于计算需要的特定日期和时间。常用的日期和时间类函数及其说明如表3-11所示。

表 3-11 常用的日期和时间类函数及其说明

日期和时间类函数	说明
ADD_MONTHS(d,i)	返回日期d加上i个月之后的结果。其中，i为任意整数
LAST_DAY(d)	返回包含日期d月份的最后一天
MONTHS_BETWEEN(d1,d2)	返回d1和d2之间的数目。若d1和d2的日期相同，或者都是该月的最后一天，返回一个整数，否则返回的结果将包含一个小数
NEW_TIME(d1,t1,t2)	d1是一个日期数据类型，当时区t1中的日期和时间是d1时，返回时区t2中的日期和时间。t1和t2是字符串
SYSDATE()	返回系统当前的日期

（4）转换类函数。在操作表中的数据时，经常需要将某个数据从一种数据类型转换为另一种数据类型，这时就需要使用转换类函数。例如，将特定格式的字符串转换为日期、将数字转换成字符等。常用的转换类函数及其说明如表3-12所示。

表 3-12 常用的转换类函数及其说明

转换类函数	说明
CHARTORWIDA(s)	该函数将字符串s转换为RWID数据类型
CONVERT(s,aset[,bset])	该函数将字符串s由bset字符集转换为aset字符集
ROWIDTOCHAR()	该函数将ROWID数据类型转换为CHAR类型
TO_CHAR(x[,format])	该函数将表达式转换为字符串，format表示字符串格式
TO_DATE(s[,format[lan]])	该函数将字符串s转换成DATE类型，format表示字符串格式，lan表示所使用的语言
TO_NUMBER(s[,format[lan]])	该函数将返回字符串s代表的数字，返回值按照format格式显示，format表示字符串格式，lan表示所使用的语言

（5）聚合函数。聚合函数用于针对一组数据进行计算并得到相应的结果，常用的操作有计算平均值、统计记录数、计算最大值等。常用的聚合函数及其说明如表3-13所示。

表 3-13 常用的聚合函数及其说明

聚合函数	说明
AVG(x[DISTINCT|ALL])	计算选择列表项目的平均值，列表项目可以是一个列或多个列的表达式
COUNT(x[DISTINCT|ALL])	返回查询结果中的记录数
MAX(x[DISTINCT|ALL])	返回选择列表项目中的最大数，列表项目可以是一个列或多个列的表达式
MIN(x[DISTINCT|ALL])	返回选择列表项目中的最小数，列表项目可以是一个列或多个列的表达式
SUM(x[DISTINCT|ALL])	返回选择列表项目的数值总和，列表项目可以是一个列或多个列的表达式
VARIANCE(x[DISTINCT|ALL])	返回选择列表项目的统计方差，列表项目可以是一个列或多个列的表达式
STDDEV(x[DISTINCT|ALL])	返回选择列表项目的标准偏差，列表项目可以是一个列或多个列的表达式

3.2 Oracle实例的启动和关闭

正确地启动和关闭Oracle实例是掌握Oracle数据库管理的首要操作。

3.2.1 Oracle实例的启动

启动Oracle数据库实例的过程包括3个步骤，分别是启动实例、加载数据库和打开数据库。用户可以根据实际需求选择不同的模式启动数据库。

实例和数据库的启动顺序如图3-1所示。

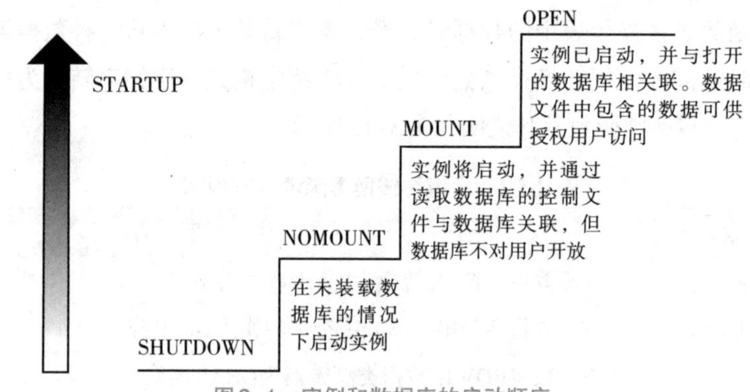

图3-1 实例和数据库的启动顺序

1. 启动实例

在Oracle服务器中，实例是由一组逻辑内存结构和一系列后台服务进程组成的。当启动实例时，这些内存结构和服务进程得到分配、初始化和启动。但是，此时的实例还没有与一个确定的数据库相联系，或者说数据库是否存在对例程的启动并没有影响，即还没有装载数据库。

启动Oracle实例可以使用STARTUP命令，其语法格式如下：

```
STARTUP [FORCE] [RESTRICT] [PFILE=filename] [QUIET]
    [ MOUNT [dbname] | [ OPEN [open_db_options] [dbname] ] | NOMOUNT ]
```

各参数的说明如下。

STARTUP：启动数据库实例。

FORCE：终止当前启动的实例并重新启动数据库，具有一定的强制性。当其他几种启动模式失效时，可以尝试使用该模式。

RESTRICT：禁止启动数据库实例，除非满足某些限制条件。

PFILE=filename：指定一个参数文件，用于指定数据库实例的一些启动参数。

QUIET：在启动数据库实例时不显示任何输出消息。

MOUNT [dbname]：启动实例，将指定的数据库文件挂载到数据库实例中，以便用户访问其中的数据，而无须将整个数据库实例打开。

OPEN [open_db_options] [dbname]：启动实例，加载并打开指定的数据库，允许用户访问其中的数据。

NOMOUNT：只创建实例，但禁止将数据库文件挂载到数据库实例中，也不允许用户直接访问其中的数据。

需要注意的是，在启动实例之前，必须先启动Oracle数据库服务器进程。另外，Oracle数据库实例在启动时必须读取一个初始化参数文件，以便从中获得有关实例启动的参数配置信息。若在STARTUP语句中没有指定PFILE参数，则Oracle首先读取默认位置的服务器初始化参数文件spfile；若没有找到默认的服务器初始化参数文件，Oracle将读取默认位置的文本初始化参数文件。

2. 加载数据库

在启动实例之后，可以使用ALTER DATABASE命令加载数据库。加载数据库包括两个阶段：控制文件的装载和数据文件的装载。

（1）控制文件的装载。在控制文件装载阶段，Oracle 实例会读取控制文件中的所有参数和配置信息，并将这些信息应用到实例中。可以使用ALTER DATABASE LOAD命令加载数据库文件，语法格式如下：

```
ALTER DATABASE LOAD [LOCATION ='file_name',] [ADDRESS = 'file_address']
```

其中，LOCATION用于指定数据库文件的位置，ADDRESS用于指定数据库文件的物理地址。如果不指定ADDRESS参数，则数据库文件将被加载到默认的地址。

（2）数据文件的装载。在数据文件装载阶段，Oracle实例会将数据文件加载到共享池中，并将共享池中的数据与数据库中的数据进行关联。使用DBMS_FILE_TRANSFER包中的TRANSFER命令加载数据库文件，语法格式如下：

```
DBMS_FILE_TRANSFER.TRANSFER('source_directory', 'destination_directory',
'file_name', 'file_type');
```

其中，source_directory是数据库文件所在的目录，destination_directory是数据库文件要加载到的目录，file_name是数据库文件的名称，file_type是数据库文件的类型。

需要注意的是，在加载数据库文件之前，应确保数据库实例已经启动，并且已经连接到正确的数据库。此外，还需要确保数据库文件的格式与数据库实例的版本兼容，并且数据库文件中不包含任何损坏或不完整的数据。

3. 打开数据库

在加载数据库之后，需要打开数据库。打开数据库是指将已经加载到数据库实例中的数据库文件连接到数据库实例，并使其处于可用状态。打开数据库的方式包括以下两种。

（1）使用客户端工具打开数据库。可以使用SQL*Plus或SQL Developer等客户端工具连接到数据库实例，并执行如下SQL语句：

```
CONNECT SESSION TO 'database_name';
```

其中，database_name是要打开的数据库的名称。执行该语句后，客户端将会连接到数据库实例，并可以执行各种SQL语句。

（2）使用DBMS_SQL包打开数据库。在DBMS_SQL包中，可以使用OPEN命令打开数据库，语句如下：

```
DECLARE
  conn_handle NUMBER;
BEGIN
  conn_handle := DBMS_SQL.OPEN_CURSOR;
   DBMS_SQL.PARSE(conn_handle, 'SELECT * FROM my_table', DBMS_SQL.
NATIVE);
  DBMS_SQL.CLOSE_CURSOR(conn_handle);
END;
```

在上述代码中，DBMS_SQL.PARSE函数用于解析SQL语句，DBMS_SQL.OPEN_CURSOR函数用于打开一个游标，并将其与数据库实例连接。执行完SQL语句后，需要使用DBMS_SQL.CLOSE_CURSOR函数关闭游标。

3.2.2 Oracle实例的关闭

在Oracle数据库中，关闭数据库实例需要3个步骤：关闭数据库、卸载数据库和关闭Oracle实例。

1. 关闭数据库

关闭数据库是指将数据库实例中的所有活动会话终止，并释放数据库中的所有资源。在SQL*Plus中，可以使用SHUTDOWN命令来关闭数据库。语法格式如下：

```
SHUTDOWN [NORMAL | TRANSACTIONAL | IMMEDIATE | ABORT]
```

各参数的说明如下。

NORMAL：正常关闭数据库，会等待当前所有活动会话终止后再关闭数据库。

TRANSACTIONAL：在关闭数据库之前，会将所有未提交的事务回滚。

IMMEDIATE：立即关闭数据库，不会等待任何活动会话终止。

ABORT：立即强制关闭数据库，不会等待任何活动会话终止。

2. 卸载数据库

卸载数据库是指将数据库实例从操作系统中卸载，释放操作系统资源。在SQL*Plus中，可以使用DISCONNECT命令来卸载数据库。语法格式如下：

```
DISCONNECT;
```

3. 关闭Oracle实例

关闭Oracle实例是指关闭Oracle数据库服务器进程，释放操作系统资源。在SQL*Plus中，可以使用EXIT命令来关闭Oracle实例。语法格式如下：

```
EXIT;
```

3.3 Oracle的数据表操作

数据表是Oracle数据库最基本的对象，其他许多数据库对象（如索引、视图等）都是以数据表为基础的。

3.3.1 创建数据表

1. 表结构设计

创建表就是在数据库中定义表的结构。表的结构主要包括表与列的名称、列的数据类型，以及建立在表或列上的约束。

表结构的设计是否合理、是否能保存所需的数据，对数据库的功能、性能、完整性有着关键性的影响。因此，在实际创建表之前，务必进行完善的用户需求分析和表的规范化设计，以免在创建表后再行修改，增加系统维护的工作量。

Oracle中有多种类型的表，不同类型的表各有一些特殊的属性，适用于保存某种特殊的数据和进行某些特殊的操作，即某种类型的表在某些方面可能比其他类型的表的性能更好，如处理速度更快、占用磁盘空间更少等。

从用户角度看，表中存储的数据的逻辑结构是一张二维表，即表由行、列两部分组成。表通过行和列组织数据，通常称表中的一行为一条记录，表中的一列为属性列。一条记录描述一个实体，一个属性列描述实体的一个属性。例如，部门有部门编码、部门名称、部门位置等属性，雇员有雇员编码、雇员姓名、工资等属性。每个列定义都具有列名、列数据类型、列长度，可能还有约束条件、默认值等，这些内容在创建表时即被确定。因此，设计表结构一般包含3个方面的内容：列名、列所对应的数据类型和列的约束。

（1）表与列的命名。当创建一个表时，必须为表赋予一个名称，也必须为表中的各个列赋予名称。表和列的命名有下列要求，如果违反就会创建失败，并产生错误提示。

①长度必须在1～30个字符之间。

②必须以一个字母开头，可以包含字母、数值、下划线符号_、#和$。不能使用保留字，如CHAR或NUMBER等。

③若名称被围在双引号中，唯一的要求是名称的长度在1～30个字符之间，并且不含有嵌入的双引号。

④每个列名称在单个表内必须是唯一的。

⑤表名称在用于表、视图、序列、专用同义词、过程、函数、包、物化视图和用户定义类型的名称空间内必须是唯一的。

（2）定义列的数据类型。在创建表时，不仅需要指定表名、列名，还要根据实际情况，为每个列选择合适的数据类型，用于指定该列可以存储哪种类型的数据。通过选择适当的数据类型，能够保证存储和检索数据的正确性。

（3）定义列的完整性约束。Oracle通过为表中的列定义各种约束条件来保证表中数据的完整性。如果任何DML语句的操作结果与已经定义的完整性约束发生冲突，Oracle会自动回退这个操作，并返回错误信息。在Oracle中可以建立的约束条件包括非空约束、唯一约束、主键约束、外键约束、检查约束及默认约束。

①非空约束。非空约束（NOT NULL）用于防止空值进入指定的列。这些类型的约束是在单列基础上定义的。默认情况下，Oracle允许在任何列中有空值。

非空约束主要有如下特点：

- 定义了非空约束的列中不能包含空值或无值。如果某个列上定义了非空约束，则插入数据时就必须为该列提供数据；
- 只能在单列上定义非空约束；
- 同一个表中可以在多个列上分别定义非空约束。

②唯一约束。唯一约束（UNIQUE）用于保证在该表中指定的各列的组合中没有重复的值。

唯一约束主要有如下特点：

- 定义了唯一约束的列中不能包含重复值，但如果在一个列上仅定义了唯一约束，而没有定义非空约束，则该列可以包含多个NULL值或无值；
- 可以为一个列定义唯一约束，也可以为多个列的组合定义唯一约束，因此，唯一约束既可以在列级定义，也可以在表级定义；
- Oracle会自动为具有唯一约束的列建立一个唯一索引（unique index）。如果这个列已经具有唯一或非唯一索引，Oracle将使用已有的索引；
- 对同一个列，可以同时定义唯一约束和非空约束；
- 在定义唯一约束时可以为它的索引指定存储位置和存储参数。

③主键约束。主键约束（PRIMARY KEY）用来唯一地标识出表的每一行，并且防止出现NULL值。一个表只能有一个主键约束。

主键约束主要有如下特点：

- 定义了主键约束的列（或列组合）不能包含重复值，并且不能包含NULL值，而Oracle会自动为具有主键约束的列（或列组合）建立一个唯一索引和一个非空约束；
- 同一个表中只能够定义一个主键约束的列（或列组合）；
- 可以在一个列上定义主键约束，也可以在多个列的组合上定义主键约束，因此，主键约束既可以在列级定义，也可以在表级定义。

④外键约束。外键约束（FOREIGN KEY）用于保证表与表之间的参照完整性。在参照表上定义的外键约束需要参照主表的主键。

外键约束主要有如下特点：

- 定义了外键约束的列中只能包含相应的在其他表中引用的列的值，或为NULL；
- 定义了外键约束的外键列和相应的引用列可以存在于同一个表中，这种情况称为自引用；
- 对同一个列，可以同时定义外键约束和非空约束，但外键约束必须参照一个主键约束或唯一约束；

- 可以在一个列上定义外键约束，也可以在多个列的组合上定义外键约束，因此，外键约束既可以在列级定义，也可以在表级定义。

⑤检查约束。检查约束（CHECK）用于限制列中的值的范围。

检查约束主要有如下特点：

- 定义了检查约束的列必须满足约束表达式中指定的条件，但允许为NULL；
- 在约束表达式中必须引用表中的一个列或多个列，并且约束表达式的计算结果必须是一个布尔值；
- 在约束表达式中不能包含子查询；
- 在约束表达式中不能包含SYSDATE、UID、USER、USERENV等内置的SQL函数，也不能包含ROWID、ROWNUM等伪列；
- 检查约束既可以在列级定义，也可以在表级定义（如果对单个列使用检查约束，那么该列将只允许特定的值；如果对整个表定义检查约束，那么此约束将会基于行中其他列的值在特定的列中对值进行限制）；
- 对同一个列，可以定义多个检查约束，也可以同时定义检查约束和非空约束。

⑥默认约束。默认约束（DEFAULT）用于定义列的默认值。

默认约束主要有如下特点：

- 当插入新行时，如果没有为该列提供值，则会自动使用默认值填充该列；
- 可以通过SQL语句在创建表时为某一列指定默认值；
- 对于某些常量的列，例如性别字段，如果某一类别的数量较多，可以将其默认值设置为该类别，从而减少数据输入的工作量；
- 默认约束是数据库完整性的一部分，防止产生由于忘记填写某些字段而导致的数据不一致问题；
- 默认约束可以应用到任何数据类型的列上，包括数字、字符和日期/时间类型等。

2. 创建数据表的语法格式

在Oracle数据库中，创建表是可以在SQL*Plus中使用CREATE TABLE命令完成的。基本语法格式如下：

```
CREATE [[GLOBAL] TEMPORORY|TABLE |schema.]table_name
(column1 datatype1 [DEFAULT exp1] [column1 constraint],
column2 datatype2 [DEFAULT exp2] [column2 constraint]
[table constraint])
[ON COMMIT (DELETE| PRESERVE)ROWS]
[ORGANIZATION {HEAP | INDEX | EXTERNAL…}]
[PARTITION BY…(…)]
[TABLESPACE tablespace_name]
[LOGGING | NOLOGGING]
[COMPRESS | NOCOMPRESS];
```

主要的参数说明如下。

column1 datatype1：为列column1指定数据类型。

DEFAULT exp1：为列指定默认值。

column1 constraint：为列定义完整性约束。

[table constraint]：为表定义完整性约束。

[ORGANIZATION {HEAP | INDEX | EXTERNAL...}]：定义表的类型，如堆型、索引型、外部型、临时型或者对象型等。

[PARTITION BY...(...)]：分区及子分区信息。

[TABLESPACE tablespace_name]：指示用于存储表或索引的表空间。

[LOGGING | NOLOGGING]：指示是否保留重做日志。

[COMPRESS | NOCOMPRESS]：指示是否压缩。

如果要在自己的方案中创建表，要求用户必须拥有CREATE TABLE系统权限；如果要在其他方案中创建表，则要求用户必须拥有CREATE ANY TABLE系统权限。

创建表时，Oracle会为该表分配相应的表段。表段的名称与表名完全相同，并且所有数据都会被存放到该表段中。例如，在employee表空间中创建department表时，Oracle会在employee表空间中创建department表段，这要求表的创建者必须在指定的表空间中拥有空间配额或具有UNLIMITED TABLESPACE系统权限。

例如，创建数据表manager。SQL语句如下：

```
CREATE TABLE manager (
manager_id NUMBER(6) NOT NULL UNIQUE,
first_name VARCHAR2(20),
last_name VARCHAR2(25),
email VARCHAR2(25),
phone_number VARCHAR2(20),
dept_id VARCHAR2(10),
salary NUMBER(8),
workdate DATE
);
```

运行结果如图3-2所示。

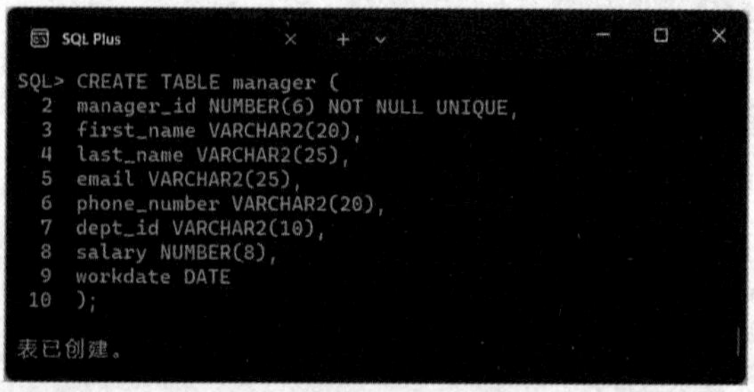

```
SQL> CREATE TABLE manager (
  2  manager_id NUMBER(6) NOT NULL UNIQUE,
  3  first_name VARCHAR2(20),
  4  last_name VARCHAR2(25),
  5  email VARCHAR2(25),
  6  phone_number VARCHAR2(20),
  7  dept_id VARCHAR2(10),
  8  salary NUMBER(8),
  9  workdate DATE
 10  );

表已创建。
```

图3-2　创建数据表manager

3.3.2 管理数据表

1. 查看表结构

在Oracle数据库中，可以使用DESCRIBE命令查看数据表的结构信息，包括列名、数据类型、长度、是否允许为空等。基本语法格式如下：

```
DESCRIBE table_name;    -- DESCRIBE可以简写成DESC
```

例如，查看数据表manager的结构信息。SQL语句如下：

```
DESC manager;
```

运行结果如图3-3所示。

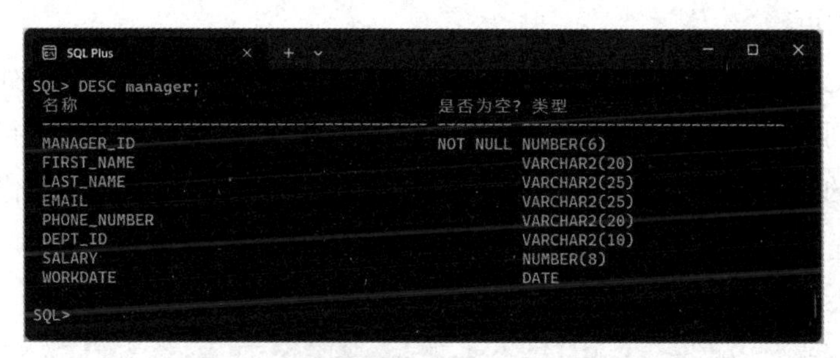

图3-3 查看数据表manager的结构信息

2. 修改数据表

表在创建之后还允许对其进行更改，例如，添加或删除表中的列、修改表中的列，以及对表进行重新命名和重新组织等。

普通用户只能对自己方案中的表进行更改，而拥有ALTER ANY TABLE系统权限的用户可以修改任何方案中的表。对已经建立的表进行修改的情况包括以下几种：

- 添加或删除表中的列，或者修改表中列的定义（包括数据类型、长度、默认值、NOTNULL约束等）；
- 对表进行重新命名；
- 将表移动到其他数据段或表空间中，以便重新组织表；
- 添加、修改或删除表中的约束条件；
- 启用或禁用表中的约束条件、触发器等。

同样，修改表结构也可以在SQL*Plus中使用ALTER TABLE命令完成。

（1）增加列。如果需要在一个表中保存实体的新属性，可以在表中增加新的列。在一个现有表中添加新列的语法格式为：

```
ALTER TABLE [schema.]table_name ADD (column definition1, column
definition2,...);
```

新添加的列总是位于表的末尾。column definition部分包括列名、列的数据类型，以及将具有的任何默认值。

（2）修改列。如果需要调整一个表中某些列的数据类型、长度和默认值，就需要更改这些列的属性。没有更改的列不受任何影响。更改表中现有列的语法格式为：

```
ALTER TABLE [schema.]table_name MODIFY (column_name1 new_attributes1,column_name2 new_attributes2,...);
```

（3）删除列。当不再需要某些列时，可以将其删除。直接删除列的语法格式为：

```
ALTER TABLE [schema.]table_name DROP (column_name1,column_name2,...)
     [CASCADE CONSTRAINTS];
```

可以在括号中使用多个列名，每个列名用逗号分隔。相关列的索引和约束也会被删除。如果删除的列是一个多列约束的组成部分，那么就必须指定CASCADE CONSTRAINTS选项，这样才会删除相关的约束。

（4）将列标记为UNUSED状态。删除列时，将删除表中每条记录的相应列的值，同时释放所占用的存储空间。因此，如果要删除一个大表中的列，必须对每条记录进行处理，删除操作可能会执行很长的时间。为了避免在数据库使用高峰期间因执行删除列的操作而占用过多系统资源，可以暂时通过ALTER TABLE SET UNUSED语句将要删除的列设置为UNUSED状态。

该语句的语法格式为：

```
ALTER TABLE [schema.]table_name SET UNUSED (column_name1,column_name2,...)
     [CASCADE CONSTRAINTS];
```

被标记为UNUSED状态的列与被删除的列之间是没有区别的，都无法通过数据字典或在查询中看到。另外，可以为表添加与UNUSED状态的列有相同名称的新列。

在数据字典视图USER_UNUSED_COL_TABS、ALL_UNUSED_COL_TABS，以及DBA_UNUSED_COL_TABS中可以查看到数据库中被标记为UNUSED状态的表和列。

例如，修改manager表的结构。修改如下：向manager表中增加“性别”列；将manager表的manager_id字段改为8位；删除manager表中manager_id字段的UNIQUE约束。SQL语句如下：

```
ALTER TABLE manager ADD sex VARCHAR2(8);
ALTER TABLE manager MODIFY manager_id NUMBER(8);
ALTER TABLE manager DROP UNIQUE(manager_id);
```

运行结果如图3-4所示。

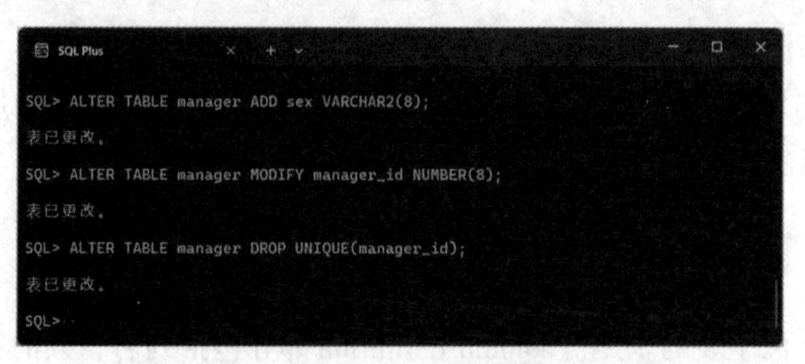

图3-4　修改manager表的结构

再次使用DESC命令查看manager表的结构，可以看到，数据表的结构已被更改，如图3-5所示。

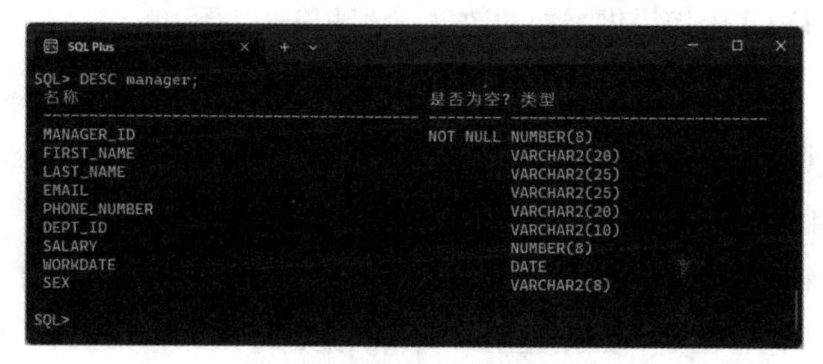

图3-5　修改后的manager表结构

3. 管理数据表中的数据

（1）插入数据。Oracle数据库使用INSERT语句完成各种向数据表中插入数据的操作，可以一次插入一条记录，也可以根据SELECT查询子句获得的结果记录集批量插入指定的数据表。

①INSERT语句。INSERT语句主要用于向表中插入数据。INSERT语句的语法格式如下：

```
INSERT INTO [user.]table [@db_link] [(column1[,column2]...)]
       VALUES (express1[,express2]...);
```

其中，table表示要插入的表名，db_link表示数据库链接名，column1、column2表示表的列名，express1、express2表示要插入的值列表。

在INSERT语句的使用方式中，最为常用的方式是在INSERT INTO子句中指定添加数据的列，并在VALUES子句中为各个列提供一个值。

例如，用INSERT语句向manager表添加一条记录。SQL语句如下：

```
INSERT INTO manager (manager_id, first_name, last_name, email, phone_
number, dept_id, salary, workdate, sex)
VALUES (1, 'Michael', 'Smith', 'michael1020@gmail.com', '15136695653',
'101', 5000, TO_DATE('2023-09-20', 'YYYY-MM-DD'), 'Male');
```

运行结果如图3-6所示。

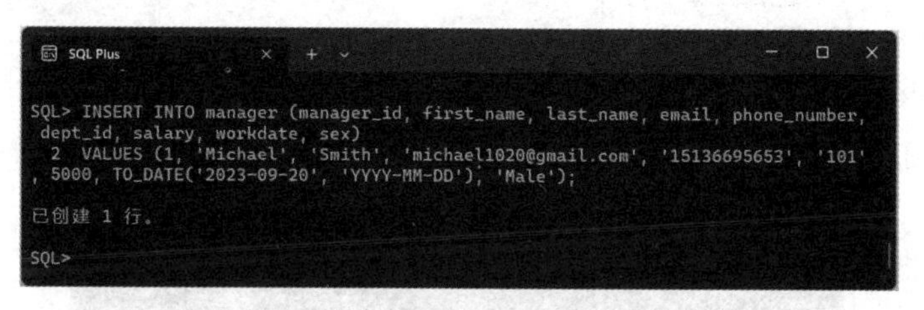

图3-6　用INSERT语句向manager表添加一条记录

需要注意的是，在向表的所有列添加数据时，也可以省略INSERT INTO子句后的列表清单。使用这种方法时，必须根据表中定义的列的顺序为所有的列提供数据，否则会提示错误。

此外，如果某个列不允许NULL值存在，而用户在插入记录时没有为该列提供数据，则会因为违反相应的约束而导致插入操作失败。事实上，在定义表的时候为了数据的完整性，常常会为表添加许多保证数据完整性的约束。

②批量INSERT语句。SQL提供了一种成批添加数据的方法，即使用SELECT语句替换VALUES语句，由SELECT语句提供添加的数据，语法格式如下：

```
INSERT INTO [user.]table [@db_link] [(column1[,column2]...)] subquery;
```

其中，subquery是子查询语句，可以是任何合法的SELECT语句，其所选列的个数和类型应该与前边的column相对应。

在使用INSERT和SELECT的组合语句成批添加数据时，INSERT INTO指定的列名可以与SELECT指定的列名不同，但是其数据类型必须相匹配，即SELECT返回的数据必须满足表中列的约束。例如，创建一个名为salary_statistic的表，然后批量插入记录。步骤如下：

步骤01 创建salary_statistic表。SQL语句如下：

```
CREATE TABLE salary_statistic (
dept_id VARCHAR2(10),
avgsalary NUMBER(8,2),
maxsalary NUMBER(8,2),
minsalary NUMBER(8,2)
);
```

运行结果如图3-7所示。

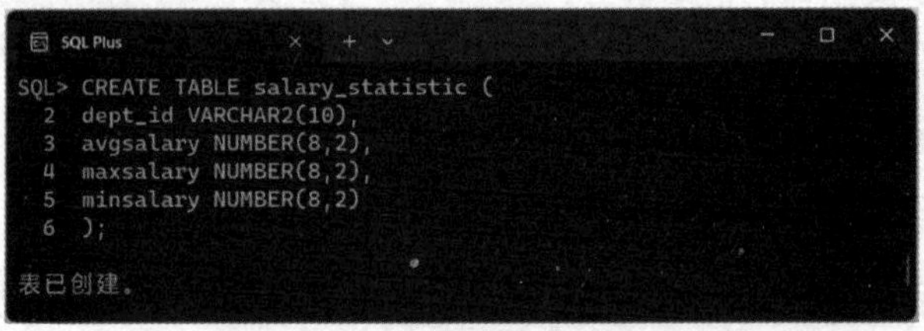

```
SQL> CREATE TABLE salary_statistic (
  2  dept_id VARCHAR2(10),
  3  avgsalary NUMBER(8,2),
  4  maxsalary NUMBER(8,2),
  5  minsalary NUMBER(8,2)
  6  );

表已创建。
```

图3-7 创建salary_statistic表

步骤02 向salary_statistic表批量插入记录并查看表中信息。SQL语句如下：

```
INSERT INTO salary_statistic SELECT dept_id, AVG(salary), MAX(salary),
MIN(salary)
FROM manager GROUP BY dept_id;
SELECT * FROM salary_statistic;
```

运行结果如图3-8所示。

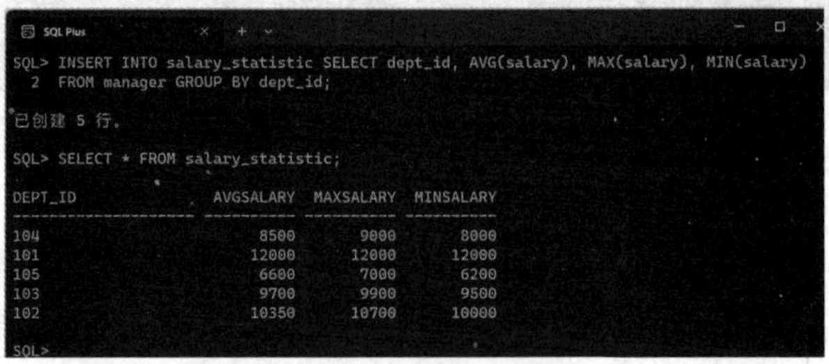

```
SQL> INSERT INTO salary_statistic SELECT dept_id, AVG(salary), MAX(salary), MIN(salary)
  2  FROM manager GROUP BY dept_id;

已创建 5 行。

SQL> SELECT * FROM salary_statistic;

DEPT_ID               AVGSALARY  MAXSALARY  MINSALARY
-------------------- ---------- ---------- ----------
104                        8500       9000       8000
101                       12000      12000      12000
105                        6600       7000       6200
103                        9700       9900       9500
102                       10350      10700      10000

SQL>
```

图3-8 向salary_statistic表批量插入记录并查看结果

❗ 提示：在向表的所有列添加数据时，可以省略INSERT INTO子句后的列表清单。使用这种方法时，必须根据表中定义的列的顺序为所有的列提供数据。

（2）更新数据。当需要修改表中一列或多列的值时，可以使用UPDATE语句。使用UPDATE语句可以指定要修改的列和修改后的新值，通过使用WHERE子句可以限定被修改的行。使用UPDATE语句修改数据的语法格式如下：

```
UPDATE table_name
SET {column1=express1[,column2=express2]
(column1[,column2])=(select query)}
[WHERE condition];
```

其中，各选项含义如下。

UPDATE子句：用于指定要修改的表名称，后面可以跟一个或多个要修改的表名称，这部分是必不可少的。

SET子句：用于设置要更新的列和各列的新值，后面可以跟一个或多个要修改的表列，这也是必不可少的。

WHERE子句：用于设置更新的限定条件，该子句为可选项。

例如，为manager表中的所有女性员工提薪200元。SQL语句如下：

```
UPDATE manager
SET salary=salary + 200
WHERE sex='Female';
```

运行结果如图3-9所示。

图3-9　更新manager表内数据

以上示例中使用了WHERE子句限定更新薪金的人员为女性员工（sex='Female'）。如果在使用UPDATE语句修改表时，未使用WHERE子句限定修改的行，则会更新整个表。

同INSERT语句一样，可以使用SELECT语句的查询结果更新数据。

（3）删除数据。

①DELETE语句。从数据库中删除记录需要使用DELETE语句来完成。如同UPDATE语句一样，使用DELETE语句，用户也需要规定要删除记录的表，以及限定表中哪些行将被删除。DELETE语句的语法格式如下：

```
DELETE FROM table_name
[WHERE condition];
```

其中，DELETE FROM后必须跟要删除数据的表名。

例如，从manager表中删除first_name为Kevin的一条记录。SQL语句如下：

```
DELETE FROM manager WHERE first_name='Kevin';
```

运行结果如图3-10所示。

图3-10　删除manager表中的记录

②TRUNCATE语句。如果用户确定要删除表中的所有记录，建议使用TRUNCATE语句。使用TRUNCATE语句删除数据时，通常要比DELETE语句快许多。但是，由于使用TRUNCATE语句删除数据时不会产生回滚信息，因此执行TRUNCATE操作后也不能撤销。

例如，使用TRUNCATE语句删除manager表中的所有记录并查看表中信息。SQL语句如下：

```
TRUNCATE TABLE manager;
SELECT * FROM manager;
```

运行结果如图3-11所示。

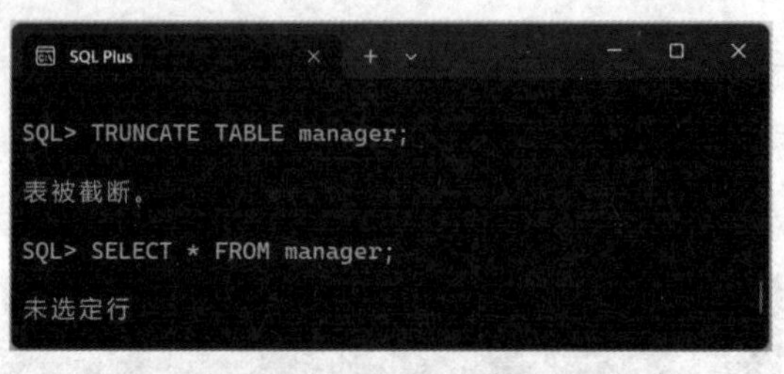

图3-11　清除manager表中的所有记录

❶ **提示：** 在TRUNCATE语句中还可以使用关键字REUSE STORAGE，表示删除记录后仍然保存记录占用的空间；与此相反，也可以使用关键字DROP STORAGE，表示删除记录后立即回收记录占用的空间。TRUNCATE语句默认为使用关键字DROP STORAGE。

4. 删除数据表

当不再需要某个基本表时，可以使用DROP TABLE语句将其删除。其语法格式为：

```
DROP TABLE table_name;
```

删除基本表后，表中的数据、在该表上建立的索引都将被自动删除。因此，执行删除基本表的操作时一定要谨慎。

例如，删除manager表。SQL语句如下：

```
DROP TABLE manager;
```

运行结果如图3-12所示。

图3-12　删除manager表

3.3.3　数据表操作案例

本节以创建SCOTT用户的4张信息表为例，演示Oracle数据库的数据表操作。SCOTT用户的详细信息如表3-14~表3-17所示。

表3-14　部门表（dept）

编　　号	字　　段	类　　型	描　　述
1	deptno	NUMBER(2)	部门编号，土键
2	dname	VARCHAR2(14)	部门名称
3	loc	VARCHAR2(13)	部门位置

表3-15　雇员表（emp）

编　　号	字　　段	类　　型	描　　述
1	empno	NUMBER(4)	雇员编号，主键
2	ename	VARCHAR2(10)	雇员姓名
3	job	VARCHAR2(9)	工作职位
4	mgr	NUMBER(4)	雇员的领导编号
5	hiredate	DATE	雇用日期
6	sal	NUMBER(7,2)	月薪
7	comm	NUMBER(7,2)	奖金
8	deptno	NUMBER(2)	部门编号，外键

表3-16　奖金表（bonus）

编　　号	字　　段	类　　型	描　　述
1	ename	VARCHAR2(10)	雇员姓名
2	job	VARCHAR2(9)	工作职位
3	sal	NUMBER	月薪
4	comm	NUMBER	奖金

表 3-17　工资等级表（salgrade）

编　　号	字　　段	类　　型	描　　述
1	grade	NUMBER	等级名称
2	losal	NUMBER	该等级最低工资
3	hisal	NUMBER	该等级最高工资

1. 创建SCOTT用户

在创建数据表之前，需要先创建SCOTT用户，具体步骤如下。

步骤01 以SYSDBA身份连接数据库。启动SQL*Plus，在“请输入用户名”后输入“SQLPLUS / AS SYSDBA”，按“Enter”键确认，输入安装数据库时的口令，再次按“Enter”键，即可连接到数据库，如图3-13所示。

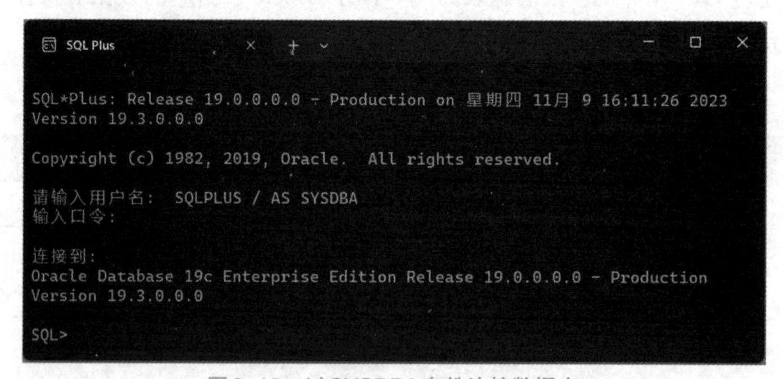

图3-13　以SYSDBA身份连接数据库

步骤02 创建SCOTT用户。SQL语句及结果如图3-14所示。

```
CREATE USER SCOTT IDENTIFIED BY tiger;
```

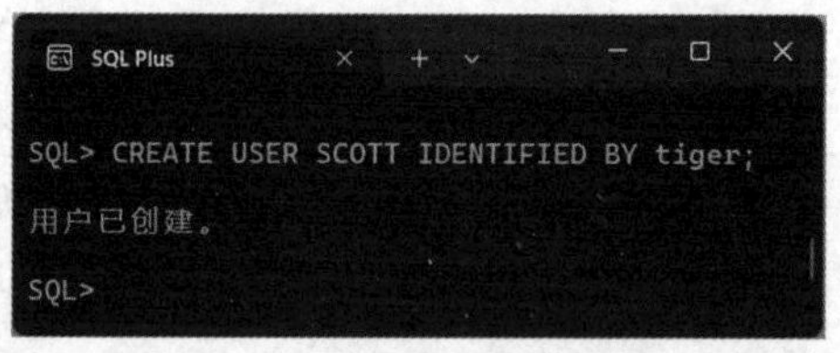

图3-14　创建SCOTT用户

步骤03 设置用户使用的表空间。SQL语句及结果如图3-15所示。

```
ALTER USER SCOTT DEFAULT TABLESPACE USERS;
ALTER USER SCOTT TEMPORARY TABLESPACE TEMP;
```

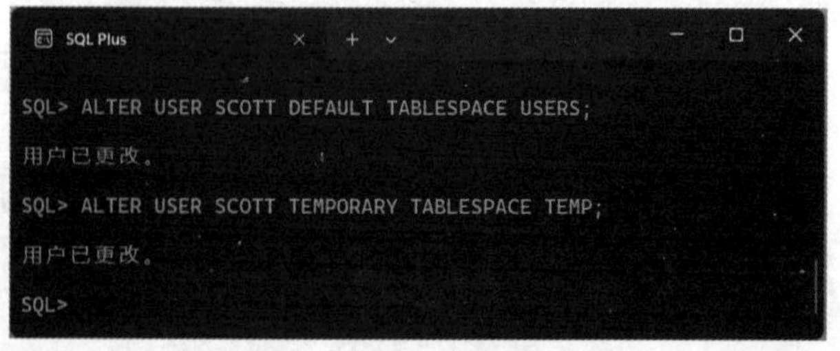

图3-15　设置用户使用的表空间

步骤04 为SCOTT用户授予权限。SQL语句及结果如图3-16所示。

```
GRANT DBA TO SCOTT;
```

图3-16 为SCOTT用户授予权限

步骤05 使用SCOTT用户登录。SQL语句及结果如图3-17所示。

```
CONNECT SCOTT / tiger;
```

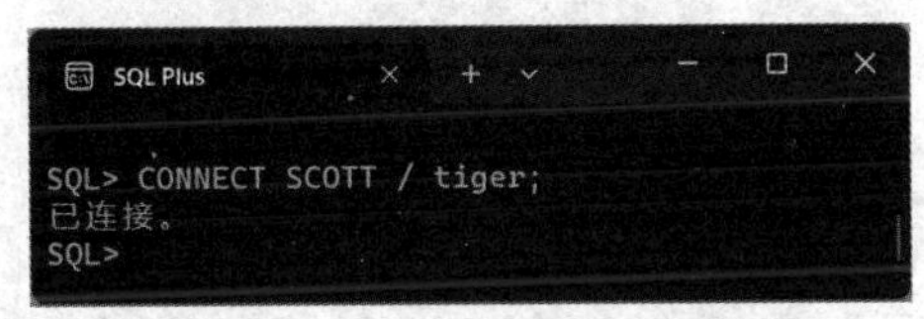

图3-17 使用SCOTT用户登录

2. 创建数据表并插入数据

（1）创建部门表（dept），并插入数据，步骤如下。

步骤01 创建部门表（dept）。SQL语句及运行结果如图3-18所示。

```
CREATE TABLE dept (
  deptno NUMBER(2) CONSTRAINT PK_DEPT PRIMARY KEY,
  dnme VARCHAR2(14),
  loc VARCHAR2(13)
  );
```

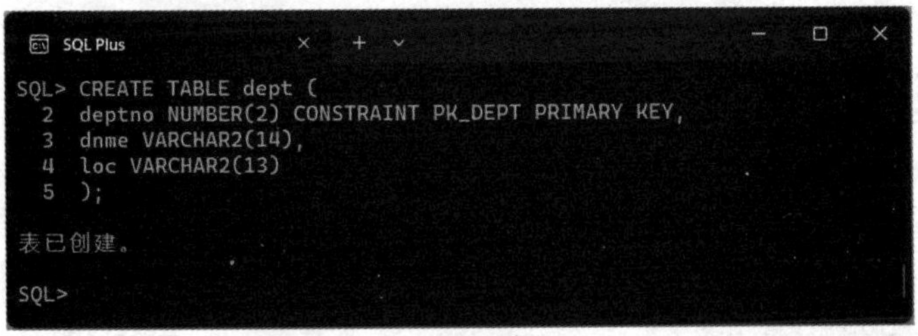

```
SQL> CREATE TABLE dept (
  2  deptno NUMBER(2) CONSTRAINT PK_DEPT PRIMARY KEY,
  3  dnme VARCHAR2(14),
  4  loc VARCHAR2(13)
  5  );

表已创建。

SQL>
```

图3-18 创建部门表（dept）

步骤02 为部门表（dept）插入数据。SQL语句如下：

```
INSERT INTO DEPT VALUES (10,'ACCOUNTING','NEW YORK');
INSERT INTO DEPT VALUES (20,'RESEARCH','DALLAS');
INSERT INTO DEPT VALUES (30,'SALES','CHICAGO');
INSERT INTO DEPT VALUES (40,'OPERATIONS','BOSTON');
```

（2）创建雇员表（emp），并插入数据，步骤如下。

步骤01 创建雇员表（emp）。SQL语句及运行结果如图3-19所示。

```
CREATE TABLE emp (
  empno NUMBER(4) CONSTRAINT PK_EMP PRIMARY KEY,
  ename VARCHAR2(10),
  job VARCHAR2(9),
  mgr NUMBER(4),
  hiredate DATE,
  sal NUMBER(7,2),
  comm NUMBER(7,2),
  deptno NUMBER(2) CONSTRAINT FK_DEPTNO REFERENCES DEPT
  );
```

```
SQL> CREATE TABLE emp (
  2  empno NUMBER(4) CONSTRAINT PK_EMP PRIMARY KEY,
  3  ename VARCHAR2(10),
  4  job VARCHAR2(9),
  5  mgr NUMBER(4),
  6  hiredate DATE,
  7  sal NUMBER(7,2),
  8  comm NUMBER(7,2),
  9  deptno NUMBER(2) CONSTRAINT FK_DEPTNO REFERENCES DEPT
 10  );

表已创建。

SQL>
```

图3-19 创建雇员表（emp）

步骤02 为雇员表（emp）插入数据，SQL语句如下：

```
INSERT INTO EMP VALUES
(7369,'SMITH','CLERK',7902,to_date('17-12-1980','dd-mm-yyyy'),800,NULL,20);
INSERT INTO EMP VALUES
(7499,'ALLEN','SALESMAN',7698,to_date('20-2-1981','dd-mm-yyyy'),1600,300,30);
INSERT INTO EMP VALUES
(7521,'WARD','SALESMAN',7698,to_date('22-2-1981','dd-mm-yyyy'),1250,500,30);
INSERT INTO EMP VALUES
(7566,'JONES','MANAGER',7839,to_date('2-4-1981','dd-mm-yyyy'),2975,NULL,20);
INSERT INTO EMP VALUES
(7654,'MARTIN','SALESMAN',7698,to_date('28-9-1981','dd-mm-
yyyy'),1250,1400,30);
INSERT INTO EMP VALUES
(7698,'BLAKE','MANAGER',7839,to_date('1-5-1981','dd-mm-yyyy'),2850,NULL,30);
INSERT INTO EMP VALUES
(7782,'CLARK','MANAGER',7839,to_date('9-6-1981','dd-mm-yyyy'),2450,NULL,10);
INSERT INTO EMP VALUES
(7788,'SCOTT','ANALYST',7566,to_date('13-JUL-87')-85,3000,NULL,20);
INSERT INTO EMP VALUES
(7839,'KING','PRESIDENT',NULL,to_date('17-11-1981','dd-mm-
yyyy'),5000,NULL,10);
INSERT INTO EMP VALUES
```

```
(7844,'TURNER','SALESMAN',7698,to_date('8-9-1981','dd-mm-yyyy'),1500,0,30);
INSERT INTO EMP VALUES
(7876,'ADAMS','CLERK',7788,to_date('13-JUL-87')-51,1100,NULL,20);
INSERT INTO EMP VALUES
(7900,'JAMES','CLERK',7698,to_date('3-12-1981','dd-mm-yyyy'),950,NULL,30);
INSERT INTO EMP VALUES
(7902,'FORD','ANALYST',7566,to_date('3-12-1981','dd-mm-yyyy'),3000,NULL,20);
INSERT INTO EMP VALUES
(7934,'MILLER','CLERK',7782,to_date('23-1-1982','dd-mm-yyyy'),1300,NULL,10);
```

（3）创建奖金表（bonus），步骤如下。

步骤 01 创建奖金表（bonus）。SQL语句及运行结果如图3-20所示。

```
CREATE TABLE bonus (
  ename VARCHAR2(10),
  job VARCHAR2(9),
  sal NUMBER,
  comm NUMBER
);
```

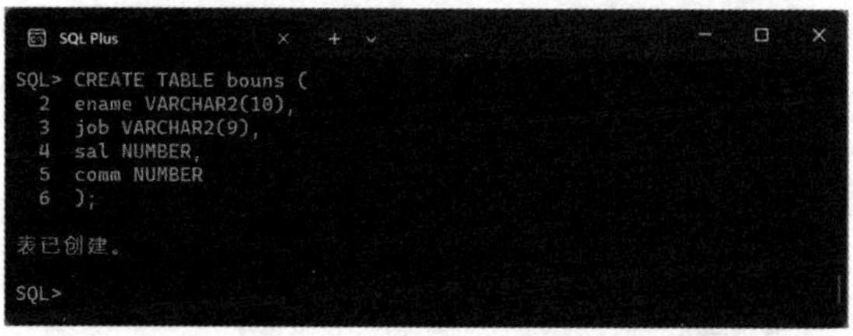

```
SQL> CREATE TABLE bouns (
  2  ename VARCHAR2(10),
  3  job VARCHAR2(9),
  4  sal NUMBER,
  5  comm NUMBER
  6  );

表已创建。

SQL>
```

图3-20 创建奖金表（bonus）

步骤 02 为奖金表（bonus）插入数据。SQL语句如下：

```
INSERT INTO bonus SELECT ename, job, sal, comm FROM emp;
```

（4）创建工资等级表（salgrade），并插入数据，步骤如下。

步骤 01 创建工资等级表（salgrade）。SQL语句及运行结果如图3-21所示。

```
CREATE TABLE salgrade (
  grade NUMBER,
  losal NUMBER,
  hisal NUMBER
  );
```

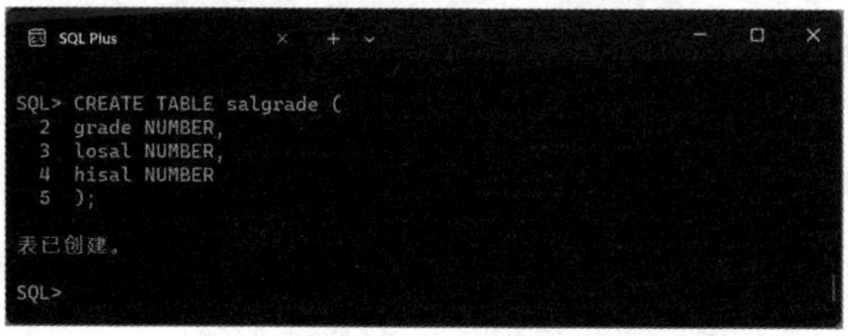

```
SQL> CREATE TABLE salgrade (
  2  grade NUMBER,
  3  losal NUMBER,
  4  hisal NUMBER
  5  );

表已创建。

SQL>
```

图3-21 创建工资等级表（salgrade）

步骤 02 为工资等级表（salgrade）插入数据。SQL语句如下：

```
INSERT INTO SALGRADE VALUES (1,700,1200);
INSERT INTO SALGRADE VALUES (2,1201,1400);
INSERT INTO SALGRADE VALUES (3,1401,2000);
INSERT INTO SALGRADE VALUES (4,2001,3000);
INSERT INTO SALGRADE VALUES (5,3001,9999);
```

3.4 Oracle的数据查询操作

本节以Oracle示例数据库的HR用户为例，讲解数据查询操作。在学习查询语句之前，需要先在数据库中创建HR用户，可以通过Oracle软件安装文件夹中的脚本文件将其导入，脚本文件名为“hr_main.sql”，文件位置如图3-22所示。

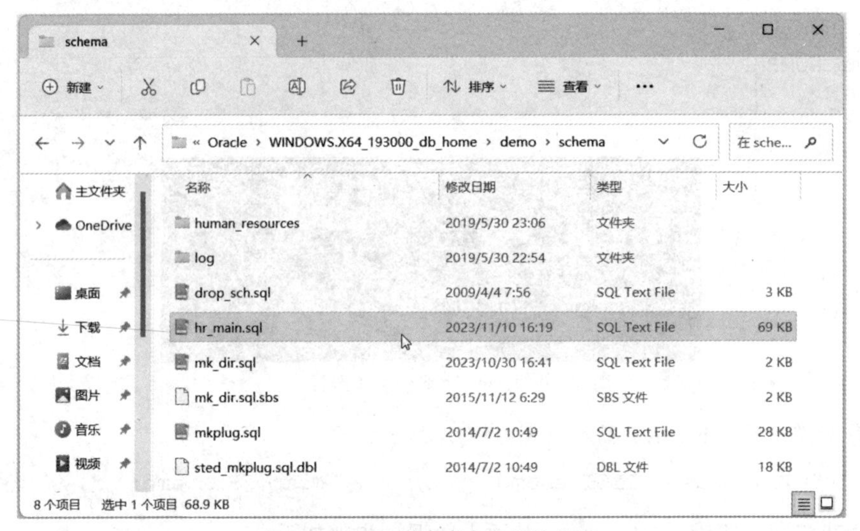

图3-22　HR用户脚本文件的位置

安装脚本文件的步骤如下。

步骤 01 以SYSDBA身份连接数据库。启动SQL*Plus，在“请输入用户名”后输入“SQLPLUS / AS SYSDBA”，按“Enter”键确认，输入安装数据库时的口令，再次按“Enter”键即可。

步骤 02 执行脚本文件。SQL语句如下。

```
SQL>@C:\Oracle\WINDOWS.X64_193000_db_home\demo\schema\hr_main.sql
```

步骤 03 通过查看HR用户中的所有表名来验证HR用户是否创建成功。SQL语句及运行结果如图3-23所示。

```
SELECT table_name FROM user_tables;
```

```
SQL> SELECT table_name FROM user_tables;

TABLE_NAME
--------------------------------------------------------------------------------
REGIONS
COUNTRIES
LOCATIONS
DEPARTMENTS
JOBS
EMPLOYEES
JOB_HISTORY

7 rows selected.
```

图3-23　查看HR用户中的所有表名

从图3-23中可以看出，HR用户中共有7张表，说明HR用户的脚本文件导入成功，HR用户创建完成，默认口令为“hr”。

3.4.1　SELECT语句

在SQL语言中，数据查询语句SELECT是使用频率最高、用途最广的语句。它由许多子句组成，通过这些子句可以完成选择、投影和连接等各种运算功能，得出用户所需的最终数据结果。其中，选择运算是使用SELECT语句的WHERE子句来完成的；投影运算是通过在SELECT子句中指定列名称来完成的；连接运算则是通过将两个或两个以上的表中的数据连接起来，形成一个结果集合。由于设计数据库时对关系规范化和数据存储的需要，许多信息被分散存储在数据库的不同的表中。当显示一个对象的完整信息时，需要将这些位于不同表中的数据同时显示出来，这时就需要执行连接运算。

SELECT语句完整的语法格式如下：

```
SELECT [ALL | DISTINCT] [TOP n[PERCENT]] WITH TIES select_list
    [INTO [new table name] variable list]
    FROM {table_name | view_name}[(optimizer_hints)]
    [[, {table_name2 | view_name2}[(optimizer_hints)]]
    [... ,table_namen | view_namen][(optimizer hints)]]
    [WHERE clause]
    [GROUP BY clause]
    [HAVING clause]
    [ORDER BY clause]
    [COMPUTE clause]
    [FOR BROWSE];
```

各参数的说明如下。

SELECT [ALL | DISTINCT] [TOP n[PERCENT]] WITH TIES select_list：这部分是选择要返回的列。关键字SELECT表示要从数据库中选择数据。[ALL | DISTINCT]是一个可选的部分，用于指定是否返回所有列或仅返回唯一的列。[TOP n[PERCENT]]也是一个可选的部分，用于限制返回的行数。WITH TIES是一个选项，当使用DISTINCT时，它允许在具有相同值的行之间进行排序。select_list是要选择的列的名称。

INTO [new table name] variable list：可选项，用于将查询结果保存到新的表中。关键字INTO表示要将结果保存到新表中。[new table name]是新表的名称。variable list是新表中的列名和数据类型。

FROM {table_name | view_name}[(optimizer_hints)]：这部分指定了要从哪个表中选择数据。关键字FROM表示要从表中选择数据。{table_name | view_name}是要从中选择数据的表或视图的名称。[(optimizer_hints)]是一个可选的部分，用于提供优化提示。

[[, {table_name2 | view_name2}[(optimizer_hints)]]：可选项，用于指定其他要从中选择数据的表或视图。“,”表示可以指定多个表或视图。

[… ,table_namen | view_namen][(optimizer hints)]]：可选项，用于指定更多的表或视图。

[WHERE clause]：可选项，用于指定筛选条件。

[GROUP BY clause]：可选项，用于根据指定的列对结果进行分组。

[HAVING clause]：可选项，用于指定分组后的筛选条件。

[ORDER BY clause]：可选项，用于对结果进行排序。

[COMPUTE clause]：可选项，用于计算表达式的值。

[FOR BROWSE]：可选项，用于指定结果集的浏览方式。

提示： SELECT查询语句是SQL语言中最复杂、最灵活的语句。上述基本结构还可以相互嵌套，构成多级查询。一条查询语句可以是一行或多行，分号作为一条语句的结束。SELECT语句中的单词不可分割和缩写。虽然Oracle对大小写不敏感，但习惯上关键字全部用大写字母。

——知识拓展——

伪列

伪列，是指并非在表中真正存在的列，但是它们又可以像表中的列那样被操作，只不过操作只能是查询（SELECT），不能是插入（INSERT）、更新（UPDATE）和删除（DELETE）。伪列很像一个不带参数的函数，但针对结果集中的每一条记录，通常一个不带参数的函数总会返回固定值，而伪列则通常返回不一样的值。

Oracle常用的伪列有rowid、rownum和sysdate。rowid伪列是Oracle中一种特殊的唯一标识符，可以用来定位到表中的特定行；rownum伪列则是一个序列编号，系统会自动为查询结果中的每一条记录分配一个唯一的序号；sysdate伪列返回的是数据库服务器当前的系统时间。

3.4.2 简单查询

仅含有SELECT子句和FROM子句的查询是简单查询，SELECT子句和FROM子句是SELECT语句的必选项，即每个SELECT语句都必须包含这两个子句。其中，SELECT子句用于标识用户想要显示的列，通过指定列名来描述或是用通配符“*”号代表表对应表的所有列；FROM子句则告诉数据库管理系统从哪里寻找这些列，通过指定表名或是视图名来描述。

例如，显示employees表中所有的列和行的SQL语句如下：

```
SELECT * FROM employees;
```

其中，SELECT子句中的“*”号表示表中所有的列，该语句可以将指定表中的所有数据检索出来；FROM子句中的employees表示employees表，即整条SQL语句的含义是把employees表中的所有数据按行显示出来。

大多数情况下，SQL查询检索的行和列都比整个表的范围窄。当用户检索比单个行和列多但又比数据库所有行和列少的数据时，就需要更加复杂的SELECT语句去实现。

1. 使用SELECT指定列

用户可以指定查询表中的某些列而不是全部，这其实就是投影操作。这些列名紧跟在关键字SELECT后面，列名间用逗号隔开，其语法格式如下：

```
SELECT column name_1, … , colunm_name_n
FROM table_name_1, … , table_name_n;
```

利用SELECT指定列的方法，可以通过改变列的顺序，进而改变查询结果的显示顺序，甚至可以通过在多个位置指定同一个列以多次显示同一个列。

在HR示例方案中，创建表countries时的列顺序为：country_id、country_name、region_id。通过SELECT指定列的顺序，可以改变显示结果的顺序。例如，下面的查询语句的显示结果如图3-24所示。

```
SELECT region_id,country_name FROM countries;
```

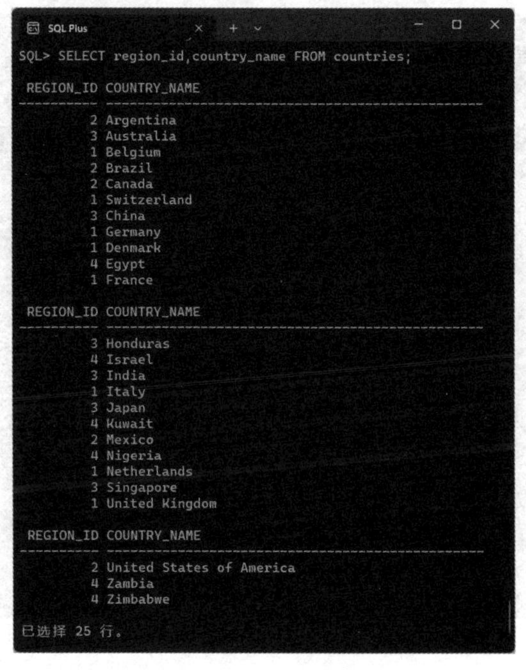

图3-24　指定列查询的结果

2. 使用FROM子句指定表

SELECT语句的不同部分常用来指定要从数据库返回的数据列。SELECT语句使用FROM子句指定查询中包含的行和列所在的表。FROM子句的语法格式如下：

```
FROM {table_name | view_name}[(optimizer_hints)]
   [[, {table_name2 | view_name2}[(optimizer_hints)]
   [... table_namen | view_namen][(optimizer_hints)]]]
```

当以某个用户的身份登录数据库时，若要查询其他用户对应方案中的表，则需指定该方案的名称。例如，查询方案HR的countries表中的所有行数据的SQL语句如下（该方案和表在安装脚本文件时已自动创建）。

```
SELECT * FROM HR.countries;
```

可以在FROM子句中指定多个表，多个表之间使用逗号分隔开，例如：

```
SELECT * FROM HR.countries, HR.departments;
```

3. 算术表达式

在使用SELECT语句时，对于数字数据和日期数据都可以使用算术表达式。在SELECT语句中，可以使用的算术运算符包括加（+）、减（-）、乘（*）、除（/）和括号。

例如，查看jobs表中每个工种最高工资和最低工资之间的差距，并且把单位换算为万元，对应的SQL语句如下：

```
SELECT job_title,(max_salary - min_salary)/10000 FROM jobs;
```

上述查询语句的运行结果如图3-25所示。

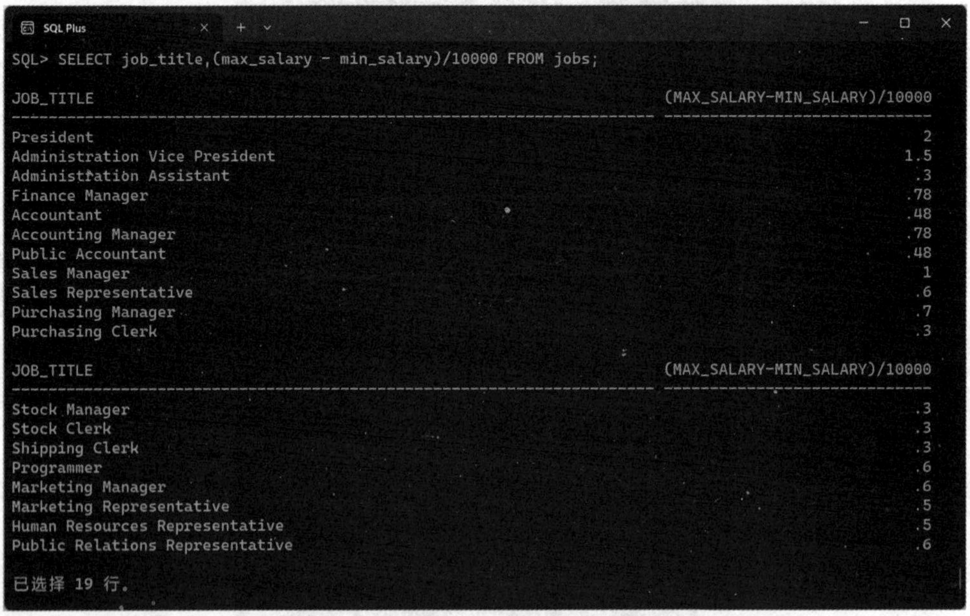

```
SQL> SELECT job_title,(max_salary - min_salary)/10000 FROM jobs;

JOB_TITLE                                                          (MAX_SALARY-MIN_SALARY)/10000
------------------------------------------------------------------ -----------------------------
President                                                                                      2
Administration Vice President                                                                1.5
Administration Assistant                                                                      .3
Finance Manager                                                                              .78
Accountant                                                                                   .48
Accounting Manager                                                                           .78
Public Accountant                                                                            .48
Sales Manager                                                                                  1
Sales Representative                                                                          .6
Purchasing Manager                                                                            .7
Purchasing Clerk                                                                              .3

JOB_TITLE                                                          (MAX_SALARY-MIN_SALARY)/10000
------------------------------------------------------------------ -----------------------------
Stock Manager                                                                                 .3
Stock Clerk                                                                                   .3
Shipping Clerk                                                                                .3
Programmer                                                                                    .6
Marketing Manager                                                                             .6
Marketing Representative                                                                      .5
Human Resources Representative                                                                .5
Public Relations Representative                                                               .6

已选择 19 行。
```

图3-25 运行结果

在上述示例中，显示出了每个工种最高工资和最低工资之间的差距。当使用SELECT语句查询数据库时，其查询结果集中的数据列名默认为表中的列名。为了提高查询结果集的可读性，可以在查询结果集中为列指定标题。例如，在上面的示例中将最高工资和最低工资之间的差命名为“工资差额”，这样就提高了结果集的可读性，对应的SQL语句如下：

```
SELECT job_title, (max_salary - min_salary)/10000 工资差额 FROM jobs;
```

上述查询语句的运行结果如图3-26所示。

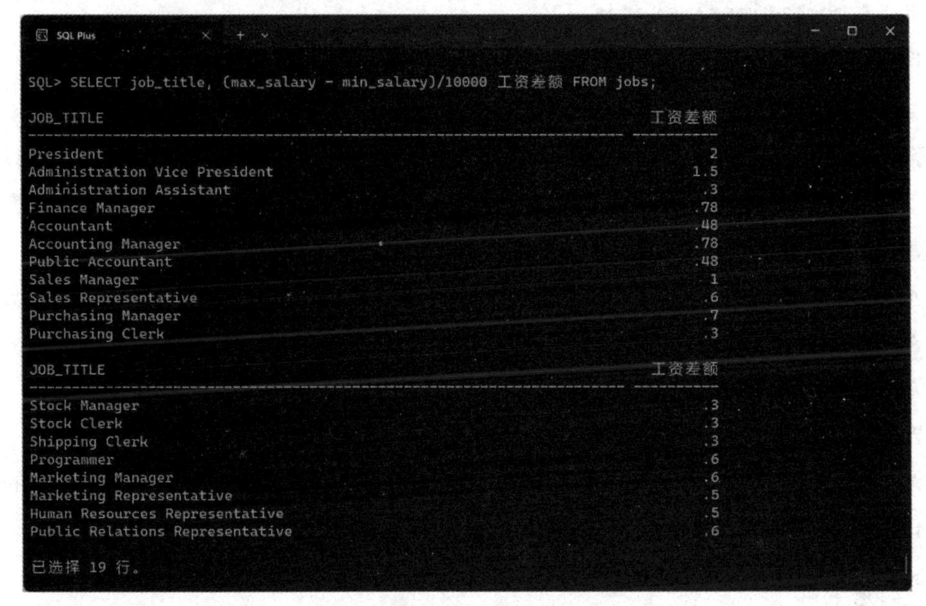

图3-26 运行结果

4. 关键字DISTINCT

默认情况下，结果集中包含检索到的所有数据行，而不管这些数据行是否重复出现。当结果集中出现大量重复的行时，结果集会显得比较庞大。例如在考勤记录表中仅显示考勤的人员名字而不显示考勤的时间时，人员的名字会大量重复出现。若希望删除结果集中重复的行，则需要在SELECT子句中使用关键字DISTINCT。

在employees表中包含一个department_id列。由于同一部门有多名雇员，相应地，在employees表的department_id列中就会出现重复的值。假设现在要检索该表中出现的所有部门，如果不希望有重复的部门出现，就需要在department_id列前面加上关键字DISTINCT，以确保不出现重复的部门，其查询语句如下：

```
SELECT DISTINCT department_id FROM employees;
```

若不使用关键字DISTINCT，则将在查询结果集中显示表中每一行的部门号，这样会包括很多重复的部门编号。

3.4.3 WHERE子句

WHERE子句用于筛选从FROM子句中返回的值，完成的是选择操作。在SELECT语句中使用WHERE子句后，将对FROM子句指定的数据表中的行进行判断，只有满足WHERE子句中判断条件的行才会显示，而那些不满足WHERE子句判断条件的行则不包括在结果集中。在SELECT语句中，WHERE子句位于FROM子句之后，其语法格式如下：

```
SELECT column_list FROM table_name
  WHERE conditional_expression;
```

其中，conditional_expression为查询时返回记录应满足的判断条件。

1. 条件表达式

在条件表达式中可以用运算符对值进行比较，可用的运算符包括关系运算符和逻辑运算符。关系运算符包括=、>、>=、<、<=、!=(<>)。逻辑运算符包括NOT、AND、OR。条件表达式中还可以使用通配符和匹配运算符LIKE。条件表达式的值为布尔值。例如：

- A=B，表示若A与B的值相等，则结果为TRUE；
- A>B，表示若A的值大于B的值，则结果为TRUE；
- A<B，表示若A的值小于B的值，则结果为TRUE；
- A!=B或A<>B，表示若A的值不等于B的值，则结果为TRUE；
- A LIKE B，其中，LIKE是匹配运算符。在这种条件表达式中，若A的值匹配B的值，则该表达式的结果为TRUE。在使用LIKE运算符的表达式中一般会使用通配符。Oracle SQL的通配符有两个："%"代表0个或多个任意字符，"_"代表一个任意字符。

例如，查询countries表中所有第2个字母为"r"的国家名称的SQL语句如下：

```
SELECT country_name FROM countries WHERE country_name LIKE '_r%';
```

上述查询语句的运行结果如图3-27所示。

图3-27 运行结果

在WHERE子句中，可以使用逻辑运算符将各个表达式关联起来组成复合判断条件。例如：

- NOT <条件表达式>，NOT运算符用于对结果取反；
- <条件表达式1> AND <条件表达式2>，当AND两边的表达式的值都为TRUE时，整个条件表达式的值才为TRUE，否则为FALSE；
- <条件表达式1> OR <条件表达式2>，OR两边的表达式只要有一个结果为TRUE，则整个条件表达式的结果就为TRUE，只有当两边表达式的结果都为FALSE时，整个条件表达式的结果才为FALSE。

例如，若要查询employees表中工资不在4000到6000之间的雇员的编号，则其SQL语句如下：

```
SELECT employee_id FROM employees WHERE salary<4000 OR salary>6000;
```

若要查询employees表中在IT部门（department_id=60）从事过程序员（job_id='IT_PROG'）工作的雇员编号，则其SQL语句如下：

```
SELECT employee_id FROM job_history WHERE department_id=60 AND job_id=
'IT_PROG' ;
```

2.NULL值

在数据库中，NULL值是一个特定的值，用于描述记录中没有定义内容的字段值，通常称之为“空”。为了判断某个列是否为空值，Oracle提供了两个SQL运算符，即IS NULL和IS NOT NULL。使用这两个运算符，可以判断某列的值是否为NULL。

NULL值是一个特殊的取值，不能使用“=”与NULL值进行比较。例如，如果新入职了一名员工，但是该员工还没有分配部门，则该员工的manager_id属性列的值为NULL。观察以下两个查询结果的对比，如图3-28所示。

```
SELECT * FROM departments WHERE manager_id = NULL;
SELECT * FROM departments WHERE manager_id IS NULL;
```

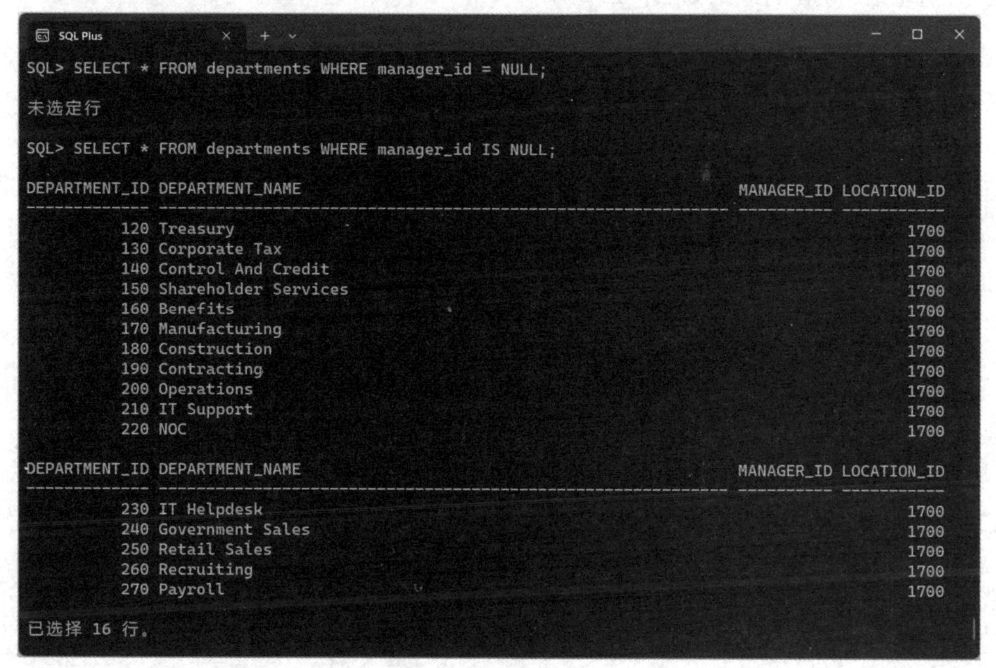

图3-28　运行结果

❗ **提示：**查询语句中的WHERE限制条件又称作谓词。Oracle在执行一条查询语句时，通常首先执行谓词判断，这样可以筛选和过滤大量的无效元组，从而减少后续操作所涉及的数据量。因此，在撰写查询语句时，尤其涉及多表连接时，应尽量把谓词添加到元组数目较多的表上。

3.4.4 ORDER BY子句

在前面介绍的数据检索中，只是把数据库中的数据从表中直接提取出来。此时，结果集中数据的排列顺序是由数据的存储顺序决定的。但是，这种存储顺序经常不符合用户的查询需求。当查询一个数据量比较大的表时，数据的显示会比较混乱，因此，需要对检索到的结果集进行排序。在SELECT语句中，可以使用ORDER BY子句实现对查询结果集的排序。

ORDER BY子句的语法格式如下：

```
SELECT column_list
  FROM table_name
  ORDER BY [(order_by_expression [ASC|DESC])...];
```

其中，order_by_expression表示将要排序的列名或由列组成的表达式；关键字ASC用于指定按照升序排列，这也是默认的排列顺序，而关键字DESC用于指定按照降序排列。

例如，使用ORDER BY子句对检索到的数据进行排序，该排列顺序是按照“last_name”在字母表中的升序进行的，查询语句如下：

```
SELECT first_name,last_name,salary FROM employees
  WHERE salary>=2500
  ORDER BY last_name;
```

上述查询语句的运行结果如图3-29所示。

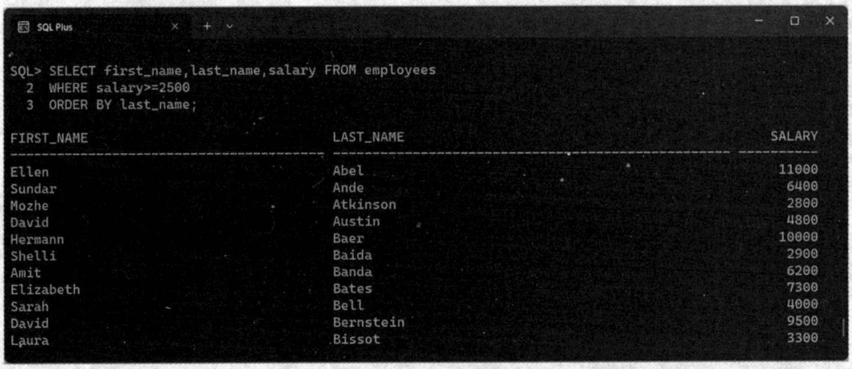

```
SQL> SELECT first_name,last_name,salary FROM employees
  2  WHERE salary>=2500
  3  ORDER BY last_name;

FIRST_NAME                   LAST_NAME                     SALARY
---------------------------- ----------------------------- ------
Ellen                        Abel                           11000
Sundar                       Ande                            6400
Mozhe                        Atkinson                        2800
David                        Austin                          4800
Hermann                      Baer                           10000
Shelli                       Baida                           2900
Amit                         Banda                           6200
Elizabeth                    Bates                           7300
Sarah                        Bell                            4000
David                        Bernstein                       9500
Laura                        Bissot                          3300
```

图3-29 运行结果

从查询结果中可以看出，ORDER BY子句使用默认的排列顺序，即升序排列，也可以使用关键字ASC显式指定。如果要改为降序排列，可以修改语句为如下语句。

```
SELECT first_name,last_name,salary FROM employees
  WHERE salary>=2500
  ORDER BY last_name DESC;
```

如果需要对多个列进行排序，只需要在ORDER BY子句后指定多个列名。这样，当输出排序结果时，首先根据第1列进行排序，当第1列的值相同时，再根据第2列进行比较排序，以此类推。例如，在上例中，查询结果是按照员工的姓名“last_name”在字母表中的升序排列的。如 果有多个“last_name”相同的员工，那么这些员工的排列顺序就按照其物理顺序排列，此时就可以指定另外一个列名作为排序的列。例如，将姓名“last_name”作为第一排序列，将工资“salary”作为第二排序列并降序排列，即如果“last_name”相同则按照“salary”降序排列，这样便可以看到同姓员工的薪金情况是按照从高到低的顺序排列的。实现上述查询的语句如下：

```
SELECT first_name,last_name,salary FROM employees
  WHERE salary>=2500
  ORDER BY last_name,salary DESC;
```

3.4.5 GROUP BY子句

GROUP BY子句用于在查询结果集中对记录进行分组，以汇总数据或者为整个分组显示单行的汇总信息。

例如，在以下的查询中，从employees表中选择相应的列，分析相同部门（department_id相同）员工的salary信息。

```
SELECT job_id,salary FROM employees ORDER BY department_id;
```

上述查询语句的运行结果如图3-30所示。

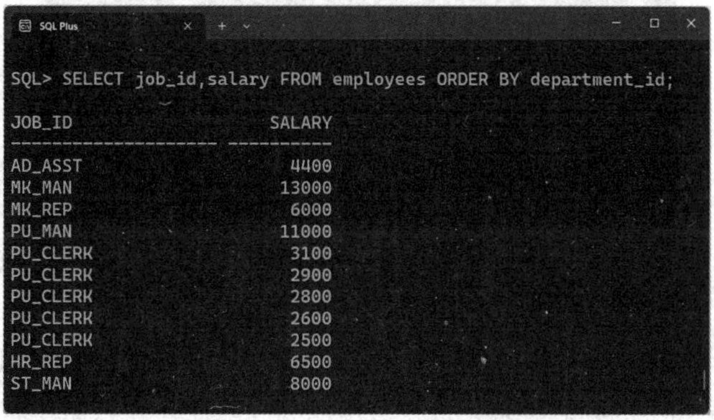

```
SQL> SELECT job_id,salary FROM employees ORDER BY department_id;

JOB_ID                   SALARY
-------------------- ----------
AD_ASST                    4400
MK_MAN                    13000
MK_REP                     6000
PU_MAN                    11000
PU_CLERK                   3100
PU_CLERK                   2900
PU_CLERK                   2800
PU_CLERK                   2600
PU_CLERK                   2500
HR_REP                     6500
ST_MAN                     8000
```

图3-30　运行结果（截取部分结果）

从结果中可以看出，对于每个department_id可以有多个对应的salary值。

如果使用GROUP BY子句和统计函数，就可以实现对查询结果中每一组数据的分类统计，此时，在结果中对每一组数据都会有一个与之对应的统计值。在Oracle系统中，常用的统计函数如表3-18所示。

表3-18　常用的统计函数

函　数	描　述
COUNT	返回找到的记录数
MIN	返回一个数字列或是计算列的最小值
MAX	返回一个数字列或是计算列的最大值
SUM	返回一个数字列或是计算列的总和
AVG	返回一个数字列或是计算列的平均值

例如，可以使用GROUP BY子句对薪金记录进行分组，还可以使用不同的统计函数计算出每个部门的平均薪金（用AVG函数）、所有薪金的总和（用SUM函数）、最高薪金（用MAX函数）和各组的行数（用COUNT函数），具体的查询语句如下。

```
SELECT job_id,AVG(salary),SUM(salary),MAX(salary),COUNT(job_id)
  FROM employees
  GROUP BY job_id;
```

上述查询语句的运行结果如图3-31所示。

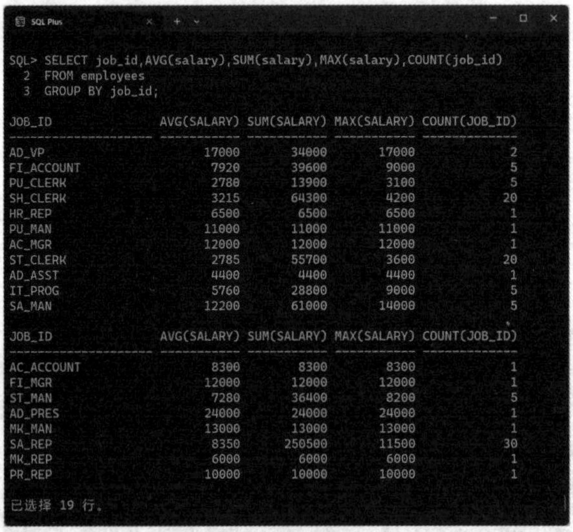

```
SQL> SELECT job_id,AVG(salary),SUM(salary),MAX(salary),COUNT(job_id)
  2  FROM employees
  3  GROUP BY job_id;

JOB_ID               AVG(SALARY) SUM(SALARY) MAX(SALARY) COUNT(JOB_ID)
-------------------- ----------- ----------- ----------- -------------
AD_VP                      17000       34000       17000             2
FI_ACCOUNT                  7920       39600        9000             5
PU_CLERK                    2780       13900        3100             5
SH_CLERK                    3215       64300        4200            20
HR_REP                      6500        6500        6500             1
PU_MAN                     11000       11000       11000             1
AC_MGR                     12000       12000       12000             1
ST_CLERK                    2785       55700        3600            20
AD_ASST                     4400        4400        4400             1
IT_PROG                     5760       28800        9000             5
SA_MAN                     12200       61000       14000             5

JOB_ID               AVG(SALARY) SUM(SALARY) MAX(SALARY) COUNT(JOB_ID)
-------------------- ----------- ----------- ----------- -------------
AC_ACCOUNT                  8300        8300        8300             1
FI_MGR                     12000       12000       12000             1
ST_MAN                      7280       36400        8200             5
AD_PRES                    24000       24000       24000             1
MK_MAN                     13000       13000       13000             1
SA_REP                      8350      250500       11500            30
MK_REP                      6000        6000        6000             1
PR_REP                     10000       10000       10000             1

已选择 19 行。
```

图3-31　运行结果

需要注意的是，在使用GROUP BY子句时，必须满足如下条件：

- 在SELECT子句的后面只可以有两类表达式，即统计函数和进行分组的列名，也就是说，在SELECT子句中的列名必须是进行分组的列，除此之外添加其他的列名都是错误的，但是，GROUP BY子句后面的列名可以不出现在SELECT子句中；
- 如果使用了WHERE子句，那么所有参加分组计算的数据必须首先满足WHERE子句指定的条件；
- 在默认情况下，将按照GROUP BY子句指定的分组列升序排列，如果需要重新排序，可以使用ORDER BY子句指定新的排列顺序。

下面是一个错误的查询语句，在SELECT子句后面出现了job_id列，而该列并没有出现在GROUP BY子句中，也就是说，非分组字段出现在了SELECT子句后面。

```
SELECT department_id,job_id, SUM(salary) FROM employees
  GROUP BY department_id;
```

上述查询语句的运行结果如图3-32所示。

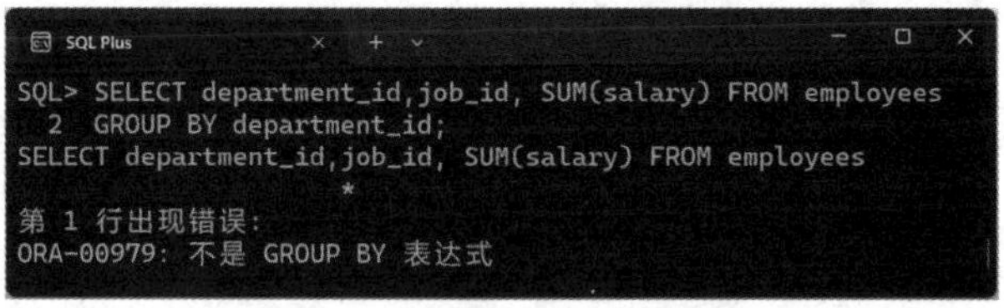

```
SQL> SELECT department_id,job_id, SUM(salary) FROM employees
  2  GROUP BY department_id;
SELECT department_id,job_id, SUM(salary) FROM employees
                     *
第 1 行出现错误:
ORA-00979: 不是 GROUP BY 表达式
```

图3-32　错误查询语句运行结果

与ORDER BY子句相似，GROUP BY子句也可以按多个列进行分组。在这种情况下，GROUP BY子句将在主分组范围内进行二次分组。

例如，编写查询语句，实现对各个部门人数和平均工资的统计，查询语句如下：

```
SELECT department_id,COUNT(*),AVG(salary)
  FROM employees GROUP BY department_id;
```

在GROUP BY子句中还可以使用运算符ROLLUP和CUBE，这两个运算符在功能上非常类似。在GROUP BY子句中使用它们后，都会在查询结果中附加一行汇总信息。

在下面的示例中，GROUP BY子句将使用ROLLUP运算符汇总department_id列。

```
SELECT department_id,COUNT(*),AVG(salary)
  FROM employees
  GROUP BY ROLLUP(department_id);
```

上述查询语句的运行结果如图3-33所示。

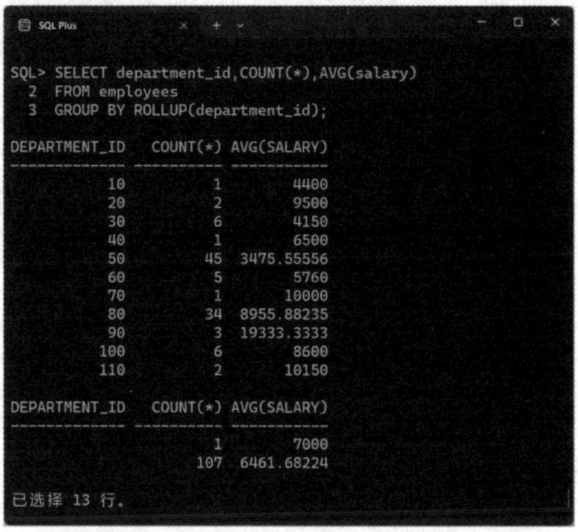

```
SQL> SELECT department_id,COUNT(*),AVG(salary)
  2  FROM employees
  3  GROUP BY ROLLUP(department_id);

DEPARTMENT_ID   COUNT(*) AVG(SALARY)
------------- ---------- -----------
           10          1        4400
           20          2        9500
           30          6        4150
           40          1        6500
           50         45  3475.55556
           60          5        5760
           70          1       10000
           80         34  8955.88235
           90          3  19333.3333
          100          6        8600
          110          2       10150

DEPARTMENT_ID   COUNT(*) AVG(SALARY)
------------- ---------- -----------
                       1        7000
                     107  6461.68224

已选择 13 行。
```

图3-33　运行结果

从查询结果中可以看出，使用ROLLUP运算符后，在查询结果的最后一行列出了本次统计的汇总结果。

3.4.6　HAVING子句

HAVING子句通常与GROUP BY子句一起使用，在完成对分组结果的统计后，可以使用HAVING子句对分组的结果做进一步的筛选。如果不使用GROUP BY子句，HAVING子句的功能与WHERE子句一样。HAVING子句和WHERE子句的相似之处是都定义搜索条件，但HAVING子句与组有关，而WHERE子句只与单独的行有关。

如果在SELECT语句中使用了GROUP BY子句，那么HAVING子句将应用于GROUP BY子句创建的那些组。如果指定了WHERE子句，而没有指定GROUP BY子句，则HAVING子句将应用于WHERE子句的输出，并且整个输出被看作一个组。如果在SELECT语句中既没有指定WHERE子句，也没有指定GROUP BY子句，那么HAVING子句将应用于FROM子句的输出，并且将其看作一个组。

例如，列出部门人数大于10的部门编号，查询语句如下：

```
SELECT department_id FROM employees GROUP BY department_id
  HAVING COUNT(*)>10;
```

上述查询语句的运行结果如图3-34所示。

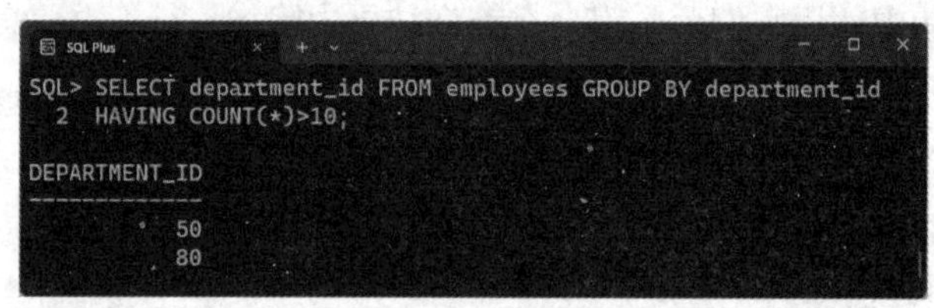

图3-34　运行结果

从查询结果可以看出，SELECT语句使用GROUP BY子句对employees表进行分组统计，然后由HAVING子句根据统计值做进一步筛选。

通常情况下，HAVING子句与GROUP BY子句一起使用，这样可以在汇总相关数据后再进一步筛选汇总的数据。

提示： 当WHERE子句、GROUP BY子句、HAVING子句、ORDER BY子句同在一个SELECT语句中时，执行顺序如下：

（1）执行WHERE子句，在表中选择行。

（2）执行GROUP BY子句，对选取的行进行分组。

（3）执行聚合函数。

（4）执行HAVING子句，筛选满足条件的分组。

（5）执行ORDER BY子句，进行排序。

3.4.7　多表连接查询

通过连接运算符可以实现多表连接查询。连接是关系型数据库模型的主要特点，也是它区别于其他类型数据库管理系统的一个标志。在关系型数据库管理系统中，建立表时不必确定各数据之间的关系，通常把一个实体的所有信息存放在一个表中。当检索数据时，通过连接操作查询出存放在多个表中的不同实体的信息。连接操作为用户带来很大的灵活性，用户可以在任何时候增加新的数据类型，为不同实体创建新的表，之后再通过连接进行查询。

1. 简单连接

连接查询实际上是通过表与表之间相互关联的列进行数据查询。对于关系型数据库来说，连接是查询最主要的特征。简单连接使用逗号将两个或多个表进行连接，这是最简单、也是最常用的多表查询形式。

（1）基本形式。简单连接是仅通过SELECT子句和FROM子句连接多个表，其查询的结果是一个通过笛卡儿积生成的表，是将一个基本表中的每一行与另一个基本表中的每一行进行组合连接所生成的表。例如，下面的查询语句将employees表和departments表相连接，其结果是由两个表的笛卡儿积生成的一个表。

```
SELECT employees.*, departments.* FROM employees, departments;
```

如果将两个表A和B进行连接，A有m个元组，B有n个元组，则A与B的笛卡儿积有m×n个元组。由此可见，不附加任何连接条件的表连接，结果集膨胀得很厉害，很容易造成内存溢出。

（2）条件限定。在实际应用中，笛卡儿积中包含大量的冗余信息，而一般情况下这些信息往往毫无意义。为了避免这种情况出现，通常是在SELECT语句中提供一个连接条件，过滤其中无意义的数据，使结果满足用户的需求。

SELECT语句的WHERE子句提供了这个连接条件，可以有效避免笛卡儿积中无意义数据的出现。使用WHERE子句限定时，只有第1个表中的列与第2个表中相应的列相互匹配后才会在结果集中显示，这是连接查询中常用的形式。一般情况下，这种联系以外键的形式出现，但并不是必须以外键的形式存在。

例如，下面的语句通过在WHERE子句中使用连接条件实现了查询雇员信息及雇员所对应的工种信息。

```
SELECT employees.last_name, jobs.job_title
  FROM employees,jobs
  WHERE employees. job_id= jobs. job_id;
```

在这次查询返回的结果中，每行数据都包含了有意义的雇员信息和各雇员所在的工种名称信息。上述查询语句的运行结果如图3-35所示。

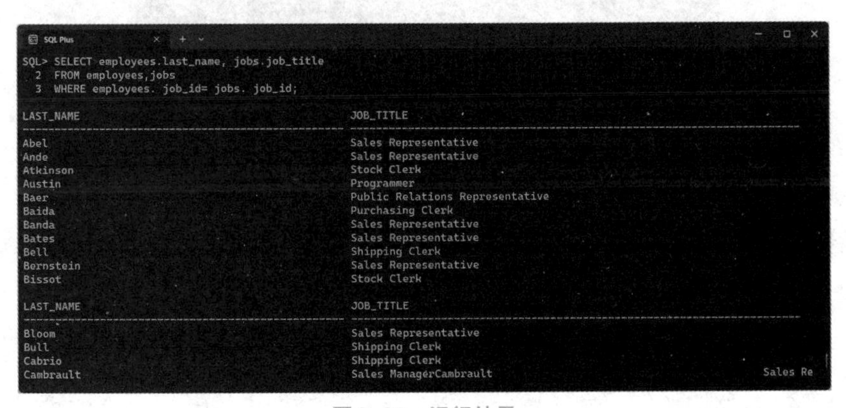

图3-35　运行结果

用户也可以通过在WHERE子句中增加新的限定条件，在连接基础上进一步对数据进行再次筛选。

例如，在上一个查询语句中增加一个新的限定条件，只显示IT部门的雇员信息，查询语句修改如下：

```
SELECT employees.last_name, jobs.job_title
  FROM employees, jobs
WHERE employees.job_id= jobs.job_id AND department_id=60;
```

提示：在以上示例中，如果连接的两个表具有同名的列，则必须使用表名对列进行限定，以确认该列属于哪一个表。

（3）表别名。从以上示例可以发现，在多表查询时，如果多个表之间存在同名的列，则必须使用表名来限定列。但是，随着查询变得越来越复杂，查询语句会因为每次限定列时输入的表名而变得冗长，因此，SQL语言提供了另一种机制——表别名。表别名是在FROM子句中用于各个表的“简短名称”，它可以唯一地标识数据源。例如，上面的查询语句可以重新编写如下：

```
SELECT em.last_name, j.job_title FROM employees em,jobs j
  WHERE em.job_id= j.job_id AND department_id=60;
```

这个具有更少SQL代码的查询语句会得到与之前语句相同的结果。其中，em代表employees表，j代表jobs表。

如果为表指定了别名，那么语句中的所有子句都必须使用别名，而不允许再使用实际的表名。因为在SELECT语句的执行顺序中，FROM子句最先被执行，然后是WHERE子句，最后才是SELECT子句。在FROM子句中指定表别名后，表的真实名称将被别名替换。例如，执行以下表别名使用错误的语句，结果如图3-36所示。

```
SELECT em.last_name, jobs.job_title FROM employees em,jobs j
  WHERE em.job_id= j.job_id AND salary>2500;
```

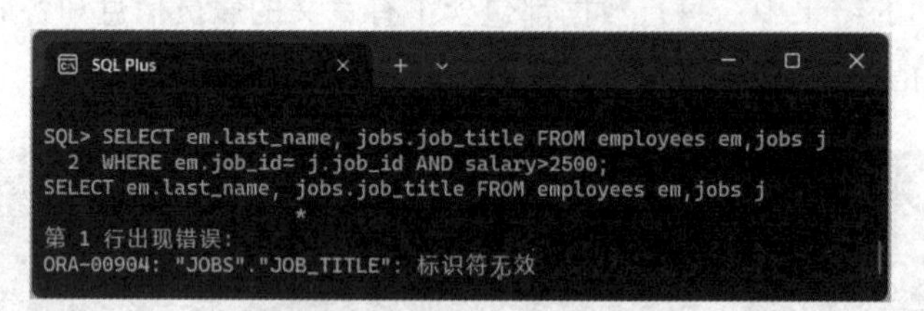

图3-36　表别名使用错误示意图

2.JOIN连接

除使用逗号连接外，Oracle还支持另一种使用关键字JOIN的连接。使用JOIN连接的子句的语法格式如下：

```
FROM join_table1 join_type join_table2
  [ON (join_condition)]
```

其中，join_table1用于指定参与连接操作的表名；join_type用于指定连接类型，常用的连接类型包括内连接、自然连接、外连接和自连接。连接查询中的ON (join_condition)用于指定连接条件，它由被连接表中的列和比较运算符、逻辑运算符等构成。

（1）内连接。内连接是一种常用的多表查询，一般用关键字INNER JOIN表示。可以省略关键字INNER，只使用JOIN表示。内连接使用比较运算符时，可在连接表的某些列之间进行比较操作，并列出表中与连接条件相匹配的数据行。

使用内连接查询多个表时，在FROM子句中除关键字JOIN外，还必须定义一个ON子句，ON子句用于指定内连接操作的连接条件，通常使用比较运算符比较被连接的列值。简单地说，内连接就是使用JOIN指定用于连接的两个表，ON子句则指定连接表的连接条件。若要进一步限制查询范围，可以直接在后面添加WHERE子句。

例如，用内连接实现查询雇员信息和雇员所对应的工种信息，其查询语句如下：

```
SELECT employees.last_name, jobs.job_title
  FROM employees INNER JOIN jobs ON employees.job_id=jobs.job_id;
```

上述查询语句的运行结果如图3-37所示。

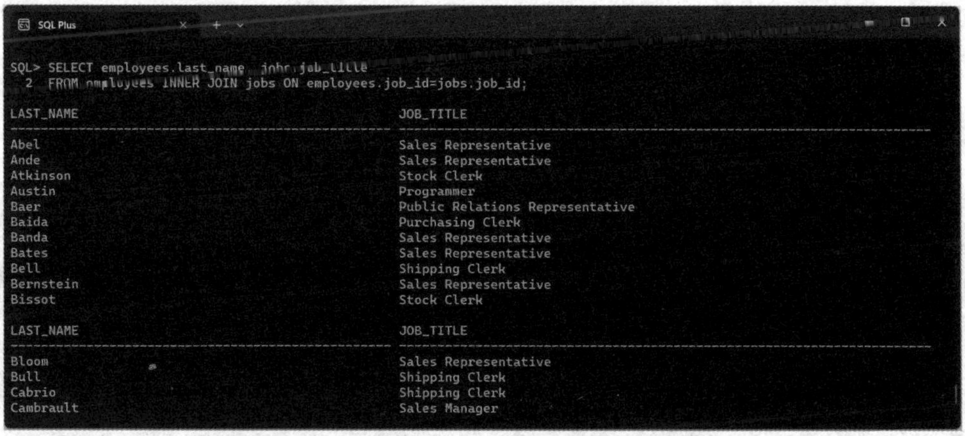

```
SQL> SELECT employees.last_name, jobs.job_title
  2  FROM employees INNER JOIN jobs ON employees.job_id=jobs.job_id;

LAST_NAME                                          JOB_TITLE
-------------------------------------------------- -----------------------------------
Abel                                               Sales Representative
Ande                                               Sales Representative
Atkinson                                           Stock Clerk
Austin                                             Programmer
Baer                                               Public Relations Representative
Baida                                              Purchasing Clerk
Banda                                              Sales Representative
Bates                                              Sales Representative
Bell                                               Shipping Clerk
Bernstein                                          Sales Representative
Bissot                                             Stock Clerk

LAST_NAME                                          JOB_TITLE
-------------------------------------------------- -----------------------------------
Bloom                                              Sales Representative
Bull                                               Shipping Clerk
Cabrio                                             Shipping Clerk
Cambrault                                          Sales Manager
```

图3-37　运行结果

（2）自然连接。自然连接（关键字为NATURAL JOIN）是一种特殊的等价连接，它可以将两张表中具有相同名称的列自动进行记录匹配。自然连接不必指定任何连接条件。

例如，使用自然连接方式连接employees表和departments表的查询语句如下：

```
SELECT em.employee_id,em.first_name,em.last_name,dep.department_name
  FROM employees em NATURAL JOIN departments dep
  WHERE dep.department_name='Sales';
```

自然连接的实际应用较少，因为它有一个限制条件，即被连接的各个表之间必须具有相同名称的列，而相同名称的列在应用中的实际含义可能并不相同。例如，在employees表和departments表中都有一个address列，在进行自然连接时，DBMS会使用employees和departments表中两个相同名称的列，这要求对应的address列相同；但是在应用语义上，这两个address列代表了完全不同的含义：employees表中的address字段是指一个雇员的居住地址，而departments表中的address字段是指部门的所在地址。因此，这样的自然连接毫无价值。

（3）外连接。在使用内连接进行多表查询时，仅返回符合查询条件（WHERE搜索条件或HAVING条件）和连接条件的行，即内连接操作会消除被连接表中的任何不符合查询条件的行。外连接的效果则会扩展内连接的结果集，除能够返回所有匹配的行外，还会根据外连接的种类返回一部分或全部不匹配的行。

外连接分为左外连接（关键字为LEFT OUTER JOIN或LEFT JOIN）、右外连接（关键字为RIGHT OUTER JOIN或RIGHT JOIN）和全外连接（关键字为FULL OUTER JOIN或FULL JOIN）3种。与内连接不同，外连接不只列出与连接条件相匹配的行，还会列出左表（左外连接时）、右表（右外连接时）或两个表（全外连接时）中所有符合搜索条件的数据行。

下面举例演示内连接和外连接的区别。内连接语句及其运行结果如图3-38所示。

```
INSERT INTO employees (employee_id, last_name, email, hire_date, job_id, department_id)
VALUES (1000, 'blaine', 'blaine@hotmail.com', to_date ('2010-11-20', 'yyyy-mm-dd'), 'IT_PROG', NULL);
SELECT em.employee_id,em.last_name,dep.department_name
FROM employees em INNER JOIN departments dep
ON em.department_id=dep.department_id
WHERE em.job_id='IT_PROG';
```

```
SQL> INSERT INTO employees (employee_id, last_name, email, hire_date, job_id, department_id)
  2  VALUES (1000, 'blaine', 'blaine@hotmail.com', to_date ('2010-11-20', 'yyyy-mm-dd'), 'IT_PROG', NULL);

已创建 1 行。

SQL> SELECT em.employee_id,em.last_name,dep.department_name
  2  FROM employees em INNER JOIN departments dep
  3  ON em.department_id=dep.department_id
  4  WHERE em.job_id='IT_PROG';

EMPLOYEE_ID LAST_NAME                                          DEPARTMENT_NAME
----------- -------------------------------------------------- ------------------------------
        103 Hunold                                             IT
        104 Ernst                                              IT
        105 Austin                                             IT
        106 Pataballa                                          IT
        107 Lorentz                                            IT
```

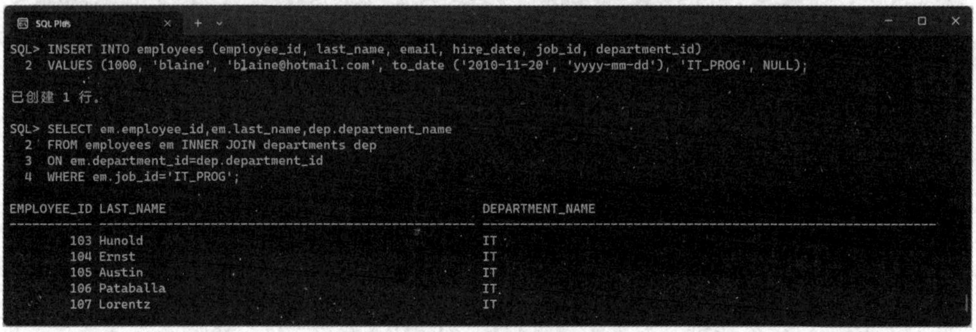

图3-38 运行结果

在上面的例子中，首先向employees表添加了一行job_id为“IT_PROG”的雇员“blaine”的信息，然后在employees表和departments表内连接的结果表中查询job_id为“IT_PROG”的信息，但在结果中并没有显示新增的行，原因在于departments表中不存在该条记录的信息。

外连接语句及其运行结果如图3-39所示。

```
SELECT em.employee_id,em.last_name,dep.department_name
  FROM employees em LEFT OUTER JOIN departments dep
  ON em.department_id=dep.department_id
  WHERE em.job_id='IT_PROG';
```

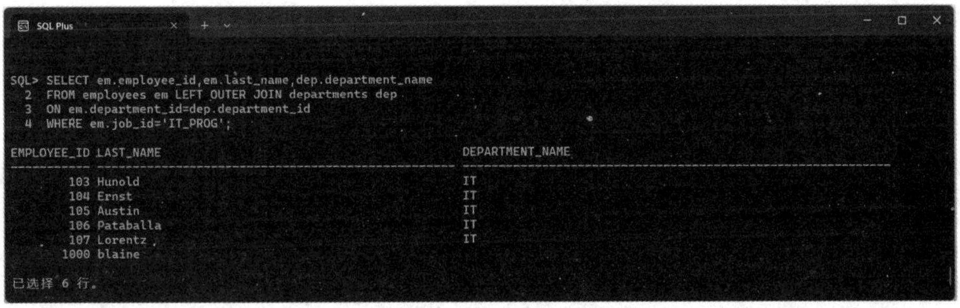

```
SQL> SELECT em.employee_id,em.last_name,dep.department_name
  2  FROM employees em LEFT OUTER JOIN departments dep
  3  ON em.department_id=dep.department_id
  4  WHERE em.job_id='IT_PROG';

EMPLOYEE_ID LAST_NAME                                          DEPARTMENT_NAME
----------- -------------------------------------------------- ------------------------------------------------------
        103 Hunold                                             IT
        104 Ernst                                              IT
        105 Austin                                             IT
        106 Pataballa                                          IT
        107 Lorentz                                            IT
       1000 blaine

已选择 6 行。
```

图3–39　运行结果

在上面的查询语句中，FROM子句使用LEFT OUTER JOIN进行左外连接。从显示结果中可以看出，左外连接的查询结果集中不仅包含相匹配的行，还包含左表（employees）中所有满足WHERE限制条件的行，而不论它是否与右表相匹配。同样，当执行右外连接时，则表示将要返回连接条件右表中的所有行，而不论是否与左表中各行相匹配。

除左外连接和右外连接外，还有一种外连接类型，即全外连接。全外连接相当于同时执行一个左外连接和一个右外连接，其查询结果会返回所有满足连接条件的行。在执行全外连接时，系统的开销很大，因为这需要DBMS执行一个完整的左连接查询和一个完整的右连接查询，然后将结果集合并，并消除重复的记录行。

（4）自连接。自连接（关键字为SELF JOIN）是SQL语句中经常用到的连接方式，使用自连接就是为连接表的本身创建一个镜像，并通过别名把它当作另一个表来对待，从而得到用户所需的数据。

例如，在employees表中manager_id列的意义与employees_id是一致的，都是雇员标号，因为部门经理也是雇员。通过下面的语句可以查看manager_id列和employees_id列的关联，如图3–40所示。

```
SELECT employee_id, last_name, job_id, manager_id
  FROM employees
  ORDER BY employee_id;
```

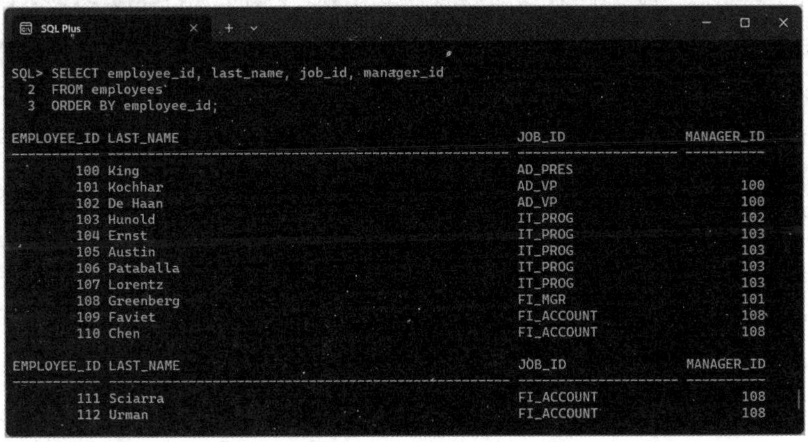

```
SQL> SELECT employee_id, last_name, job_id, manager_id
  2  FROM employees
  3  ORDER BY employee_id;

EMPLOYEE_ID LAST_NAME                                          JOB_ID               MANAGER_ID
----------- -------------------------------------------------- -------------------- ----------
        100 King                                               AD_PRES
        101 Kochhar                                            AD_VP                       100
        102 De Haan                                            AD_VP                       100
        103 Hunold                                             IT_PROG                     102
        104 Ernst                                              IT_PROG                     103
        105 Austin                                             IT_PROG                     103
        106 Pataballa                                          IT_PROG                     103
        107 Lorentz                                            IT_PROG                     103
        108 Greenberg                                          FI_MGR                      101
        109 Faviet                                             FI_ACCOUNT                  108
        110 Chen                                               FI_ACCOUNT                  108

EMPLOYEE_ID LAST_NAME                                          JOB_ID               MANAGER_ID
----------- -------------------------------------------------- -------------------- ----------
        111 Sciarra                                            FI_ACCOUNT                  108
        112 Urman                                              FI_ACCOUNT                  108
```

图3–40　运行结果

从结果图中可以看出雇员之间的关系，如King（ID号为100）负责管理Kochhar（ID号为101）和De Haan（ID号为102）；而De Haan（ID号为102）负责管理Hunold（ID号为103）等。

通过自连接，用户可以在同一行中看到雇员和部门经理的信息，其查询语句如下：

```
SELECT em1.last_name "manager", em2.last_name "employee"
  FROM employees em1 LEFT JOIN employees em2
  ON em1.employee_id = em2.manager_id
  ORDER BY em1.employee_id;
```

上述查询语句的运行结果（截取结果的一部分）如图3-41所示。

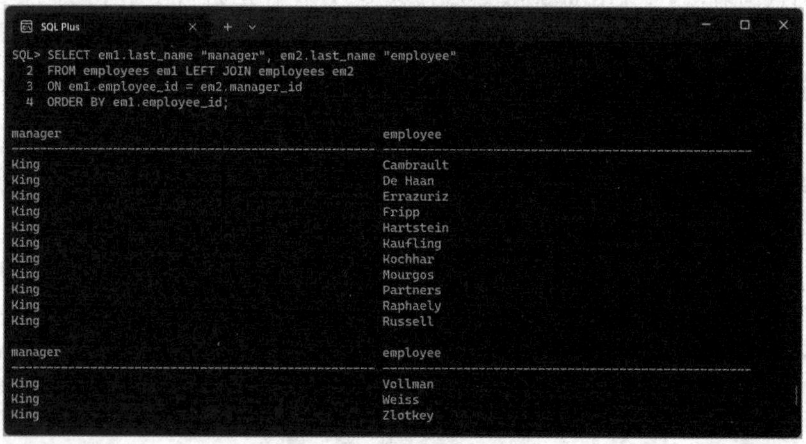

```
SQL> SELECT em1.last_name "manager", em2.last_name "employee"
  2  FROM employees em1 LEFT JOIN employees em2
  3  ON em1.employee_id = em2.manager_id
  4  ORDER BY em1.employee_id;

manager                                    employee
------------------------------------------ ------------------------------------------
King                                       Cambrault
King                                       De Haan
King                                       Errazuriz
King                                       Fripp
King                                       Hartstein
King                                       Kaufling
King                                       Kochhar
King                                       Mourgos
King                                       Partners
King                                       Raphaely
King                                       Russell

manager                                    employee
------------------------------------------ ------------------------------------------
King                                       Vollman
King                                       Weiss
King                                       Zlotkey
```

图3-41　部分运行结果

在上面的例子中，为了在其他子句中能够将employees表区分开，自连接在FROM子句中分别为其指定了两次表别名em1和em2，这样DBMS就可以将这两个表看作分离的两个数据源，并从中获取相应的数据。

3.4.8　集合操作

集合操作就是将两个或多个SQL查询结果合并构成复合查询，以完成一些特殊的任务需求。集合操作主要由集合操作符实现，常用的集合操作符包括UNION（并运算）、UNION ALL（并运算）、INTERSECT（交运算）和MINUS（差运算）。

1.UNION

UNION操作符可以将多个查询结果集相加以形成一个结果集，其结果等同于集合运算中的并运算，即UNION操作符可以将第1个查询结果中的所有行与第2个查询结果中的所有行相加，消除其中重复的行并形成一个合集。

例如，在下面的示例中，第1个查询将选择所有工资大于2500的雇员信息，第2个查询将选择所有工资大于1000且小于2600的雇员信息，用UNION操作的结果是所有工资在1000以上的雇员信息均会被列出。

```
SELECT employee_id, last_name FROM employees
  WHERE salary>2500
  UNION
SELECT employee_id,last_name FROM employees
  WHERE salary>1000 AND salary<2600;
```

上述语句等价于下面的SQL语句。

```
SELECT employee_id,last_name
  FROM employees
  WHERE salary>1000;
```

提示：UNION运算会将合集中的重复记录滤除，这是UNION运算和UNION ALL运算唯一不同的地方。

2.UNION ALL

UNION ALL与UNION操作符的工作原理基本相同，不同之处是UNION ALL操作形成的结果集中包含有两个子结果集中重复的行。例如，下列查询语句的结果集中会包含重复的工资大于2500且小于2600的雇员信息。

```
SELECT employee_id,last_name
FROM employees
WHERE salary>2500
UNION ALL
SELECT employee_id,last_name
FROM employees
WHERE salary>1000 AND salary<2600;
```

3.INTERSECT

INTERSECT操作符也用于对两个SQL语句所产生的结果集进行处理。不同于UNION运算，INTERSECT运算比较像AND运算，即UNION是并集运算，而INTERSECT是交集运算。

例如，用INTERSECT集合操作符实现查询last_name中以字母“S”开头的雇员信息，其查询语句如下：

```
SELECT employee_id,last_name
  FROM employees
  WHERE last_name LIKE '%' OR last_name LIKE 'S%'
  INTERSECT
  SELECT employee_id,last_name
    FROM employees
    WHERE last_name LIKE 'S%' OR last_name LIKE 'T%';
```

4.MINUS

MINUS集合操作符可以找到两个给定集合之间的差集，也就是说，该集合操作符会返回所有在第1个查询中返回的、但没有在第2个查询中返回的记录。

例如，使用操作符MINUS求两个查询结果的差集。第1个查询将选择所有工资大于2500的雇员信息，第2个查询将选择所有工资大于1000且小于2600的雇员信息。使用MINUS操作的结果是所有工资大于等于2600的雇员信息均会被列出。

```
SELECT employee_id,last_name
  FROM employees
  WHERE salary>2500
  MINUS
  SELECT employee_id,last_name
    FROM employees
    WHERE salary>1000 AND salary<2600;
```

上述语句等价于下面的SQL语句。

```
SELECT employee_id,last_name
  FROM employees
  WHERE salary>=2600;
```

提示： 在使用集合操作符编写复合查询时，其规则主要有3条：第一，在构成复合查询的各个查询中，各SELECT语句指定的列必须在数量上和数据类型上相匹配；第二，不允许在构成复合查询的各个查询中规定ORDER BY子句；第三，不允许在BLOB、LONG等大数据类型对象上使用集合操作符。

3.4.9 子查询

子查询和连接查询一样，都提供了使用单个查询访问多个表中数据的方法。子查询在其他查询的基础上，提供了一种更有效的方式来表示WHERE子句中的条件。子查询是一个SELECT语句，它可以在SELECT、INSERT、UPDATE或DELETE语句中使用。虽然大部分子查询是在SELECT语句的WHERE子句中实现的，但实际上它的应用不仅仅局限于此。例如，也可以在SELECT和HAVING子句中使用子查询。

1. 使用关键字IN定义子查询

使用关键字IN可以将原表中特定列的值与子查询返回的结果集中的值进行比较，如果某行特定列的值存在，则在SELECT语句的查询结果中包含这一行。

例如，使用子查询查询与部门编号为20的岗位相同的雇员信息，其查询语句为：

```
SELECT first_name, department_id, salary, job_id FROM employees
  WHERE job_id IN (SELECT DISTINCT job_id FROM employees WHERE
department_id=20);
```

上述查询语句的运行结果如图3-42所示。

```
SQL> SELECT first_name, department_id, salary, job_id FROM employees,
  2  WHERE job_id IN (SELECT DISTINCT job_id FROM employees WHERE department_id=20);

FIRST_NAME                                DEPARTMENT_ID     SALARY JOB_ID
----------------------------------------- ------------- ---------- ----------
Michael                                              20      13000 MK_MAN
Pat                                                  20       6000 MK_REP

SQL>
```

图3-42 运行结果

该查询语句的执行顺序为：首先执行括号内的子查询，然后再执行外层查询。仔细观察括号内的子查询，可以看到该子查询的作用仅仅是提供了外层查询中WHERE子句所使用的限定条件。单独执行该子查询，则会将employees表中所有department_id等于20的工种编号全部返回。这些返回值将由IN关键字与employees表中每一行的job_id列进行比较，若列值存在于这些返回值中，则外层查询会在结果集中显示该行。

提示： 在使用子查询时，子查询返回的结果必须和外层引用列的值在逻辑上具有可比较性。

2. 使用关键字EXISTS定义子查询

一些情况只需要考虑是否满足判断条件，而数据本身并不重要，这时就可以使用关键字EXISTS来定义子查询。关键字EXISTS只注重子查询是否返回行，如果子查询返回一个或多个行，那么EXISTS便返回TRUE，否则返回FALSE。

要使EXISTS关键字有意义，则应在子查询中建立搜索条件。以下查询语句返回的结果与图3-42所显示的相同。

```
SELECT first_name,department_id,salary,job_id
  FROM employees x
  WHERE EXISTS
    (SELECT * FROM employees y WHERE x.job_id=y.job_id AND department_
id=20);
```

在该语句中，外层的SELECT语句返回的每一行数据都要由子查询来评估。如果关键字EXISTS中指定的条件为真，查询结果就包含这一行，否则该行被丢弃。因此，整个查询的结果取决于内层的子查询。

提示： 由于关键字EXISTS的返回值取决于查询是否会返回行，而不取决于这些行的内容，因此对子查询来说，输出哪个列表项无关紧要，可以使用通配符“*”代替。

3. 使用比较运算符连接子查询

比较运算符包括等于（=）、不等于（<>）、小于（<）、大于（>）、小于等于（<=）和大于等于（>=），使用比较运算符连接子查询时，要求设定的子查询返回结果只能包含一个单值。

例如，查询employees表，将薪金大于本职位平均薪金的、工种编号为“PU_MAN”的雇员信息显示出来，其查询语句如下：

```
SELECT employee_id, last_name, job_id, salary
  FROM employees
```

```
WHERE job_id='PU_MAN' AND
  salary>=(SELECT AVG(salary) FROM employees
    WHERE job_id='PU_MAN');
```

上述查询语句的运行结果如图3-43所示。

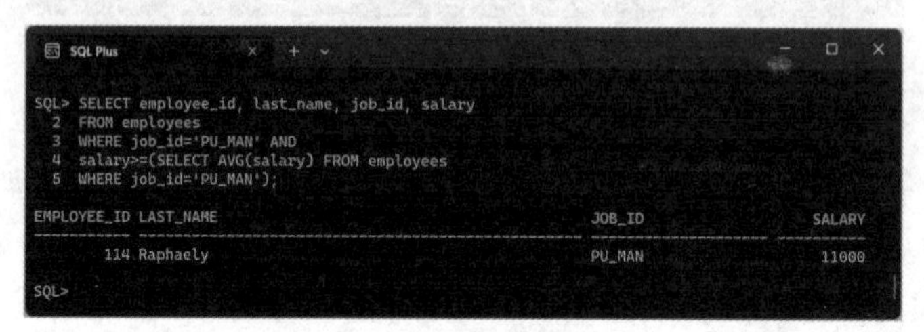

图3-43　运行结果

提示： 在使用比较运算符连接子查询时，必须保证子查询的返回结果只包含一个值，否则整个查询语句将失败。

——知识拓展——

相关子查询和非相关子查询

子查询分为两类：相关子查询和非相关子查询。在主查询中，每查询一条记录，需要重新做一次子查询，这种查询方式称为相关子查询；在主查询中，子查询只需要执行一次，子查询结果不再变化，这种查询方式称为非相关子查询。

3.5　Oracle的视图操作

视图是由SELECT子查询语句定义的一个逻辑表。在创建视图时，只是将视图的定义信息保存到数据字典中，并不是将实际的数据重新复制到任何地方，即在视图中并不保存任何数据。通过视图操作的数据仍然保存在表中，不需要在表空间中为视图分配存储空间，因此视图是个"虚表"。视图的使用和管理在许多方面都与表相似，例如，都可以被创建、更改和删除，都可以通过它们操作数据库中的数据。但除SELECT语句之外，视图在INSERT、UPDATE和DELETE语句方面受到某些限制。

3.5.1　创建视图

如果要在当前方案中创建视图，会要求用户必须拥有CREATE VIEW系统权限；如果要在其他方案中创建视图，则会要求用户必须拥有CREATE ANY VIEW系统权限。用户可以直接或者通过一个角色获得这些权限。

1. 创建视图的语句

在SQL*Plus中，可以使用CREATE VIEW语句创建视图。创建视图时，视图的名称和列名必须符合表的命名规则，但建议为视图的名称加一个固定的前缀或后缀，以便区分表和视图。

创建视图的语句的基本语法格式如下：

```
CREATE [OR REPLACE][FORCE] VIEW [schema.]view_name
  [(column1,column2,...)]
  AS SELECT...FROM ...WHERE ...
  [WITH CHECK OPTION][CONSTRAINT constraint_name]
  [WITH READ ONLY];
```

上述语句中的参数说明如下。

OR REPLACE：如果存在同名的视图，则使用新视图替代已有的视图。

FORCE：强制创建视图，不考虑基础表是否存在，也不考虑是否具有使用基础表的权限。

schema：指出在哪个方案中创建视图。

view_name：视图的名称。

column1,column2,...：视图的列名。列名的个数必须与SELECT子查询中列的个数相同。如果不提供视图的列名，Oracle会自动使用子查询的列名或列别名。如果子查询包含函数或表达式，则必须为其定义列名。如果由column1、column2等指定的列名个数与SELECT子查询中的列名个数不相同，则会有错误提示。

AS SELECT：用于创建视图的SELECT子查询。子查询的类型决定了视图的类型。创建视图的子查询不能包含FOR UPDATE子句，并且相关的列不能引用序列的CURRVAL或NEXTVAL伪列值。

WITH CHECK OPTION：用于在使用视图时检查涉及的数据是否能通过SELECT子查询的WHERE条件，否则不允许操作并返回错误提示。

CONSTRAINT constraint_name：当使用WITH CHECK OPTION选项时，用于指定该视图中约束的名称。如果没有提供一个约束名称，Oracle会生成一个以SYS C开头的约束名称，后面是一个唯一的字符串。

WITH READ ONLY：创建的视图只能用于查询数据，而不能用于更改数据。该子句不能与ORDER BY子句同时存在。

正常情况下，如果基本表不存在，创建视图时就会失败。但是，如果创建视图的语句没有语法错误，只要使用FORCE选项（默认值为NO FORCE）就可以创建该视图。这种强制创建的视图被称为带有编译错误的视图（view with errors）。此时，这种视图处于失效（invalid）状态，不能执行该视图定义的查询，但以后可以修复出现的错误，如创建其基础表等。Oracle会在相关的视图受到访问时自动重新编译失效的视图。

Oracle中提供强制创建视图的功能是为了使基础表的创建和修改与视图的创建和修改之间没有必然的依赖性，便于同步工作，提高工作效率，并且可以继续进行目前的工作。

2. 创建视图

创建视图的操作可分为创建简单视图和创建复杂视图。

（1）简单视图。简单视图是指基于单个表建立的不包含任何函数、表达式和分组数据的视图。在创建视图之前，为了确保视图的正确性，应先测试SELECT子查询语句。

例如，创建视图managers，该视图用于显示出所有部门经理的信息，语句如下：

```
CREATE VIEW managers AS
  SELECT * FROM employees
  WHERE employee_id IN (SELECT DISTINCT manager_id FROM departments);
```

上述语句的运行结果如图3-44所示。

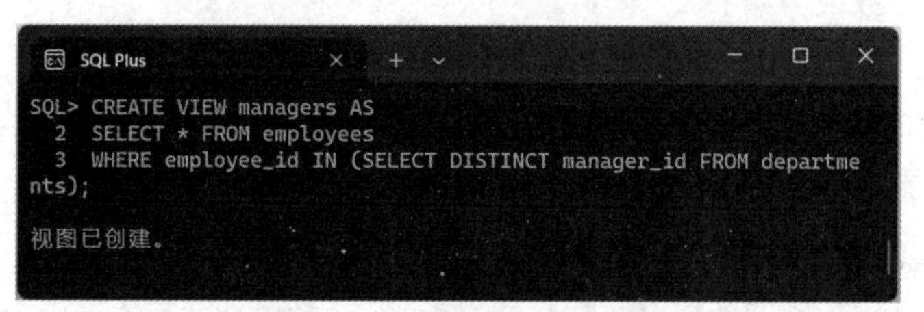

图3-44　创建视图managers

（2）复杂视图。复杂视图是指视图的SELECT子查询中包含函数、表达式或分组数据的视图。使用复杂视图的主要目的是简化查询操作。复杂视图主要用于执行某些需要借助视图才能完成的复杂查询操作，并不是为了要执行DML操作。

例如，创建视图dep_empcount，该视图用于显示出部门员工数量和平均工资信息，语句如下：

```
CREATE VIEW dep_empcount AS
  SELECT department_id,COUNT(employee_id) emp_count,AVG(salary) avg_sal
  FROM employees
  GROUP BY department_id;
```

上述语句的运行结果如图3-45所示。

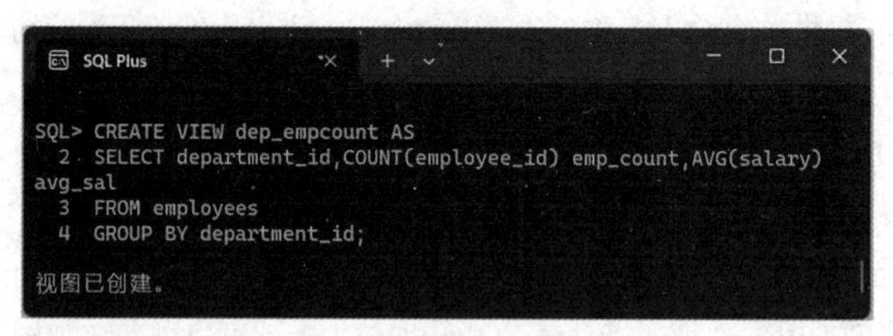

图3-45　创建视图dep_empcount

由此例可以看出，创建视图可以进一步满足用户的查询需求。例如，可以查询部门员工数量超过20个人的部门经理有哪些，部门员工的平均工资超过5 000元的部门经理有哪些等。

在满足进一步查询需求时，可能需要将表与视图连接在一起进行查询，也可能是将视图与视图进行连接。另外，在视图上还可以创建新的视图。

3.5.2　查看视图

查看视图的操作包括查看当前用户拥有的所有视图和查看视图定义等。

1. 查看当前用户拥有的所有视图

在Oracle数据库中，系统预定义了一系列的系统视图。使用系统视图可以方便地查询和管理数据库中的元数据信息，以便更好地了解数据库的结构和状态。系统视图主要有如下几种。

all_objects：包含当前数据库中所有对象的信息，如表、索引、视图、存储过程等。

all_tables：包含当前数据库中所有表的信息，如表名、拥有者、创建时间等。

all_indexes：包含当前数据库中所有索引的信息，如索引名、表名、索引类型等。

all_views：包含当前数据库中所有视图的信息，如视图名、视图所属的表、视图创建者等。

all_triggers：包含当前数据库中所有触发器的信息，如触发器名、触发时间、触发类型等。

all_constraints：包含当前数据库中所有约束的信息，如约束名、约束类型、约束所属的表等。

例如，通过SELECT语句可以查看当前用户拥有的所有视图，SQL语句如下：

```
SELECT view_name
FROM all_views
WHERE owner = 'HR';
```

运行结果如图3–46所示。

图3–46 运行结果

也可以通过SELECT语句查看user_views视图来查询当前用户拥有的所有视图，SQL语句如下：

```
SELECT view_name FROM user_views;
```

上述语句的查询结果与图3–46显示的结果一致。

2. 查看视图定义

在Oracle数据库中，可以通过使用DESCRIBE命令来查看视图的定义，语法格式如下：

```
DESCRIBE | DESC view_name;
```

例如，查看视图dep_empcount的定义，SQL语句如下：

```
DESC dep_empcount;
```

运行结果如图3–47所示。

图3-47 运行结果

3.5.3 修改视图

因为视图只是一个虚表，其中没有数据，所以修改视图只是改变数据字典中对该视图的定义信息，而视图中所有基础对象的定义和数据都不会受到任何影响。

对于创建的视图，有时可能要改变视图的定义，如修改列名或修改所对应的子查询语句。修改视图时应该使用CREATE OR REPLACE VIEW语句，因为Oracle无法创建同名视图。如果仅使用CREATE VIEW语句，而原有视图名称已经存在，则在修改视图之后，依赖于该视图的所有视图和PL/SQL程序都将变为失效状态。

使用视图时，Oracle会验证视图的有效性。当更改基础表或基础视图的定义后，在其上创建的所有视图都会失效。尽管Oracle会在这些视图受到访问时自动重新编译，但也可以使用ALTER VIEW语句明确地重新编译这些视图。

例如，通过手动方式编译视图emp_view的语句如下：

```
ALTER VIEW emp_view COMPILE;
```

上述语句中，ALTER VIEW用于修改现有的视图；emp_view为要修改的视图的名称；COMPILE是编译视图的命令，它会将视图的定义转换为可执行的存储过程或函数。

3.5.4 删除视图

用户可以删除当前方案中的各种视图，无论是简单视图、连接视图，还是复杂视图。如果要删除其他方案中的视图，则必须拥有DROP ANY VIEW系统权限。删除视图对创建该视图的基础表或基础视图没有任何影响。

删除视图语句的语法格式为：

```
DROP VIEW view_name;
```

例如，在SQL*Plus中删除视图view_managers的语句如下：

```
DROP VIEW view_managers;
```

删除视图后，将从数据字典中删除视图的定义，由该视图导出的其他视图定义仍保留在数据字典中，但这些视图已失效，无法再使用了。因此，在删除一个视图的同时，应使用DROP VIEW语句将那些导出视图一一删去。对于基本表也一样，当某个基本表被删除时，由该基本表导出的视图将失效，也应将它们逐一删去。

3.6 Oracle的索引操作

在数据库中，索引是除表之外最重要的数据对象，其功能是提高对数据表的检索效率。索引是将列的键值和对应记录的物理记录号（ROWID）排序后存储起来，需要占用额外的存储空间。由于索引占用的空间远小于表占用的实际空间，在系统通过索引进行数据检索时，可先将索引调入内存，通过索引对记录进行定位，这将大大减少磁盘I/O操作的次数，提高检索效率。在一个表上是否创建索引、创建多少个索引、创建什么类型的索引，都不会对表的使用方式产生任何影响。

3.6.1 创建索引

在Oracle数据库中，可以在SQL*Plus中使用CREATE INDEX语句创建索引。若要在自己的方案中创建索引，则需要拥有CREATE INDEX系统权限；若要在其他用户的方案中创建索引，则需要拥有CREATE ANY INDEX系统权限。

除此之外，因为索引要占用存储空间，所以还要在保存索引的表空间中有配额，或者具有UNLIMITED TABLESPACE系统权限。

创建索引的语法格式为：

```
CREATE [UNIQUE]|[BITMAP] INDEX [schema.]index_name
  ON [schema.]table_name([column1[ASC|DESC],column2[ASC|DESC],…]|
[express])
   [TABLESPACE tablespace_name]
   [PCTFREE n1]
   [STORAGE(INITIAL n2)]
   [COMPRESS n3]|[NOCOMPRESS]
   [LOGGING]|[NOLOGGING]
   [ONLINE]
   [COMPUTE STATISTICS]
   [REVERSE]|[NOSORT];
```

部分参数的说明如下。

UNIQUE：表示唯一索引。

BITMAP：表示位图索引。如果不指定BITMAP选项，则默认创建的是B树索引，B树索引以B树结构组织并存储索引数据，是Oracle数据库常用的索引类型。

TABLESPACE：用于指定索引段所在的表空间。

PCTFREE n1：用于指定为将来INSERT操作所预留的空间百分比。假定表已经包含了大量数据，那么在建立索引时应该仔细规划PCTFREE的值，以便为以后的INSERT操作预留空间。

3.6.2 查看索引

查看索引的操作包括查看当前用户拥有的所有索引、查看指定表的所有索引和查看索引的详细信息等。

1. 查看当前用户拥有的所有索引

通过查看all_indexes视图，可以查看当前用户拥有的所有索引，SQL语句如下：

```
SELECT index_name
FROM all_indexes
WHERE owner = 'HR';
```

运行结果如图3-48所示。

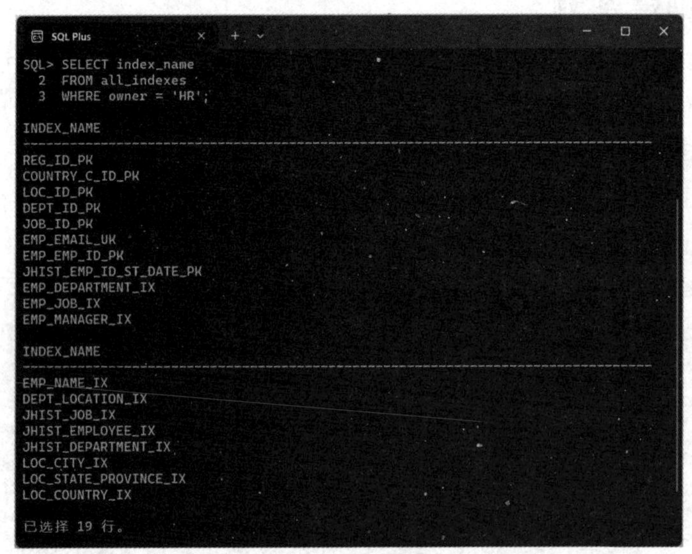

图3-48 运行结果

也可以通过SELECT语句查看user_views视图查询当前用户拥有的所有视图，SQL语句如下：

```
SELECT index_name FROM user_indexes;
```

上述语句的查询结果与图3-48显示的结果一致。

2. 查看指定表的所有索引

通过SELECT语句可以查看当前用户中指定表的所有索引，基本语法格式如下：

```
SELECT index_name FROM all_indexes
Where table_name = '<table_name>';
```

例如，查看employees表所有索引的SQL语句如下：

```
SELECT index_name FROM all_indexes
Where table_name = 'EMPLOYEES';
```

运行结果如图3-49所示。

```
SQL> SELECT index_name FROM all_indexes
  2  Where table_name = 'EMPLOYEES';

INDEX_NAME
--------------------------------------------------------------------------------
EMP_EMAIL_UK
EMP_EMP_ID_PK
EMP_DEPARTMENT_IX
EMP_JOB_IX
EMP_MANAGER_IX
EMP_NAME_IX

已选择 6 行。
```

图3-49　运行结果

提示： 上述查询语句中，在输入指定的表名时，应注意字符串引号内的字符全部大写，否则系统会提示“未选定行”，并且查询不到想要的结果。

3. 查看索引的详细信息

查看索引详细信息的语句如下：

```
SELECT * FROM user_indexes
WHERE index_name = '<index_name>';
```

该语句会显示指定索引的所有信息，包括索引名、索引类型、列名、索引所在的表名、是否为唯一索引、是否为聚集索引等。

例如，查看索引emp_email_uk详细信息的SQL语句如下：

```
SELECT * FROM user_indexes
WHERE index_name = 'EMP_EMAIL_UK';
```

3.6.3　修改索引

修改索引通常是使用ALTER INDEX语句完成的。一般情况下，修改索引是由索引的所有者完成的，如果要以其他用户身份修改索引，则要求该用户必须拥有ALTER ANY INDEX系统权限或在相应表上的INDEX对象权限。

为表建立索引后，随着对表不断进行更新、插入和删除操作，索引中会产生越来越多的存储碎片，这对索引的工作效率会产生负面影响。这时可以采取两种方式来清除碎片，即合并索引和重建索引。

合并索引只是将B树中叶子节点的存储碎片合并在一起，并不会改变索引的物理组织结构。重建索引可以使用ALTER INDEX...REBUILD语句，重建操作不仅可以消除存储碎片，还可以改变索引的全部存储参数设置，以及改变索引的存储表空间。重建索引实际上是在指定的表空间中重新建立一个索引，然后删除原来的索引。

例如，对HR用户的索引emp_email_uk执行重建操作，并重新指定该索引的表空间。SQL语句如下：

```
ALTER INDEX emp_email_uk REBUILD
TABLESPACE users;
```

上述代码的运行结果如图3-50所示。

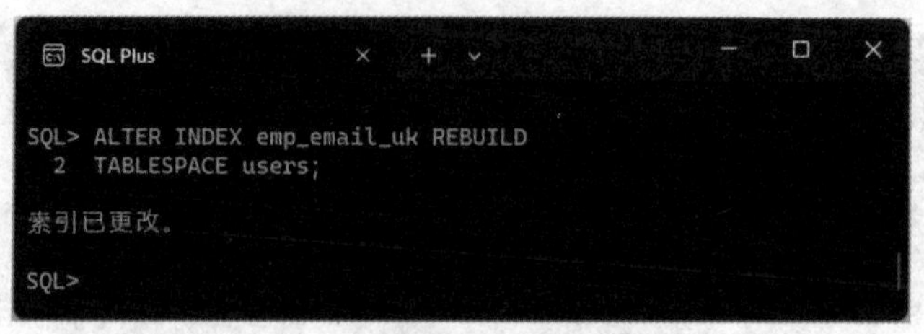

图3-50　运行结果

3.6.4　删除索引

一般来讲，若出现如下几种情况之一，就有必要删除相应的索引。

- 索引的创建不合理或不必要，应删除该索引，以释放其所占用的空间；
- 经过一段时间的观察，发现几乎没有查询或者只有极少数查询会使用到该索引；
- 该索引中包含损坏的数据块，或包含过多的存储碎片，则需要先删除该索引，再重建索引；
- 如果移动了表的数据，导致索引无效，需要删除并重建该索引；
- 当使用SQL*Loader为一个表装载数据时，系统也会同时为该表的索引增加数据。为了加快数据装载速度，应在装载之前删除所有索引，并在数据装载完毕之后再重新创建各个索引。

用户如果要在自己的方案中删除索引，需要拥有DROP INDEX系统权限；如果要在其他用户的方案中删除索引，则需要拥有DROP ANY INDEX系统权限。

如果索引是使用CREATE INDEX语句创建的，可以使用DROP INDEX语句删除索引；如果索引是在定义约束时由Oracle自动创建的，则可以通过禁用约束（disable）或删除约束的方法来删除对应的索引。

提示：在删除一个表时，所有基于该表的索引也会被自动删除。

在SQL*Plus中，删除索引的语法格式为：

```
DROP INDEX index_name;
```

例如，删除education表上的索引edu_emp_ix，代码如下：

```
DROP INDEX edu_emp_ix;
```

3.7　Oracle的序列操作

序列（sequence）是一个命名的顺序编号生成器，是用于产生唯一序号的数据库对象，可以为多个数据库用户依次生成不重复的连续整数。

通常使用序列自动生成表中的主键值。序列产生的数字的最大长度可达到38位十进制数。序列不占用实际的存储空间，在数据字典中只存储序列的定义描述。

3.7.1 创建序列

拥有CREATE SEQUENCE系统权限的用户可以创建序列，其语法格式为：

```
CREATE SEQUENCE sequence
  [INCREMENT BY n]
  [START WITH n]
  [MAXVALUE n | NOMAXVALUE]
  [MINVALUE n | NOMINVALUE]
  [CYCLE | NOCYCLE]
  [CACHE n | NOCACHE];
```

各参数说明如下。

INCREMENT BY：序列的步长，默认为1；如果为负值，则递减。

START WITH：序列的初始值，默认为1。

MAXVALUE：序列的最大值，默认是NOMAXVALUE。递增序列的最大值是1 027，递减序列的最大值是-1。

MINVALUE：序列的最小值，默认是NOMINVALUE。递增序列的最小值为1，递减序列的最小值为-1 026。

CYCLE和NOCYCLE：指定当序列达到其最大值或最小值后，是否循环生成值，NOCYCLE是默认选项。

CACHE（缓存）：设置是否在缓存中预先分配一定数量的数据值，以提高获取序列值的速度，默认为缓存20个值。

例如，创建ABC论坛中用户编号的一个序列，语句如下：

```
CREATE SEQUENCE abc_users_seq
  MINVALUE 1
  MAXVALUE 999999999999
  START WITH 1
  INCREMENT BY 1
  CACHE 20;
```

3.7.2 查看序列

用户可以使用下列数据字典视图查看序列的信息。

DBA_SEQUENCES：以DBA视图描述数据库中的所有序列。

ALL_SEQUENCES：以ALL视图描述数据库中的所有序列。

USER_SEQUENCES：以USER视图描述用户拥有的序列信息。

例如，查看序列USER_SEQUENCES序列信息的代码如下：

```
SELECT SEQUENCE_NAME,MIN_VALUE,MAX_VALUE,INCREMENT_BY,LAST_NUMBER
FROM USER_SEQUENCES;
```

3.7.3 引用序列

在引用序列时，可以使用序列的NEXTVAL与CURRVAL两个伪列。其中，NEXTVAL伪列返回序列生成器的下一个值，CURRVAL返回序列的当前值。

序列值可以应用在查询的选择列表、INSERT语句的VALUES子句、UPDATE语句的SET子句和触发器中，但不能应用在WHERE子句或PL/SQL过程性语句中。

例如，创建触发器abc_user_trigger，并在其中使用序列，代码如下：

```
CREATE OR REPLACE TRIGGER abc_user_trigger
  BEFORE INSERT ON abc_users
  FOR EACH ROW
  BEGIN
    SELECT abc_users_seq.NEXTVAL INTO:NEW.ID FROM dual;
  END;
```

3.7.4 修改序列

拥有ALTER SEQUENCE系统权限的用户可以使用ALTER SEQUENCE语句修改序列。除不能修改序列的起始值外，可以对序列的其他任何子句和参数进行修改。

如果要修改MAXVALUE参数值，需要保证修改后的最大值大于序列的当前值。序列的修改只影响以后生成的序列号。

例如，修改序列abc_users_seq的设置，代码如下：

```
ALTER SEQUENCE abc_users_seq
  INCREMENT BY 10
  MAXVALUE 10000 CYCLE CACHE 20;
```

3.7.5 删除序列

当不再需要一个序列时，拥有DROP SEQUENCE系统权限的用户可以使用DROP SEQUENCE语句删除用户自己方案中的序列。如果要删除其他方案中的序列，则需要拥有DROP ANY SEQUENCE系统权限。

例如，删除序列abc_users_seq，代码如下：

```
DROP SEQUENCE abc_users_seq;
```

3.8 Oracle的同义词操作

同义词是数据库中表、索引、视图或其他模式对象的一个别名。利用同义词，一方面可以为数据库对象提供一定的安全性保证，另一方面可以简化对象访问。此外，当数据库对象改变时，只需要修改同义词而不需要修改应用程序。

在开发数据库应用程序时，应尽量避免直接引用表、视图或对象的名称，DBA应当为开发人员建立对象的同义词，使他们在应用程序中使用同义词。

3.8.1 创建同义词

同义词分为私有同义词和公有同义词。其中，私有同义词也称为方案同义词，只能被创建它的用户所拥有，该用户可以控制其他用户是否有权使用该同义词；公有同义词被用户组public所拥有，数据库的所有用户都可以使用公有同义词。

拥有CREATE SYNONYM系统权限的用户可以创建私有同义词，其语法格式为：

```
CREATE [OR REPLACE] SYNONYM synonym_name
  FOR object_name;
```

默认情况下，SCOTT用户没有CREATE SYNONYM的权限，而HR用户有。

拥有CREATE PUBLIC SYNONYM系统权限的用户可以创建公有同义词，其语法格式为：

```
CREATE [OR REPLACE] PUBLIC SYNONYM synonym_name
  FOR object_name;
```

默认情况下，SCOTT用户和HR用户都没有CREATE PUBLIC SYNONYM的权限。可以创建同义词的对象包括表、视图、序列、存储过程、函数、包、对象等。

例如，SCOTT用户创建私有和公有同义词的语句如下：

```
CONN SYS / password AS SYSDBA
GRANT CREATE SYNONYM, CREATE PUBLIC SYNONYM TO SCOTT;
CONN SCOTT / password
CREATE OR REPLACE SYNONYM scott_syn_1 FOR SCOTT.EMP;
CREATE OR REPLACE PUBLIC SYNONYM scott_syn_2 FOR SCOTT.EMP;
```

3.8.2 查看同义词

用户可以使用下列数据字典视图查看同义词信息。

DBA_SYNONYMS、ALL_SYNONYMS、USER_SYNONYMS：包含同义词信息。

DBA_DB_LINK、ALL_DB_LINK、USER_DB_LINK：包含数据库链接信息。

例如，查看用户SYS拥有的同义词信息，代码如下：

```
SELECT * FROM ALL_SYNONYMS
WHERE owner = 'SYS';
```

3.8.3 使用同义词

方案用户可以使用自己的私有同义词，而其他用户不能使用私有同义词，除非在方案同义词前面加上方案对象名访问其他方案中的对象。

用户通过在自己的方案中创建指向其他方案中对象的私有同义词，在被授予了访问该对象的对象权限后，就可以按对象权限访问该对象。

如果用户使用公有同义词访问其他方案中的对象，就不需要在该公有同义词前面添加方案名。但是，如果用户没有被授予相应的对象权限，仍然不能使用该公有同义词。

例如，利用同义词可以实现对数据库对象的操作，语句如下：

```
UPDATE scott_syn_1 SET ename='yhy'
  WHERE empno=7884;
```

3.8.4　删除同义词

当修改了基础对象的名称或位置后，就可以删除之前的同义词。删除同义词后，同义词的基础对象不会受到任何影响，但是所有引用该同义词的对象将失效。

用户可以使用DROP SYNONYM语句删除同义词，其语法格式为：

```
DROP [PUBLIC] SYNONYM synonym_name;
```

巩固练习

一、选择题

1. 下列（　）不属于SQL语言的特点。

A. SQL语言是一种面向集合的语言，每个命令的操作对象是一个或多个关系，结果也是一个关系

B. SQL语言既是自含式语言，又是嵌入式语言；既可独立使用，又可嵌入到宿主语言中

C. SQL语言是一种非过程语言，即用户只要提出“干什么”即可，而不必关心具体的操作过程，也不必了解数据的存取路径，只要指明所需的结果即可

D. SQL语言是一种高级语言，需要编译器进行编译才能运行

2. 下列（　）代表数据定义语言。

A. DCL　　B.DDL　　C.DML　　D.DTL

3. 在同样的条件下，下面的（　）操作得到的结果集有可能最多。

A. 内连接　　B. 左外连接　　C. 右外连接　　D. 全外连接

4. 下列操作权限中，在视图上不具备的是（　）。

A. SELECT　　B.ALTER　　C.DELETE　　D.INSERT

5. 创建序列需要用到（　）语句。

A. CREATE VIEW　　B. CREATE INDEX

C. CREATE SEQUENCE　　D. CREATE SYNONYM

二、填空题

1. 启动Oracle数据库实例的过程包括________、________和________3个步骤。

2. 在Oracle中可以建立的约束条件包括________、________、________、________、默认约束、检查约束及________。

3. 在SELECT查询语句中，________子句用于对查询结果集的排序，________子句用于在查询结果集中对记录进行分组。

三、实训题

1. 在HR模式下，使用DESC和SELECT命令查看各个表的结构和现有数据。

2. 在HR模式下，进行表的创建、修改和删除（CREATE、ALTER、DROP命令）。

3. 在HR模式下，完成对employees表及相关各表的各种查询操作（WHERE子句、GROUP BY子句和各种连接等）。

4. 在HR模式下，针对employees表进行数据的插入、更新和删除操作（INSERT、UPDATE、DELETE命令）。

第 4 章 Oracle编程设计

本章导言

数据库编程设计是实现复杂业务逻辑和高效处理数据的关键环节。本章将深化对Oracle PL/SQL编程语言的理解，详细讲解函数、过程、触发器等对象的设计与实现方法，引导学生在实践中领悟数据库编程的魅力，提高其利用Oracle进行数据处理和业务逻辑开发的能力，从而更好地服务于现实世界复杂信息系统的建设。

学习目标

（1）了解PL/SQL语言，掌握PL/SQL的程序结构，掌握PL/SQL编程的基础知识。
（2）掌握游标、过程、函数、包、触发器的概念、原理及使用方法。

素质要求

（1）培养利用PL/SQL语言进行复杂编程时的逻辑分析能力和解决问题能力，能够提出并实现创新型解决方案。
（2）在编程设计中注重沟通交流，确保代码编写符合行业标准和社会责任要求。

4.1 PL/SQL语言基础

PL/SQL语言是Oracle编程的核心，只有掌握这一语言，才能开发出高效、可维护的数据库应用程序。

4.1.1 PL/SQL语言简介

SQL语言是一种访问、操作数据库的结构化查询语言，并不是具有流程控制功能的程序设计语言，只有程序设计语言才能用于应用软件的开发。为了扩展SQL语言的功能，实现更加灵活的数据操作，Oracle在SQL 92的标准上推出了扩展版的PL/SQL（procedural language/SQL，过程化SQL语言）。PL/SQL是Oracle数据库特有的、支持应用开发的高级数据库程序设计语言。掌握PL/SQL是应用Oracle数据库的基础，它在Oracle数据库应用系统开发中起着十分重要的作用。在允许运行Oracle的任何操作系统平台上均可运行PL/SQL程序。

PL/SQL有以下几个特点：

- 支持事务控制和SQL数据操作命令；
- 支持SQL的所有数据类型，并且在此基础上扩展了新的数据类型，也支持SQL的函数和运算符；
- 可以存储在Oracle服务器中；
- 服务器上的PL/SQL程序可以使用权限进行控制；
- Oracle有自己的DBMS包，可以处理数据的控制和定义命令。

4.1.2 PL/SQL程序结构

1.块结构

与所有过程化语言一样，PL/SQL也是一种模块式结构的语言，以块（block）为基本单位。整个PL/SQL块包含3个基本部分：声明部分（declarative section）、执行部分（executable section）和异常处理部分（exception section）。

PL/SQL语言的程序结构如下：

```
DECLARE
--声明一些变量、常量、用户定义的数据类型及游标等（可选项）
BEGIN
--主程序体，可以加入各种合法语句（必需项）
EXCEPTlON
--异常处理程序，当程序中出现错误时执行这一部分语句（可选项）
END;
--主程序体结束
```

（1）声明部分。声明部分由关键字DECLARE开始，到关键字BEGIN结束。在这里可以声明PL/SQL程序块中用到的变量、常量和游标等。需要注意的是，在某个 PL/SQL 块中声明的内容只能在当前块中使用，而在其他PL/SQL块中是无法被引用的。

（2）执行部分。执行部分以关键字BEGIN开始，它的结束方式通常有两种：如果PL/SQL块中的代码在运行时出现异常，则执行完异常处理部分的代码就结束；如果没有使用异常处理或PL/SQL块未出现异常，则以关键字END结束。执行部分是整个PL/SQL块的主体，主要的逻辑控制和运算都在这部分完成，所以在执行部分可以包含多个PL/SQL语句和SQL语句。

（3）异常处理部分。异常处理部分以关键字EXCEPTION开始，在该关键字所包含的代码被执行完毕后，整个PL/SQL块也将结束。在执行PL/SQL代码（主要是执行部分）的过程中，可能会发生一些意想不到的错误，如除数为零、空值参与运算等，这些错误都会导致程序中断运行。为了避免这种情况，程序设计人员可以在异常处理部分编写一定量的代码纠正错误或者向用户提供一些错误信息提示，甚至是将各种数据操作回退到异常产生之前的状态，以重新运行代码块。另外，对于可能出现的多种异常情况，用户可以使用WHEN THEN语句实现多分支判断，然后在每个分支下通过编写代码处理相应的异常。

需要指出的是，对于PL/SQL块中的语句，每一条PL/SQL语句都必须以分号结束，而每条PL/SQL语句均可以被写成多行的形式，同样必须使用分号结束。另外，一行中也可以有多条PL/SQL语句，但是它们之间必须以分号分隔。

在PL/SQL程序中，只有执行部分是必需的，其他两个部分都是可选的。没有声明部分时，块结构就以关键字BEGIN开头；没有异常处理部分时，关键字EXCEPTION将被省略；关键字END后面紧跟着一个分号结束该块的定义。

以下的结构定义仅包含执行部分：

```
BEGIN
/*执行部分*/
END;
```

如果仅带有声明和执行部分，而没有异常处理部分，其定义如下：

```
DECLARE
/*声明部分*/
BEGIN
/*执行部分*/
END;
```

上述结构中执行部分可以嵌套，即在BEGIN...END之间可以完整嵌套另一个BEGIN...END。PL/SQL程序可以作为一个命名的块存放在数据库中，这种块称为命名块，其中可包含存储过程、函数、触发器等各种类型；也可直接在SQL*Plus窗口中作为一个匿名的块，但这种块不存储在数据库中，并且通常只执行一次。

2. 注释

注释是在编程语言中用来解释代码的文本，以便其他程序开发人员更好地理解代码的含义及用途，从而提高程序代码的可读性。注释内的文字不会被程序执行。在PL/SQL语言中，注释有单行注释和多行注释两种形式。

（1）单行注释。单行注释由两个连字符“--”开头，一直到行尾（回车符标志着注释的结束）。在编写PL/SQL程序时，用户可以加上单行注释，使此行代码更加容易理解。示例代码如下：

```
DECLARE
v_sname CHAR(20); --保存20个字符的变量：学生姓名
v_age NUMBER; --保存学生年龄的变量
BEGIN
INSERT INTO student (sname,sage)--插入一条记录
VALUES(v_sname,v_age e);
END;
```

提示：如果注释超过一行而又使用单行注释符注释，就必须在每一行的开头都使用双连字符“--”。

（2）多行注释。与C语言的注释方法相同，PL/SQL中的多行注释以“/*”开头，以“*/”结尾。示例代码如下：

```
DECLARE
v_sname CHAR(20); /*保存20个字符的变量：学生姓名*/
v_sage NUMBER; /*保存学生年龄的变量*/
BEGIN
/*插入一条记录*/
INSERT INTO student (sname,sage)
VALUES (v_sname,v_sage);
END;
```

3. 文本

文本是指实际数值的文字，包括数字文本、字符文本、布尔文本、日期/时间文本、字符串文本等。

（1）数字文本。数字文本是指整数或者浮点数。在编写PL/SQL代码时，可以使用科学计数法和幂操作符（**）表示，如100、2.45、3e3、5E6、6*10**3等。需要注意的是，科学计数法和幂操作符只适用于PL/SQL语句，而不适用于SQL语句。

（2）字符文本。字符文本是指使用单引号引住的单个字符。这些字符可以是PL/SQL支持的所有可打印字符，包括英文字符（A~Z、a~z）、数字字符（0~9）及其他字符（<、>等），如'A'、'9'、'<'、' '、'%'等。

（3）布尔文本。布尔文本通常是指BOLLEAN值（TRUE、FALSE和NULL），主要用在条件表达式中。

（4）日期时间文本。日期时间文本指日期时间值。日期文本必须用单引号引住，并且日期值必须与日期格式和日期语言相匹配，如'10-NOV-91'、'2023-11-12 13:00:00'、'09-10-月-03'等。

（5）字符串文本。字符串文本是指由两个或两个以上字符组成的多个字符值。字符串文本必须用单引号引住，如'Hello World'、'$9600'、'10-NOV-91'等。

在Oracle Database 10g之前，如果字符串文本包含单引号，则必须使用两个单引号表示。例

如，要为某个变量赋值“I'm a string, you're a string.”，字符串文本必须采用以下格式：

```
string_var:= 'I"m a string, you"re a string.';
```

在Oracle Database 10g之后，如果字符串文本中包含单引号，既可以使用原有格式赋值，也可以使用其他分隔符（[]、{}、<>等）赋值。

❶ **提示：** 使用分隔符[]、{}、<>为字符串赋值时，不仅需要在分隔符前后加单引号，而且需要带有前缀q。例如:

```
string_var:= q'[I'm a string, you're a string.]';
```

4.1.3 PL/SQL编程基础知识

1. 定义常量和变量

（1）定义常量。常量是指在程序运行过程中其值不可被改变的数据存储结构，定义常量必需的元素包括常量名、数据类型、常量值和关键字CONSTANT，其语法格式如下：

```
<常量名> CONSTANT <数据类型> := <常量值>;
```

常量一旦定义，在以后的使用中其值将不再改变。对于一些固定的数值，如圆周率、光速等，为了防止其被改变，最好定义成常量。

例如，定义一个及格线的常量pass_score，它的类型为整型，值为90。语句如下：

```
pass_score CONSTANT INTEGER := 90;
```

（2）定义变量。变量是指在程序运行过程中其值可以改变的数据存储结构，定义变量必需的元素就是变量名和数据类型，另外还有可选择的初始值，其语法格式如下：

```
<变量名> <数据类型> [(长度) := <初始值>];
```

与很多面向对象的编程语言不同，PL/SQL中的变量定义要求变量名在数据类型的前面，而不是后面；语法中的长度和初始值是可选项，需要根据实际情况而定。

例如，定义一个有关住址的变量，它是可变长字符型，最大长度为50个字符。

```
address VARCHAR2(50);
```

（3）变量的初始化。许多语言没有规定未经过初始化的变量中应该存储什么内容，因此在运行时，未被初始化的变量就可能包含随机的或者未知的取值。在一种语言中，运行使用未被初始化的变量并不是一种很好的编程方式。一般而言，如果变量的取值可以确定，那么最好为其初始化一个数值。

但是，PL/SQL定义了一个未初始化变量应该存储的内容，其被赋值为NULL。NULL意味着“未定义或未知的取值”。换言之，NULL可以被默认地赋值给任何未经过初始化的变量。这是PL/SQL的一个独到之处，许多其他程序设计语言没有定义未初始化变量的取值。

2.PL/SQL表达式

表达式不能独立构成语句。表达式的结果是一个值，如果不为这个值安排一个存储的位置，则表达式本身毫无意义。通常，表达式作为赋值语句的一部分出现在赋值运算符的右边，或者作为函数的参数等。例如，123*23-24+33就是一个表达式，它是由运算符串连起来的一组数，按照运算符的意义运算会得到一个运算结果，即表达式的值。

操作数是运算符的参数。根据所拥有的参数个数，PL/SQL运算符可分为一元运算符（一个参数）和二元运算符（两个参数）。表达式按照操作对象的不同，也可以分为字符表达式和布尔表达式。

（1）字符表达式。唯一的字符运算符是并运算符“||”，它的作用是把几个字符串连在一起，如表达式'Hello'||' '||'World'||'!'的值等于'Hello World!'。

（2）布尔表达式。PL/SQL控制结构都涉及布尔表达式。布尔表达式是一个判断结果为真还是为假的条件表达式，它的值只有TRUE、FALSE或NULL，如以下表达式所示：

```
(x>y);
NULL;
(4>5) OR (-1<0);
```

布尔表达式有3个布尔运算符，即AND、OR和NOT。与高级语言中的逻辑运算符一样，它们的操作对象是布尔变量或者表达式。如以下表达式所示：

```
A AND B OR 1 NOT C
```

其中，A、B、C都是布尔变量或者表达式。表达式TRUE AND NULL的值为NULL，因为不知道第二个操作数是否为TRUE。

布尔表达式中的算术运算符及其意义如表4-1所示。

表 4-1　布尔表达式中的算术运算符及其意义

算术运算符	意　　义	算术运算符	意　　义
=	等于	!=	不等于
<	小于	>	大于
<=	小于等于	>=	大于等于

此外，BETWEEN操作符可以划定一个范围，在范围内为TRUE，否则为FALSE。例如，1 BETWEEN 0 AND 100表达式的值为TRUE。

IN操作符判断某一元素是否属于某个集合，例如，'Lisa' IN ('Mike','Jone','Mary')的值为FALSE。

3.结构控制语句

结构控制语句是所有过程性程序语言的关键。因为只有能够进行结构控制，才能灵活地实现各种操作和功能，PL/SQL也不例外。其主要的控制语句如表4-2所示。

表 4-2 PL/SQL 控制语句列表

序号	控制语句	功能介绍
1	IF...THEN	判断IF后面的表达式，如果为TRUE则执行THEN后面的语句
2	IF...THEN...ELSE	判断IF后面的表达式，如果为TRUE则执行THEN后面的语句，否则执行ELSE后面的语句
3	IF...THEN...ELSIF	嵌套式判断
4	CASE	用于把表达式结果与提供的几个可预见结果进行比较
5	LOOP...EXIT...END	循环控制，用判断语句执行EXIT
6	LOOP...EXIT WHEN...END	同上一条，只是条件改为当WHEN后面的表达式为TRUE时执行EXIT
7	WHILE...LOOP...END	当WHILE后面的表达式为TRUE时循环
8	FOR...IN...LOOP...END	已知循环次数的循环
9	GOTO	无条件跳转语句

（1）选择语句。

①IF...THEN语句。IF...THEN语句是选择语句中较简单的一种形式，它只做一种情况或条件的判断。其语法格式如下：

```
IF <condition_expression> THEN
plsql_sentence
END IF;
```

说明：condition_expression为条件表达式，当其值为TRUE时，程序会执行IF下面的 PL/SQL 语句（即plsql_sentence语句）；当其值为FALSE时，程序会跳过IF下面的语句而直接执行END IF后面的语句。

如果IF后面的条件表达式存在“并且”“或者”“非”等逻辑运算，可以使用AND、OR、NOT等逻辑运算符。如果要判断IF后面的条件表达式的值是否为空值，则需要在条件表达式中使用关键字IS和NULL。如下面的代码：

```
IF last_name IS NULL THEN
...;
END IF;
```

②IF...THEN...ELSE语句。在编写程序的过程中，IF...THEN...ELSE语句是最常用到的一种选择语句。它可以实现判断两种情况，只要IF后面的条件表达式为FALSE，程序就会执行ELSE语句下面的PL/SQL语句。其语法格式如下：

```
IF <condition_expression> THEN
plsql_sentence1;
ELSE
plsql_sentence2;
END IF;
```

说明：condition_expression为条件表达式。若该条件表达式的值为TRUE，执行IF下面的PL/SQL语句，即plsql_sentence1语句；否则，程序执行ELSE下面的PL/SQL语句，即plsql_sentence2语句。

③IF...THEN...ELSIF语句。IF...THEN...ELSIF语句实现了多分支判断选择，它使程序的判断选择条件更丰富、更多样化。如果该语句中哪个判断分支的表达式为TRUE，那么程序就会执行其下面对应的PL/SQL语句。其语法格式如下：

```
IF <condition_expression1> THEN
plsql_sentence_1;
ELSIF <condition_expression2> THEN
plsql_sentence_2;
…
ELSE
plsql_sentence_n;
END IF;
```

各参数的说明如下。

condition_expression1：第一个条件表达式，若其值为FALSE，程序继续判断condition_expression2表达式。

condition_expression2：第二个条件表达式，若其值为FALSE，程序继续判断下面的ELSIF语句后面的表达式；若再没有ELSIF语句，则程序执行ELSE语句下面的PL/SQL语句。

plsql_sentence_1：第一个条件表达式的值为TRUE时，将要执行的PL/SQL语句。

plsql_sentence_2：第二个条件表达式的值为TRUE时，将要执行的PL/SQL语句。

plsql_sentence_n：当其上面所有条件表达式的值都为FALSE时，将要执行的PL/SQL语句。

提示： 上述语句格式中，“ELSIF”的拼写中只有一个字母E，不是“ELSEIF”，并且没有空格。

④CASE语句。从Oracle 9i以后，PL/SQL也可以像其他编程语言一样使用CASE语句，CASE语句的执行方式与IF...THEN...ELSIF语句十分相似。在关键字CASE的后面有一个选择器，它通常是一个变量，程序从这个选择器开始执行；接下来是WHEN子句，并且在关键字WHEN的后面是一个表达式，程序根据选择器的值去匹配每个WHEN子句中表达式的值，以实现执行不同的PL/SQL语句的功能。其语法格式如下：

```
CASE <selector>
WHEN <expression_1> THEN plsql_sentence_1;
WHEN <expression_2> THEN plsql_sentence_2;
…
WHEN <expression_n> THEN plsql_sentence_n;
[ELSE plsql_sentence;]
END CASE;
```

各参数的说明如下。

selector：一个变量，用来存储要检测的值，通常被称为选择器。该选择器的值需要与WHEN子句中表达式的值进行匹配。

expression_1：第1个WHEN子句中的表达式，它通常是一个常量。当选择器的值等于该表达式的值时，程序将执行plsql_sentence_1语句。

expression_2：第2个WHEN子句中的表达式，它通常是一个常量。当选择器的值等于该表达式的值时，程序将执行plsql_sentence_2语句。

expression_n：第n个WHEN子句中的表达式，它通常是一个常量。当选择器的值等于该表达式的值时，程序将执行plsql_sentence_n语句。

plsql_sentence：一个PL/SQL语句，当没有与选择器匹配的WHEN常量时，程序将执行该PL/SQL语句，其所在的ELSE语句是一个可选项。

例如，根据学生的考试等级获得对应分数范围，代码如下：

```
DECLARE
v_grade VARCHAR2(20) := '及格';
v_score VARCHAR2(50);
BEGIN
v_score := CASE v_grade
WHEN '不及格' THEN '成绩 < 60'
WHEN '及格' THEN '60 <= 成绩 < 70'
WHEN '中等' THEN '70 <= 成绩 < 80'
WHEN '良好' THEN '80 <= 成绩 < 90'
WHEN '优秀' THEN '90 <= 成绩 <= 100'
ELSE '输入有误'
END;
DBMS_OUTPUT.PUT_LINE(v_score);
END;
```

（2）循环语句。当程序需要反复执行某一操作时，就必须使用循环语句。PL/SQL中的循环语句主要包括LOOP语句、WHILE语句和FOR语句3种，下面分别进行介绍。

①LOOP语句。LOOP语句会先执行一次循环体，然后判断关键字EXIT WHEN后面的条件表达式的值是TRUE还是FALSE。如果是TRUE，程序会退出循环体；否则，程序会再次执行循环体，这样就使得程序至少能够执行一次循环体。其语法格式如下：

```
LOOP
plsql_sentence;
EXIT WHEN end_condition__exp
END LOOP;
```

各参数的说明如下。

plsql_sentence：循环体中的PL/SQL语句，可能是一条语句，也可能是多条语句。这是循环体的核心部分，这些PL/SQL语句至少会被执行一遍。

end_condition__exp：循环结束表达式。当该表达式的值为TRUE时，程序会退出循环体，否则程序会再次执行循环体。

②WHILE语句。WHILE语句根据其条件表达式的值执行零次或多次循环体。在每次执行循环体之前判断条件表达式的值是否为TRUE，若为TRUE，程序执行循环体；否则退出WHILE循环，然后继续执行WHILE语句后面的其他代码。其语法格式如下：

```
WHILE condition_expression LOOP
plsql_sentence;
END LOOP;
```

说明：condition_expression为条件表达式。程序每次在执行循环体之前，都要首先判断该表达式的值是否为TRUE。

③FOR语句。FOR语句是一个可预置循环次数的循环控制语句。它有一个循环计数器，通常是一个整型变量，通过这个循环计数器来控制循环执行的次数。该计数器可以从小到大进行记录，也可以相反，从大到小进行记录。另外，该计数器值的合法性由上限值和下限值控制，若计数器值在上限值和下限值的范围内，程序执行循环；否则，终止循环。其语法格式如下：

```
FOR variable_counter_name in [REVERSE] lower_limit … upper_limit LOOP
plsql_sentence;
END LOOP;
```

各参数的说明如下。

variable_counter_name：表示一个变量，通常为整数类型，用来作为计数器。默认情况下，计数器的值会循环递增，当在循环中使用关键字REVERSE时，计数器的值会随循环递减。

lower_limit：计数器的下限值。当计数器的值小于下限值时，程序终止FOR循环。

upper_limit：计数器的上限值。当计数器的值大于上限值时，程序终止FOR循环。

plsql_sentence：表示PL/SQL语句，作为FOR语句的循环体。

④GOTO语句。GOTO语句的语法格式如下。

```
GOTO label;
```

这是一个无条件转向语句。当执行GOTO语句时，控制程序会立即转到由标签标识的语句中。其中，label是在PL/SQL中定义的符号。标签使用双箭头括号（<<>>）括起来。

下面是GOTO语句示例，部分代码如下：

```
… --程序其他部分
<< goto_label>>   --定义了一个转向标签goto_label
… --程序其他部分
IF grade >= 60 THEN
GOTO goto_label;    --如果条件成立，则转向goto_label继续执行
… --程序其他部分
```

需要注意的是，在使用GOTO语句时需要十分谨慎。不必要的GOTO语句会使程序代码复杂

化，容易出错，而且难以理解和维护。事实上，几乎所有使用GOTO的语句都可以使用其他PL/SQL控制结构（如循环或条件结构）重新编写。所以，一般情况下尽可能不使用GOTO语句。

4.2 游标

SQL采用集合的操作方式，操作的对象和查找的结果都是集合（多条记录构成的集合）。与之不同，PL/SQL语言的变量一般是标量，其一组变量一次只能存放一条记录，因此，仅仅使用变量并不能完全满足SQL语句向应用程序输出数据的要求，查询结果中记录数的不确定导致预先声明的变量个数的不确定。为此，在PL/SQL中引入了游标（cursor）的概念，用游标来协调这两种不同的处理方式。

4.2.1 游标的概念

在PL/SQL块中执行SELECT、INSERT、UPDATE和DELETE语句时，Oracle会在内存中为其分配上下文区（context area）。它是一个缓存区，用以存放SQL语句的执行结果。游标是指向该区的一个指针，一种用于控制和访问SQL语句执行结果集的机制，允许PL/SQL程序逐行处理查询结果，而不是一次性将整个结果集加载到内存中。具体来说，它为应用程序提供了一种对具有多行数据的查询结果集中的每一行数据分别进行单独处理的方法，用户可以通过游标逐一获取记录，并赋予变量，再交由主语言进一步处理，这是设计嵌入式SQL语句应用程序的常用编程方式。

游标分为显式游标和隐式游标两种。显式游标由用户声明和操作，而隐式游标是Oracle为所有数据操纵语句（包括只返回单行数据的查询语句）自动声明和操作的一种游标。在每个用户会话中，可以同时打开多个游标，其数量由数据库初始化参数文件中的OPEN CURSORS参数定义。

4.2.2 游标的处理

游标的处理包括声明游标、打开游标、提取游标、关闭游标4个步骤。游标的声明需要在块的声明部分中进行，其他3个步骤都在执行部分或异常处理部分中进行。

1. 声明游标

游标的声明中定义了游标的名字并将该游标与一个SELECT语句相关联，该查询语句将对应记录结果集返回游标。显式游标声明部分放在DECLARE中，语法格式为：

```
CURSOR <游标名>  IS <SELECT语句>;
```

其中，<游标名>是游标的名字，<SELECT语句>是将要处理的查询语句。

因为游标名是一个PL/SQL标识符，所以游标的名字遵循的是通常用于PL/SQL标识符的作用域和可见性法则。游标必须在被引用以前声明。任何SELECT语句都是合法的，包括含有连接或是带有UNION或MINUS子句的语句。

游标声明中SELECT语句的WHERE子句可以引用PL/SQL变量。这些变量被认为是联编变量bind VARIABLE，即已经被分配空间并映射到绝对地址的变量。由于可以使用通常的作用域法则，因此这些变量必须在声明游标的位置处是可见的。

2. 打开游标

打开游标的语法格式为：

```
OPEN  <游标名>;
```

其中，<游标名>标识了一个已经声明的游标。

打开游标就是执行游标中定义的SELECT语句。执行完毕，查询结果装入内存，游标停在查询结果的首部，注意并不是第1行。当打开一个游标时，会完成以下几件事情。

（1）检查联编变量的取值。

（2）根据联编变量的取值，确定活动集。

（3）活动集的指针指向第1行。

提示：打开一个已经被打开的游标是合法的。在第2次执行OPEN语句以前，PL/SQL将在重新打开该游标之前隐式地执行一条CLOSE语句。OPEN语句也可以一次同时打开多个游标。

3. 提取游标

打开游标后，可以通过程序来获得游标当前记录的信息，对应的取值语句是FETCH。它的用法有两种形式，这两种形式如下：

```
FETCH <游标名> INTO <变量列表>;
```

或

```
FETCH <游标名>  INTO PL/SQL记录;
```

其中，<游标名>标识了一个已经声明的并且打开的游标，<变量列表>是已经声明的PL/SQL变量的列表（变量之间用逗号隔开），而PL/SQL记录是已经声明的PL/SQL记录。在这两种形式中，INTO子句中变量的类型都必须与查询的选择列表的类型相兼容，否则将拒绝执行。FETCH语句每执行一次，游标向后移动一行，直到结束（游标只能逐行向后移动，不能跳跃移动或是向前移动）。

4. 关闭游标

当检索了所有的活动集后，必须关闭游标，此时PL/SQL程序将被告知游标的处理已经结束，与游标相关联的资源可以释放了。这些资源包括用来存储活动集的存储空间和用来存储活动集的临时空间。

关闭游标的语法格式为：

```
CLOSE <游标名>;
```

其中，<游标名>给出了原来打开的游标。一旦关闭了游标，也就关闭了SELECT操作，释放了所占用的内存区，如果再从游标提取数据就是非法操作了。

以下代码中包含了对游标的各种操作。

```
DECLARE
    student_no NUMBER(5);  --定义4个变量，用于存放students表中的内容
    student_name  VARCHAR2(50);
    student_age  NUMBER;
    student_sex  char(1);
CURSOR student_cur IS  --定义游标student_cur
    SELECT sno,sname,sage,ssex
    FROM  students
  WHERE sno<10522;  --选出号码小于10522的学生
BEGIN
    OPEN student_cur;  --打开游标
    LOOP
    FETCH student_cur INTO student_no, student_name, student_age,
student_sex;  --将第1行数据放入变量中，游标后移
    EXIT WHEN NOT student_cur%FOUND;  --如果游标移到结果集尾则结束
    IF student_sex='M' THEN  --将性别为男的行放入男生表male_students中
            INSERT INTO  male_students(sno,sname,sage)
                    VALUES(student_no, student_name, student_age);
        ELSE  --将性别为女的行放入女生表female_students中
                INSERT INTO  female_students(sno,sname,sage)
                    VALUES(student_no, student_name, student_age);
        END IF;
    END LOOP;
CLOSE student_cur;  --关闭游标
END;
```

执行上述代码后，可以看到数据已经分别插入男生表和女生表中了。查询男生表male_students和女生表female_students的内容，代码如下：

```
SELECT * FROM male_students;
SELECT * FROM female_students;
```

4.2.3 游标的属性

无论是显式游标还是隐式游标，均有%FOUND、%NOTFOUND、%ROWCOUNT、%ISOPEN等4种属性，它们描述了与游标操作相关的DML语句的执行情况。游标属性只能用在PL/SQL的流程控制语句内，而不能用在SQL语句内。

1. %FOUND

该属性表示当前游标是否指向有效的一行，若是为TRUE，否则为FALSE。检查此属性可以

判断是否结束游标使用。例如：

```
    OPEN student_cur;   --打开游标
    LOOP
    FETCH student_cur INTO student_no, student_name, student_age, student_
sex;   --将第1行数据放入变量中，游标后移
      EXIT WHEN NOT student_cur%FOUND;   --使用了%FOUND属性
    END LOOP;
```

2. %NOTFOUND

该属性与%FOUND属性类似，只是其结果值正好与%FOUND相反。

3. %ROWCOUNT

该属性记录了游标抽取过的记录行数，也可以理解为当前游标所在的行号。这个属性在循环判断中很有效，可不必抽取所指记录行就中断游标操作。在游标使用过程中，可以用LOOP语句结合%ROWCOUNT属性控制循环，还可以用FOR语句控制游标的循环。系统隐含地定义了一个数据类型为%ROWCOUNT的记录作为循环计数器，并将隐式地打开和关闭游标。例如：

```
    LOOP
      FETCH student_cur INTO student_no, student_name, student_age, student_
sex;
        EXIT WHEN student_cur%ROWCOUNT=10;   --抽取10条记录
        …
    END LOOP;
```

4. %ISOPEN

该属性用于反映游标是否处于打开状态。在实际应用中，使用一个游标前，通常先检查它的%ISOPEN属性，看游标是否已打开。若没有打开，就需要先打开游标再向下操作。这是防止运行过程中出错的必备一步。例如：

```
    IF  student_cur%ISOPEN  THEN
      FETCH student_cur  INTO  student_no,  student_name,  student_age,
student_sex;
    ELSE
      OPEN student_cur;
    END IF;
```

5. 游标的参数

在定义游标时可以带上参数，这样在使用游标时就会因为参数的不同而选中不同的数据行，从而达到动态使用数据的目的。

下面是带参数的游标示例，代码如下：

```
    ACCEPT my_no PROMPT 'Please input the SNO:'
    DECLARE
```

```
--定义游标时带上参数cursor_id
    CURSOR student_cur(cursor_id IN NUMBER) IS
        SELECT sname,sage,ssex
        FROM  students
        WHERE sno=cursor_id;  --使用参数
BEGIN
    OPEN student_cur(my_no);  --带上实参量
    LOOP
        FETCH student_cur INTO student_name, student_age, student_sex;
        EXIT WHEN student_cur%NOTFOUND;
        …
    END LOOP;
    CLOSE student_cur;
END;
```

4.2.4 游标变量

如同常量和变量的区别一样，前面所讲的游标（即显示游标或隐式游标中的固定游标）都与一个SQL语句相关联，并且在编译该PL/SQL块的时候此SQL语句已经是可知的，因此是静态的。游标变量可以在运行时与不同的语句关联，是动态的。游标变量用于处理多行的查询结果集。在同一个PL/SQL块中，游标变量不与特定的查询绑定，而是在打开游标时才确定所对应的查询。因此，游标变量可以依次对应多个查询。

1. 游标变量的声明

游标变量是一种引用类型。当程序运行时，它们可以指向不同的存储单元。如果要使用引用类型，首先应声明该变量，然后必须分配相应的存储单元。PL/SQL中引用类型的声明如下：

```
REF type
```

其中，type是已经被定义的类型。关键字REF指明新的类型必须是一个指向已经定义的类型的指针。因此，游标可以使用的类型就是REF CURSOR。

定义一个游标变量类型的完整语法格式如下：

```
TYPE <类型名> IS REF CURSOR
  RETURN <返回类型>;
```

其中，<类型名>是新的引用类型的名字，而<返回类型>是一个记录类型，它指明最终由游标变量返回的选择列表的类型。

游标变量的返回类型必须是一个记录类型。它可以被显式声明为一个用户定义的记录，或者隐式使用%ROWTYPE进行声明。在定义了引用类型以后，就可以声明该变量了。

下面的声明部分给出了游标变量的不同声明。

```
DECLARE
    TYPE t_studentsref IS REF CURSOR  --定义使用%ROWTYPE
        RETURN students%ROWTYPE;
```

```
    TYPE t_abstractstudentsrecord IS RECORD(  --定义新的记录类型
        sname students.sname%TYPE,
        sex students.sex%TYPE);
      v_AbstractStudentsRecord t_abstractstudentsrecord;
      TYPE t_abstractstudentsref IS REF CURSOR  --使用记录类型的游标变量
       RETURN t_abstractstudentsrecord;
      TYPE t_namesref2 IS REF CURSOR  --另一种类型定义
       RETURN v_AbstractStudentsRecord%TYPE;
      v_StudentCV t_studentsref;  --声明上述类型的游标变量
      v_AbstractStudentCV t_abstractstudentsref;
```

上例中介绍的游标变量是受限的，它的返回类型只能是特定类型。在PL/SQL语言中，还有一种非受限的游标变量，它在声明的时候没有RETURN子句。一个非受限的游标变量可以被任何查询打开。

2. 游标变量的打开

如果要将一个游标变量与一个特定的SELECT语句相关联，需要使用OPEN FOR语句，其语句格式为：

```
OPEN <游标变量> FOR <SELECT语句>;
```

如果游标变量是受限的，则SELECT语句的返回类型必须与游标所限的记录类型相匹配。如果不匹配，Oracle会返回错误ORA_6504。

3. 游标变量的关闭

游标变量的关闭和静态游标的关闭类似，都是使用CLOSE语句。关闭游标变量会释放查询所使用的空间。关闭已经关闭的游标变量是非法的。

4.3 过程

若创建的PL/SQL程序是匿名的，则在每次执行的时候都要重新编译，并且该PL/SQL程序没有存储在数据库中，不能被其他PL/SQL块使用。Oracle允许在数据库的内部创建并存储编译过的PL/SQL程序，以便随时调出使用。该类程序包括过程、函数、包和触发器。编程人员可以将商业逻辑、企业规则等写成过程或函数保存到数据库中，通过名称进行调用，以便更好地共享和使用。

4.3.1 过程的创建

过程用于完成一系列的操作，创建过程的语句格式如下：

```
CREATE [OR REPLACE] PROCEDURE <过程名>
  (<参数1>,[方式1] <数据类型1>,
   <参数2>,[方式2] <数据类型2>
```

```
   ...)
IS|AS
  PL/SQL过程体;
```

例如，若要创建一个过程，实现动态观察teachers表中不同性别人数的功能，应建立一个过程count_num，统计同一性别的人数。此过程带有一个参数in_sex，该参数将要查询的性别传给过程。代码如下：

```
SET SERVEROUTPUT ON FORMAT WRAPPED
CREATE OR REPLACE PROCEDURE count_num
    (in_sex IN teachers.ssex%TYPE)   --输入参数
AS
        out_num NUMBER;
BEGIN
        IF in_sex='M' THEN
            SELECT COUNT(ssex) INTO out_num
            FROM teachers
            WHERE ssex='M';
            DBMS_OUTPUT.PUT_LINE('NUMBER of Male Teachers:'|| out_num);
        ELSE
            SELECT COUNT(ssex) INTO out_num
            FROM teachers
            WHERE ssex='F';
            DBMS_OUTPUT.PUT_LINE('NUMBER of Female Teachers:' || out_num);
        END IF;
END count_num;
```

4.3.2 过程的调用

调用过程的命令是EXECUTE。例如，执行上一节中创建好的过程count_num，以查看男女教师的数量。调用过程的命令如下：

```
EXECUTE count_num('M');
EXECUTE count_num('F');
```

以CourseAdmin身份在SQL*Plus中执行上述调用命令的结果如图4-1所示。

```
SQL> Execute count_num('M');
NUMBER of Male Teachers:3

PL/SQL 过程已成功完成。

SQL> Execute count_num('F');
NUMBER of Female Teachers:2

PL/SQL 过程已成功完成。

SQL>
```

图4-1　count_num过程的运行结果

从运行结果可以看出，男性教师的数量为3，女性教师的数量为2。

4.3.3 过程的删除

当一个过程不再被需要时，要将此过程从内存中删除，以释放相应的内存空间。用户可使用下面的语句删除过程count_num。

```
DROP PROCEDURE count_num;
```

当一个过程已经过时、要重新定义时，不必先删除再创建，只需在CREATE语句后面加上关键字OR REPLACE即可。例如：

```
CREATE OR REPLACE PROCEDURE count_num;
```

4.3.4 参数类型及传递

过程的参数有以下3种类型。

1. IN参数类型

这是一个输入类型的参数，表示这个参数值输入给过程，供过程使用。

2. OUT参数类型

这是一个输出类型的参数，表示这个参数在过程中被赋值，可以传给过程体以外的部分或环境。

下面是IN、OUT参数类型的示例，代码如下：

```
CREATE OR REPLACE PROCEDURE square  --求一个数的平方
(
    in_num  IN NUMBER,  --输入型参数
    out_num OUT NUMBER  --输出型参数
)
AS
BEGIN
    out_num:=in_num* in_num;
END square;
```

3. IN OUT参数类型

这种参数类型综合了上述两种参数类型，既向过程体传递值，在过程体中也被赋值而传向过程体外。

下面是IN OUT参数类型示例的代码。在此代码的过程定义中，in_out_num参数既是输入型参数又是输出型参数。

```
CREATE OR REPLACE PROCEDURE square  --求一个数的平方
(
     in_out_num IN OUT NUMBER  --IN OUT参数类型
)
AS
BEGIN
     in_out_num = in_out_num * in_out_num;
END square;
```

4.4 函数

函数是一个有返回值的过程，一般用于计算和返回一个值，可以将经常需要进行的计算写成函数。函数的调用一般是作为表达式的一部分，而过程的调用需要一条PL/SQL语句。

函数与过程在创建的形式上有些相似，也是经过编译后放在内存中供用户使用，只不过调用函数时要用表达式，而调用过程时只需过程名。另外，函数必须有一个返回值，而过程则没有。

4.4.1 函数的创建

创建函数的语法格式如下：

```
CREATE [OR REPLACE] FUNCTION <函数名>
    (<参数1>,[方式1]<数据类型1>,<参数2>,[方式2]<数据类型2>...)
RETURN <表达式>
IS |AS
  PL/SQL程序体            -- 其中必须要有一个RETURN子句
```

RETURN在声明部分需要定义一个返回参数的类型，而在函数体中必须有一个RETURN语句。其中，<表达式>是函数要返回的值。当执行该语句时，如果表达式的类型与定义不符，该表达式将被转换为函数定义子句RETURN中指定的类型；同时，控制将立即返回调用环境。函数中可以有一个以上的返回语句。如果函数结束时还没有遇到返回语句，就会发生错误。通常，函数只有IN类型的参数。

例如，使用函数实现返回给定性别的学生数量，代码如下：

```
CREATE OR REPLACE FUNCTION count_num
(
    in_sex IN students.ssex%TYPE
)
    RETURN NUMBER
AS
        out_num NUMBER;
BEGIN
        IF in_sex = 'M'  THEN
            SELECT COUNT(ssex)  INTO out_num
        FROM students
        WHERE ssex = 'M';
    ELSE
            SELECT COUNT(ssex) INTO out_num
        FROM students
        WHERE ssex = 'F';
        END IF;
    RETURN(out_num);
END count_num;
```

❗ **提示：** 此过程带有一个参数in_sex，它将要查询的性别传给函数，其返回值是把统计结果out_num返回给调用者。

4.4.2　函数的调用

调用函数时可以用全局变量接收其返回值。例如：

```
VARIABLE man_num NUMBER;
VARIABLE woman_num NUMBER;
EXECUTE man_num:=count_num('M');
EXECUTE woman_num:=count_num('F');
```

同样，也可以在程序块中调用函数。例如：

```
DECLARE
        m_num NUMBER;
        f_num NUMBER;
BEGIN
        m_num := count_num('M');
        f_num := count_num('F');
    END;
```

以CourseAdmin身份在SQL*Plus中执行上述代码的结果如图4-2所示。

```
SQL> DECLARE
  2      m_num NUMBER;
  3      f_num NUMBER;
  4  BEGIN
  5      m_num := count_num('M');
  6      f_num := count_num('F');
  7  END;
  8  /

PL/SQL 过程已成功完成。

SQL>
```

图4-2　调用函数执行结果

4.4.3　函数的删除

当不再使用一个函数时，需要从系统中将其删除。例如，删除函数count_num的语句如下：

```
DROP FUNCTION count_num;
```

当一个函数已经过时、需要重新定义时，也不必先删除再创建，只需在CREATE语句后面加上关键字OR REPLACE即可。例如，重新定义函数count_num的语句如下：

```
CREATE OR REPLACE FUNCTION count_num;
```

4.5 包

包（package）用于将逻辑相关的PL/SQL块或元素（变量、常量、自定义数据类型、异常、过程、函数、游标等）组织在一起，作为一个完整的单元存储在数据库中，用名称来标识。它具有面向对象程序设计语言的特点，是对PL/SQL块或元素的封装。包类似于面向对象中的类，变量相当于类的成员变量，而过程和函数就相当于类中的方法。

4.5.1 包的基本原理

包有两个独立的部分：说明部分和包体部分。这两部分独立地存储在数据字典中。说明部分是包与应用程序之间的接口，包含过程、函数、游标等的名称或首部；包体部分是这些过程、函数、游标等的具体实现，在开始构建应用程序框架时可暂不需要。一般而言，可以先独立地进行过程和函数的编写，待其较为完善后，再逐步将其按照逻辑相关性进行打包。

在编写包时，应该将公用的、通用的过程和函数编写进去，以便共享使用。Oracle也提供了许多程序包可供使用。为了减少对调用包的应用程序进行重新编译的可能性，应该尽可能地减少包说明部分的内容，这是因为对包体的更新不会导致重新编译包的应用程序，而对说明部分的更新则需要重新编译每一个调用包的应用程序。

4.5.2 包的创建

包的说明部分相当于包的头，它对包的所有部件进行简单声明。这些部件可以被外界应用程序访问，其中的过程、函数、变量、常量和游标都是公共的，可在应用程序执行过程中调用。

1. 说明部分

创建包的说明部分的语法格式如下：

```
CREATE PACKAGE <包名>
IS
变量、常量及数据类型定义;
游标定义头部;
函数、过程的定义和参数列表以及返回类型;
END <包名>;
```

例如，创建一个包的说明部分，代码如下：

```
CREATE PACKAGE my_package
IS
    man_num NUMBER;  --定义两个全局变量
    woman_num NUMBER;
    CURSOR student_cur;  --定义一个游标
    CREATE FUNCTION F_count_num(in_sex IN students.ssex%TYPE)
    RETURN  NUMBER;  --定义一个函数
```

```
    CREATE PROCEDURE P_count_num
    (in_sex IN students.ssex%TYPE,out_num OUT NUMBER);  --定义一个过程
END my_package;
```

2. 包体部分

包的包体部分是对说明部分中游标、函数及过程等的具体定义，其创建格式如下：

```
CREATE PACKAGE BODY <包名>
AS
游标、函数、过程的具体定义;
END <包名>;
```

例如，对于上面示例中定义的包说明部分，对应包体的定义如下：

```
CREATE PACKAGE BODY my_package
    AS
    CURSOR student_cur IS  --游标的具体定义
            SELECT sno,sname,sage,ssex
            FROM  students
            WHERE sno<10522;
    FUNCTION F_count_num  --函数的具体定义
        (in_sex IN students.ssex%TYPE)
    RETURN NUMBER
    AS
            out_num NUMBER;
    BEGIN
            IF in_sex='M'  THEN
                SELECT COUNT(ssex) INTO out_num
                FROM students
                WHERE ssex='M';
            ELSE
                SELECT COUNT(ssex) INTO out_num
                FROM students
                WHERE ssex='F';
            END IF;
            RETURN(out_num);
    END F_count_num;
    PROCEDURE P_count_num  --过程的具体定义
            (in_sex IN students.ssex%TYPE, out_num OUT NUMBER)
    AS
    BEGIN
        IF in_sex='M' THEN
            SELECT COUNT(ssex) INTO out_num
            FROM students
            WHERE ssex='M';
        ELSE
            SELECT count(ssex) INTO out_num
```

```
            FROM students
            WHERE ssex='F';
        END IF;
    END P_count_num;
END my_package;   --包体定义结束
```

提示：如果在包体的过程或函数定义中有变量声明，则包外不能使用这些私有变量。

4.5.3 包的调用

包的调用方式为：

```
包名.变量名/常量名
包名.游标名
包名.函数名/过程名
```

创建包之后，便可以随时调用其中的内容了。

例如，调用已定义好的包，语句如下：

```
VARIABLE man_num NUMBER;
EXECUTE man_num:=my_package.F_count_num('M');
```

4.5.4 包的删除

与函数和过程一样，当不再使用一个包时，需要将其从内存中删除。例如，删除包my_package的语句如下：

```
DROP PACKAGE my_package;
```

当一个包已经过时、要重新定义时，也不必先删除再创建，只需在CREATE语句后面加上关键字OR REPLACE即可。例如，重新定义my_package包，语句如下：

```
CREATE OR REPLACE PACKAGE my_package;
```

4.6 触发器

触发器是存放在数据库中的被隐式执行的存储过程，是大型关系型数据库都会提供的一项技术。触发器通常用来完成由数据库的完整性约束难以完成的对复杂业务规则的约束，或用来监视对数据库的各种操作，以实现审计的功能。

4.6.1 触发器的基本原理

触发器类似于过程、函数，也包括声明部分、异常处理部分，都有名称，并都被存储在数据库中。但与普通的过程、函数不同的是：函数需要用户显式地调用才可执行；而触发器是当某些事件发生时由Oracle自动执行，触发器的执行对用户来说是透明的。

1. 触发器的类型

在Oracle 8i之前，只允许触发器给予表或者视图的DML操作，而从Oracle 8i开始，不仅支持DML触发器，也允许触发器给予系统事件和DDL操作。

触发器的类型包括如下3种。

DML触发器：对表或视图执行DML操作时触发。

INSTEAD OF触发器：只定义在视图上、用于替换实际的操作语句。

系统触发器：在对数据库系统进行操作（如DDL语句、启动或关闭数据库等系统事件）时触发。

2. 触发器的相关概念

（1）触发事件。触发事件是指引起触发器触发的事件。例如，DML语句（如使用INSERT、UPDATE、DELETE等语句对表或视图执行数据处理操作）、DDL语句（如使用CREATE、ALTER、DROP等语句在数据库中创建、修改、删除模式对象）、数据库系统事件（如系统启动或退出、异常错误等）、用户事件（如登录或退出数据库等）。

（2）触发条件。触发条件是指由WHEN子句指定的一个逻辑表达式。只有当该表达式的值为TRUE时，遇到触发事件才会自动执行触发器，使其触发，否则即便遇到触发事件也不会执行触发器。

（3）触发对象。触发对象包括表、视图、模式、数据库。只有当这些对象发生了符合触发条件的触发事件时，才会执行触发操作。

（4）触发操作。触发操作是指触发器所要执行的PL/SQL程序，即执行部分。

（5）触发时机。触发时机是指触发器的触发时间。如果指定为BEFORE，则表示在执行DML操作之前触发，以防止某些错误操作发生或实现某些业务规则；如果指定为AFTER，则表示在执行DML操作之后触发，以记录该操作或做某些事后处理。

（6）条件谓词。当在触发器中包含多个触发事件（如INSERT、UPDATE、DELETE等）的组合时，为了分别针对不同的事件进行不同的处理，需要使用Oracle提供的如下条件谓词。

INSERTING：当触发事件是INSERT时，取值为TRUE，否则为FALSE。

UPDATING[(column_1,column_2, …,column_n)]：当触发事件是UPDATE时，如果修改了column_x列，取值为TRUE，否则为FALSE，其中column_x是可选的。

DELETING：当触发事件是DELETE时，取值为TRUE，否则为FALSE。

（7）触发子类型。触发子类型分别为行触发（row）和语句触发（statement）。行触发是指对每一行操作时都要触发，而语句触发只对这种操作触发一次。一般进行SQL语句操作时都应是行触发，只有对整个表进行安全检查（即防止非法操作）时才用语句触发。如果省略此项，默认为语句触发。

此外，触发器中还有两个相关值，分别对应被触发的行中的旧表值和新表值，用old和new来表示。

4.6.2 触发器的创建

创建触发器的语句是CREATE TRIGGER，其语法格式如下：

```
CREATE OR REPLACE TRIGGER <触发器名>
触发条件
触发体
```

例如，创建触发器my_trigger，代码如下：

```
CREATE TRIGGER my_trigger  --定义一个触发器my_trigger
    BEFORE INSERT OR UPDATE OF sno,sname ON students
    FOR EACH ROW
    WHEN(new.sname='David')  --这一部分是触发条件
DECLARE  --下面这一部分是触发体
    student_no students.sno%TYPE;
    INSERT_EXIST_STUDENT EXCEPTION;
BEGIN
    SELECT sno INTO student_sno
    FROM students
    WHERE sname=new.sname;
    RAISE INSERT_EXIST_STUDENT;
    EXCEPTION  --异常处理也可放在这里
    WHEN INSERT_EXIST_STUDENT THEN
    INSERT INTO ERROR(sno,ERR)
    VALUES(student_no,'the student already exists!');
END my_trigger;
```

4.6.3 触发器的执行

当某些事件发生时，由Oracle自动执行触发器。最好对一张表上的触发器加以限制，否则会因为触发器过多而加重负载，进而影响性能。另外，将一张表的触发事件编写在一个触发体中，可以大大改善其性能。

例如，把与teachers表有关的所有触发事件都放在触发器my_trigger1中，代码如下：

```
CREATE TRIGGER my_trigger1
    AFTER INSERT OR UPDATE OR DELETE ON students
    FOR EACH ROW
DECLARE
    info CHAR(10);
BEGIN
    IF inserting THEN  --如果进行插入操作
        info:='Insert';
    ELSIF updating THEN  --如果进行更新操作
        info:='Update';
    ELSE  --如果进行删除操作
```

```
            info:='Delete';
        END IF;
        INSERT INTO SQL_INFO VALUES(info);  --记录这次操作信息
    END my_trigger1;
```

4.6.4 触发器的删除

当不再使用一个触发器时，应将其从内存中删除。例如，删除触发器my_trigger，语句如下：

```
DROP TRIGGER my_trigger;
```

当一个触发器已经过时、想重新定义时，不必先删除再创建，只需在CREATE语句后面加上关键字OR REPLACE即可。例如，重新定义触发器my_trigger，语句如下：

```
CREATE OR REPLACE TRIGGER my_trigger;
```

巩固练习

一、选择题

1. PL/SQL唯一的字符运算符是（　　）。

A. +　　B. ||　　C. &　　D. AND

2. 下列语句中，属于跳转语句的是（　　）。

A. IF...THEN...ELSIF　　B. WHILE...LOOP...END

C. GOTO　　D. CASE

3. 下列语句中，可以用来提取游标的是（　　）。

A. FETCH　　B. OPEN　　C. SELECT　　D. CHOOSE

4. 调用过程的命令是（　　）。

A. DECLARE　　B. EXECUTE　　C. SELECT　　D. REPLACE

5. 创建程序包的命令是（　　）。

A. CREATE CURSOR　　B. CREATE FUNCTION

C. CREATE PROCEDURE　　D. CREATE PACKAGE

二、填空题

1. PL/SQL以块为基本单位，包含________、________和________等3个基本部分。

2. 显式游标的处理包括________、________、________和________4个步骤。

3. 包有两个独立的部分：________和________。

4. 触发器的类型包括________、________和________。

三、实训题

1. 在HR模式下创建一个游标，完成对employees表的遍历。

2. 在HR模式下创建一个过程，完成对employees表中员工薪金job_id为“IT_PROG”的增加，增加额度为800元。

3. 在HR模式下创建一个函数，完成对employees表中员工薪金job_id为“IT_PROG”的增加，增加额度作为参数传入。

4. 在HR模式下创建一个触发器，要求无论用户插入新记录，还是修改employees表中的job_id列，触发器都会将若干用户指定的job_id列的值转换成大写。

第 5 章

Oracle事务控制

本章导言

事务控制是确保数据库中数据一致性和完整性的基石。本章聚焦于Oracle数据库中的事务管理，解析事务的ACID属性、并发控制机制和事务的生命周期管理，帮助学生充分理解事务在数据完整性保障上的重要作用，培养其严谨细致的工作态度，提升其在复杂环境下有效管理和控制数据库事务的能力。

学习目标

（1）了解事务的概念、特性。
（2）了解事务的状态、实现机制，掌握事务管理的语句、事务的类型。
（3）掌握设置事务、提交事务等事务的基本操作。
（4）了解事务的并发控制，以及事务的隔离级别和锁机制。

素质要求

（1）增强在并发环境下的事务处理能力和问题分析能力，能够在考虑性能的同时关注数据安全和社会责任。
（2）通过对事务控制的学习，提升决策意识，能够在满足业务需求的同时兼顾可持续发展原则。

5.1 事务概述

关系型数据库都需要进行事务处理。

5.1.1 事务的概念

事务是由一系列SQL语句构成的独立的逻辑工作单元，这些逻辑工作单元必须作为一个整体一起成功或失败，它们共同保证对数据库的正确修改，并确保数据的一致性、完整性和可用性。

具体来说，一个事务包括以下一个或多个语句：

- 一个或多个数据操纵语言（DML）语句，它们共同构成对数据库的更改；
- 一个数据定义语言（DDL）语句。

5.1.2 事务的特性

所有Oracle事务都遵循数据库事务的基本属性，称为ACID属性，即原子性（atomicity）、一致性（consistency）、隔离性（isolation）和持久性（durability）。

1. 原子性

事务的原子性是指事务是一个整体的工作单元，一个事务中的所有操作要么全部成功，要么全部失败回滚，不允许出现部分成功的情况。

2. 一致性

事务的一致性是指事务在完成时，所有数据都必须保持一致状态，事务执行前后数据库的完整性约束没有被破坏。如果事务成功，所有数据变为一个新的状态；如果事务失败，则所有数据处于开始之前的状态。

3. 隔离性

事务的隔离性是指由一个事务所做的修改必须与其他事务所做的修改隔离，多个事务之间互不干扰，每个事务都感觉不到其他事务的存在。事务查看数据时数据所处的状态，为另一并发事务修改它之前的状态，或者为另一事务修改它之后的状态，事务不会查看中间状态的数据。

4. 持久性

事务的持久性是指事务一旦提交，对数据库的修改就是永久性的，即使系统崩溃也不会丢失。

——知识拓展——

系统更改编号

系统更改编号（system change number，SCN）是Oracle数据库使用的逻辑内部时间戳，用以确保数据库中数据的一致性和完整性。

SCN对数据库中发生的事件进行排序，以满足ACID属性对事务的要求。在一个事务中，所有操作都必须按照正确的顺序执行，并且要满足ACID属性。SCN可以用来标记在磁盘上的数据块，以避免在恢复时不必要地应用未提交的更改。SCN还可以用于标记一组数据的点，在这个点之后没有可以恢复的数据，这样可以避免不必要的恢复操作，进而提高系统的性能。

SCN是一个递增的数字，具有单调递增的性质。在Oracle数据库中，可以将SCN看作一个时钟，因为一个已知的SCN可以表示一个特定的时间点，而重复观察会得到相同或更高的值。多个事件可以共享相同的SCN，这意味着它们在数据库中同时发生。

每个事务都有一个唯一的SCN。当一个事务更新一行时，会记录该事务的SCN。如果提交事务，则会记录该事务的提交SCN。SCN还被用于实现实例恢复和媒体恢复机制。

5.2 事务的控制

理解了事务的基本概念后，接下来学习如何控制事务的执行流程。

5.2.1 事务控制概述

每一个事务都有一个很明确的起点（即第一个可执行的SQL语句开始执行的时候）和一个确定的结束点（即当事务的工作进行了提交或回滚之后）。

当一个事务开始时，Oracle数据库将该事务分配给一个未使用的撤销数据段，以记录新事务的撤销条目。只有在分配一个撤销段和事务表槽之后，才会为新事务分配一个事务ID。事务ID是事务的唯一标识符，代表撤销段号、槽号和序列号。

已经开始执行但尚未将其工作提交或回滚的事务是活动事务，活动事务中的所有修改在进行提交之前都是不确定的。在使用事务进行多个数据表的修改时，如果遇到错误导致无法完成所有操作，则整个事务全部回滚，所有修改都将撤销，恢复到事务开始之前的状态；如果所有操作都成功完成，则整个事务全部提交，所有修改将永久保存。

一个事务结束后，下一个可执行的SQL语句会自动启动一个新的事务。

1. 事务的状态

对Oracle数据库来说，事务共有5种状态：活动状态、部分提交状态、失败状态、提交状态、中止状态。

（1）活动状态。事务执行时的状态称为活动状态。

（2）部分提交状态。事务中最后一条语句执行后的状态称为部分提交状态。事务虽然已经完成，但由于实际输出可能在内存中，在事务成功前可能还会发生硬件故障，因此有时不得不中止，以进入中止状态。

（3）失败状态。事务不能正常执行的状态称为失败状态。导致失败状态产生的可能有硬件原因或逻辑错误，这时事务必须回滚，以进入中止状态。

（4）提交状态。事务在部分提交后，将向硬盘上写入数据，最后一条数据写入后的状态称为提交状态，进入提交状态的事务就成功完成了。

（5）中止状态。事务回滚，并且数据库已经恢复到事务开始执行前的状态，称为中止状态。

提交状态和中止状态的事务统称为已决事务，处于活动状态、部分提交状态和失败状态的事务称为未决事务。

2. 事务管理机制

几乎所有数据库管理系统中，事务管理的机制都是通过使用日志文件来实现的。下面简单介绍日志的工作方式。

事务开始之后，事务中的所有操作都会写到事务日志中。写到日志中的事务一般有两种：一种是针对数据的操作，如插入、修改和删除，这些操作的对象是大量数据；另一种是针对任务的操作，如创建索引。当取消这些事务操作时，系统会自动执行这种操作的反操作，以保证系统的一致性。

系统自动生成一个检查点机制，这个检查点周期性地检查事务日志。如果在事务日志中，事务全部完成，那么检查点将事务日志中的事务提交到数据库，并且在事务日志中做一个检查点提交标识；如果在事务日志中，事务没有完成，那么检查点不会将事务日志中的事务提交到数据库，并且在事务日志中做一个检查点未提交的标识。

3. 事务管理的语句

一个事务中可以包含一条语句或者多条语句甚至一段程序，一段程序中也可以包含多个事务。可以根据需求把一段事务分成多个组，每个组可以理解为一个事务。

Oracle中常用的事务管理语句如下。

SET TRANSACTION语句：设置事务语句。SET TRANSACTION命令提供了多种选项修改默认的事务行为。

COMMIT语句：提交事务语句。使用该语句可以把对数据库的多个步骤的修改一次性地永久写入数据库，代表数据库事务的成功执行。

ROLLBACK语句：事务失败时执行回滚操作的语句。使用该语句，可以在发生问题时撤销对数据库已经做出的修改，回退到修改前的状态。在操作过程中一旦发生问题，如果还没有提交操作，随时可以使用ROLLBACK撤销前面的操作。一旦COMMIT提交事务完成，就不能使用ROLLBACK撤销已经提交的操作；一旦ROLLBACK完成，被撤销的操作要重做，则必须重新执行相关提交事务的操作语句。

SAVEPOINT语句：设置事务点语句。该语句用于在事务中间建立一些保存点，ROLLBACK可以使操作回退到这些点上，而不必撤销全部操作。

SET CONSTRAINT语句：设置约束语句。使用SET CONSTRAINT(s)命令可以在事务中推迟约束。默认的行为是在每个语句执行之后检查约束。但在一些事务中，可能直到所有更新进行完之后，约束才能被满足。在这种情况下，用户可以推迟约束检验，只要所创建的约束是可以推迟的。这个命令可以推迟一个单独的约束，也可以推迟所有约束。不过，很少会用到SET CONSTRAINT语句。

5.2.2 事务的控制操作

1.设置事务

（1）设置只读事务。只读事务是指只允许执行查询操作，不允许执行任何DML操作的事务。当使用只读事务时，可以确保用户取得特定时间点的数据。假定企业需要在每天16时统计最新一天的销售信息，而不统计当天16时之后的销售信息，可以使用只读事务。在设置了只读事务之后，尽管其他会话仍会提交新事务，但只读事务会忽略这些新的数据变化，从而确保取得特定时间点的数据信息。

设置只读事务的语句如下：

```
SET TRANSACTION READ ONLY;
```

（2）设置读写事务。设置事务为读写事务是事务的默认方式，将建立回滚信息。

设置读写事务的语句如下：

```
SET TRANSACTION READ WRITE;
```

（3）为事务分配回滚段。在Oracle 中，用户可以自行分配回滚段的权限，目的是灵活地调整性能。用户可以按照不同的事务分配大小不同的回滚段，一般的分配原则如下：

- 若长时间运行的查询不需要读取相同的数据表，可以把小的事务分配给小的回滚段，这样查询结果容易保存在内存中；
- 若长时间运行的查询需要读取相同的数据表，可以把修改该表的事务分配给大的回滚段，这样读取相同的查询结果就不用改写回滚信息了；
- 可以将插入、删除和更新大量数据的事务分配给那些足以保存该事务的回滚信息的回滚段。

设置事务回滚段的语句如下：

```
SET TRANSACTION USE ROLLBACK SEGMENT SYSTEM;
```

2.为事务命名

事务名称是一个可选的、由用户指定的标签。它作为事务所执行工作的提醒，不会影响事务的执行和提交。它可以帮助用户更容易地识别和跟踪事务，特别是在处理长时间运行的事务或分布式事务时。

用户可以使用SET TRANSACTION ... NAME语句为事务命名。语法格式如下：

```
SET TRANSACTION transaction_name;
```

如果使用了该语句，它就必须是事务的第一条语句。这意味着在事务开始之前，必须先为该事务指定一个名称。

例如，为当前事务指定名称为“update_employee_info”的语句如下：

```
SET TRANSACTION "update_employee_info";
```

需要注意的是，事务名称必须是唯一的，不能与已经存在的事务名称重复，否则会出现错误。

3. 提交事务

提交事务是指把对数据库进行的全部操作持久性地保存到数据库中，这种操作通常使用COMMIT语句完成。下面从3个方面介绍事务的提交。

（1）提交前SGA的状态。在事务提交前，Oracle SQL语句执行完毕，SGA内存中的状态如下：

- 回滚缓存区生成回滚记录，回滚信息包含所有已修改值的旧值；
- 日志缓存区生成该事务的日志，在事务提交前已经写入物理磁盘中；
- 数据库缓存区被修改，这些修改在事务提交后才能写入物理磁盘中。

（2）提交的工作。在使用COMMIT语句提交事务时，Oracle系统内部会按照如下顺序进行处理：

- 在回滚段内记录当前事务已提交，并且声称一个唯一的系统更改编号（SCN），以唯一标识这个事务；
- 启动后台的日志写进程（LGWR），将重做日志缓存区中事务的重做日志信息和事务SCN写入磁盘上的重做日志文件中；
- Oracle服务器开始释放事务处理所使用的系统资源；
- 显示通知，告诉用户事务已经成功提交完毕。

（3）提交的方式。事务的提交方式包括如下3种。

显式提交：使用COMMIT命令使当前事务生效。

自动提交：在SQL*Plus里执行SET AUTOCOMMIT ON命令。

隐式提交：指除了显式提交之外的提交，如发出DDL命令、程序中止和关闭数据库等。

——知识拓展——

事务的类型

事务的类型分为两种，分别是显式事务和隐式事务。

（1）显式事务。显式事务是通过命令完成的，具体语法规则如下：

```
BEGIN  --开始事务
SQL statement  --执行SQL语句
COMMIT | ROLIBACK;  --提交/回滚事务
END;
```

其中，COMMIT表示提交事务，ROLLBACK表示事务回滚。

（2）隐式事务。隐式事务没有非常明确的开始点和结束点，Oracle中的每一条数据操作语句（如SELECT、INSERT、UPDATE和DELETE）都是隐式事务的一部分，即使只有一条语句，系统也会把这条语句当作一个事务，要么执行所有语句，要么什么都不执行。

默认情况下，隐式事务AUTOCOMMIT（自动提交）为打开状态，可以通过下述语句控制提交的状态：

```
SET AUTOCOMMIT ON/OFF
```

通常有下列情况出现时，事务会开启：

- 登录数据库后，第一次执行DML语句；
- 当事务结束后，第一次执行DML语句。

当有下列情况出现时，事务会结束：

- 执行DDL语句，事务自动提交，如使用CREATE、GRANT和 DROP等命令；
- 使用COMMIT提交事务，使用ROLLBACK回滚事务；
- 正常退出SQL*Plus时，自动提交事务；非正常退出SQL*Plus时，则ROLLBACK事务回滚。

需要注意的是，SET AUTOCOMMIT ON命令可将Oracle数据库管理系统设置成每执行一条DML语句就提交一次事务的状态。将AUTOCOMMIT设置为ON，在进行DML操作时似乎很方便，但是在实际应用中有时会出现问题。例如，在有些应用中可能同时要对几张表进行DML操作，如果这些表已经利用外键建立了联系，那么由于外键约束的作用就使得DML操作与次序有关，因为Oracle数据库管理系统要维护引用完整性，所以这可能给应用程序的开发增加不少困难，同时提高了对程序水平的要求。

4. 回滚事务

回滚事务是指撤销对数据库进行的全部操作。Oracle利用回退段存储修改前的数据，重做日志记录对数据所做的修改。Oracle使用ROLLBACK语句实现回滚事务的操作。如果要回退整个事务，那么Oracle系统内部将会执行如下操作：

- 使用回退段中的数据撤销对数据库所做的修改；
- Oracle后台服务进程释放事务所使用的系统资源；
- 显示通知，告知用户事务回退成功。

提示：使用ROLLBACK命令回滚事务的方式称为显式回滚。还有一种回滚方式称为隐式回滚，如果系统在事务执行期间发生错误、死锁和中止等情况，那么系统将自动完成隐式回滚。

5. 设置回退点

回退点又称为保存点（savepoint），是指在含有较多SQL语句的事务中间设定的回滚标记，其作用类似于调试程序的中断点。利用回退点可以将事务划分成若干小部分，这样就不必回滚整个事务，可以回滚到指定的回退点，有更大的灵活性。回滚到指定回退点将完成如下主要工作：

- 回滚回退点之后的部分事务；
- 删除在该回退点之后建立的全部回退点，该回退点保留，以便多次回滚；
- 解除回退点之后表的封锁或行的封锁。

5.3 事务的并发控制

在多用户数据库系统中，为了避免多个用户同时对同一数据进行操作而引起的数据冲突和不一致性，需要对并发操作进行控制。其中，事务串行执行是指DBMS按顺序一次执行一个事务，而事务并发执行则是指DBMS同时执行多个事务对同一数据的操作，包括交叉并发和同时并发两种方式。为了确保事务的隔离性，DBMS需要对并发事务间数据访问的冲突进行控制，以避免数据读写冲突。

5.3.1 并发控制问题

在并发执行的情况下，多个用户同时对同一数据进行操作可能会导致以下几种问题：

（1）丢失更新。丢失更新（lost update）是指一个事务在更新数据时，另一个事务已经更新了相同的数据，导致第一个事务的更新被覆盖，从而造成数据的丢失。

例如，最初有一份原始的电子文档，文档人员A和B同时修改此文档，当修改完成之后进行保存时，最后修改完成的文档必将替换第一个修改完成的文档，这就造成了数据丢失更新的后果。如果文档人员A修改并保存之后，文档人员B再进行修改，则可以避免该问题。

（2）不可重复读。不可重复读（non-repeatable read）是指一个事务在读取数据时，由于其他事务对数据进行了更新，导致该事务再次读取数据时得到了不同的结果，从而无法保证数据的一致性。

例如，文档人员B两次读取文档人员A的文档，但在文档人员B第一次读取时，文档人员A又重新修改了该文档中的内容，在文档人员B第二次读取文档人员A的文档时，文档中的内容已经改变，此时便发生了不可重复读的情况。如果文档人员B在文档人员A全部修改后读取文档，则可以避免该问题。

（3）脏读。脏读（dirty read）是指一个事务在读取数据时，由于其他事务正在更新相同的数据，导致该事务读取到的数据是“脏数据”，即未提交的数据，从而无法保证数据的一致性。

例如，文档人员B复制了文档人员A正在修改的文档，并将文档人员A的文档发布。此后，文档人员A认为文档中存在着一些问题需要重新修改，此时文档人员B发布的文档就会与重新修改后的文档内容不一致。如果在文档人员A将文档修改完成并确认无误的情况下，文档人员B再复制则可以避免该问题。

（4）幻读。幻读（phantom read）是指一个事务在读取数据时，由于其他事务插入或删除了数据，导致该事务再次读取数据时，看到了一些之前没有出现的记录，从而无法保证数据的一致性。

例如，文档人员B更改了文档人员A所提交的文档，但当文档人员B将更改后的文档合并到主副本时，却发现文档人员A已将新数据添加到该文档中。如果文档人员B在修改文档之前，没有任何人将新数据添加到该文档中，则可以避免该问题。

5.3.2 事务隔离级别

事务隔离级别是指在并发事务中，数据库管理系统为了保证事务的隔离性而采取的措施。事务隔离级别越高，可以避免的并发问题就越多，但并发性能也会相应受到影响。在Oracle数据库中，事务隔离级别指定了多个事务同时访问数据库时它们之间的数据可见性和并发性。

用户可以使用以下语句设置事务的隔离级别：

```
SET TRANSACTION ISOLATION LEVEL {level};
```

其中，{level}是指定的事务隔离级别，可以是以下4种之一。

READ COMMITTED（已提交读）：这是Oracle数据库的默认事务隔离级别。它保证事务只能读取已提交的数据，并且事务之间的并发访问不会导致数据不一致。如果一个事务尝试读取另一个事务已经提交的数据，那么它将只能读取已经提交的数据，而不能读取未提交的数据。

REPEATABLE READ（可重复读）：该事务隔离级别保证事务在多次读取同一行数据时，读取到的数据完全一致。它防止一个事务在读取一行数据后，另一个事务对该行进行更新，从而导致第一个事务读取到不一致的数据。

SERIALIZABLE（串行化）：该事务隔离级别保证事务在并发执行时，读取到的数据完全一致。它通过锁定事务执行期间读取和修改的数据，防止其他事务对这些数据进行修改。这种隔离级别的缺点是可能导致性能下降，因为它需要大量的锁和资源来保证数据的一致性。

NONE（无）：该事务隔离级别允许一个事务读取和修改其他事务正在使用的数据。这种隔离级别的缺点是可能导致数据不一致性和并发问题。因此，它通常只用于特定的应用场景，例如数据备份和恢复操作。

例如，要将当前事务的隔离级别设置为READ COMMITTED，可以使用以下语句：

```
SET TRANSACTION ISOLATION LEVEL READ COMMITTED;
```

上述语句设置当前事务隔离级别为READ COMMITTED。

需要注意的是，事务隔离级别的设置是针对当前会话而不是全局的。如果需要在全局范围内设置事务隔离级别，可以使用ALTER SYSTEM语句。

5.3.3 锁

由于数据库是一个共享资源，多个用户可能同时访问同一数据，因此需要保证并发事务的执行不会破坏数据的一致性和完整性。一种方法是让所有事务一个一个地串行执行，但这样势必会大大降低数据库的工作效率；另一种方法是提供一种对数据进行并发控制的机制，即锁。

1. 锁的定义

锁是一种用于实现并发控制的技术，它通过对数据对象加锁以限制并发访问。当一个事务T需要对一个数据对象进行操作时，它会先向系统发出对该数据对象加锁的请求。一旦该数据对象加锁，事务T就可以对其进行操作，而其他事务则不能更新该数据对象，直到事务T释放锁为止。这样可以保证事务T对数据对象的操作是原子性的，从而避免并发访问导致的数据不一致问题。

Oracle中锁的管理和分配是由数据库管理系统自动完成的，不需要用户进行干预。同时，Oracle还提供了手工加锁的命令，供有经验的用户使用。

2. 锁的类型

按照锁所分配的资源，锁可分为数据锁、字典锁、内部锁、分布锁和并行缓冲管理锁几种类型。其中常见的是数据锁和字典锁，其他锁是由管理系统自动管理的。

数据锁（data lock）：数据锁是指对表中某个数据行进行锁定，以保证在同一时刻只有一个事务能够修改该行数据。数据锁分为行级锁和页级锁两种。行级锁是指对数据行的锁定，页级锁是指对数据页（包含多行数据）的锁定。当用户对表格中的数据进行INSERT、UPDATE和DELETE操作时就要用到数据锁。数据锁在表中获得并保护数据。

字典锁（dictionary lock）：字典锁是指对数据库中的元数据进行锁定，以保证在同一时刻只有一个事务能够修改元数据。Oracle数据库中的元数据包括表、索引、视图、序列等对象，以及这些对象的属性和关系。当用户创建、修改和删除数据表时都会用到字典锁。字典锁用来防止两个用户同时修改同一个表的结构。

字典锁又可分为排他锁和共享锁。

排他锁（exclusive locks）：又称为X锁或写锁。排他锁是最严格的字典锁类型，它允许当前事务对数据对象进行读和写操作，但阻止其他事务对该对象进行除读取外的任何操作。若事务T1对资源R加上X锁，则只允许T1读取和修改R，其他事务可以读取R，但不能修改R，除非T1解除了加在R上的X锁。

共享锁（share locks）：又称为S锁或读锁。共享锁只允许事务对数据对象进行读操作，并阻止其他事务对该对象进行写操作，但允许其他事务获取共享锁。若事务T2对资源R加上S锁，允许T2读取R，其他事务也可以读取R。

3. 加锁

（1）锁的实现。Oracle数据库中锁的实现主要有以下几种。

手动加锁：在应用程序中手动获取锁，例如使用SELECT ... FOR UPDATE语句获取行级排他锁。

自动加锁：Oracle数据库在执行某些操作时会自动获取锁，例如在执行INSERT、UPDATE、DELETE等操作时会获取相应的行级锁或表级锁。

乐观锁：在应用程序中通过版本号或时间戳等方式来实现乐观锁，即在更新数据时检查数据版本是否一致，如果一致则执行更新操作，否则抛出异常。

悲观锁：在应用程序中通过加锁机制来实现悲观锁，即在读取数据时立即获取锁，直到事务结束才释放锁。

（2）加锁的方法。

①行共享锁。对数据表定义行共享锁（row share, RS）后，如果行共享锁被事务A获得，其

他事务可以进行并发查询、插入、删除及加锁，但不能以排他方式存取该数据表。

定义行共享锁的语句如下：

```
LOCK TABLE table_name IN ROW SHARE MODE;
```

②行排他锁。对数据表定义行排他锁（row exclusive, RX）后，如果行排他锁被事务A获得，那么事务A对数据表中的行数据具有排他权限。其他事务可以对同一数据表中的其他数据行进行并发查询、插入、修改、删除及加锁，但不能使用行共享锁、共享行排他锁和行排他锁3种方式加锁。

定义行排他锁的语句如下：

```
LOCK TABLE table_name IN ROW EXCLUSIVE MODE;
```

③共享锁。对数据表定义共享锁后，如果共享锁被事务A获得，其他事务可以执行并发查询和加共享锁操作，但不能修改表，也不能使用排他锁、共享行排他锁和行排他锁3种方式加锁。

定义共享锁的语句如下：

```
LOCK TABLE table_name IN SHARE MODE;
```

④共享行排他锁。对数据表定义共享行排他锁（share row exclusive, SRX）后，如果共享行排他锁被事务A获得，其他事务可以执行查询和对其他数据行加锁操作，但不能修改表，也不能使用共享锁、共享行排他锁、行排他锁和排他锁4种方式加锁。

定义共享行排他锁的语句如下：

```
LOCK TABLE table_name IN SHARE ROW EXCLUSIVE MODE;
```

⑤排他锁。对数据表定义排他锁后，如果排他锁被事务A获得，事务A可以执行对数据表的读写操作，其他事务可以执行查询，但不能执行插入、修改和删除操作。

定义排他锁的语句如下：

```
LOCK TABLE table_name IN EXCLUSIVE MODE;
```

4. 死锁问题

当程序对所做的修改进行提交或回滚后，被锁定的资源会释放，从而允许其他用户进行操作。但如果两个事务分别锁定了一部分数据，并且都在等待对方释放锁才能完成事务操作，就会出现死锁的情况。

（1）发生死锁的原因。在多用户环境下，死锁的发生可以这样理解：假设多个用户需要操作同一份数据。当前一个用户完成了数据的更新但还未提交事务时，后面的用户将无法进行当前数据的操作，只能等待前一个用户提交事务后才能继续。此时，如果前一个用户因为某些原因未能提交事务，那么后面的用户就可能陷入无尽的等待，形成了一种被称为死锁的状态。

这种现象的本质在于进程间对资源的争夺和分配。具体来说，如果多个进程都需要获取同类资源，但这些资源无法同时满足所有进程的需求，而进程又在等待其他进程释放资源，这时就有可能出现死锁。

只有当以下4个条件同时满足时，死锁才会出现。

互斥条件：临界资源是独占的，进程应互斥且排他地使用这些资源。

占有和等待条件：进程在请求资源得不到满足时不释放已占有的资源。

不剥夺条件：已获得的资源只能由进程自愿释放，不能被其他进程强行剥夺。

循环等待条件：存在进程之间的循环等待链。

（2）可能导致死锁的资源。在多用户环境下，死锁的发生是由于多个事务同时锁定了不同的资源，而这些资源又无法同时被所有事务访问。死锁通常发生在以下几种情况下：

①当一个事务需要获取另一个事务已经持有的资源时，就可能发生死锁。例如，事务T1持有行r1上的共享锁（S锁），并等待获取行r2的排他锁（X锁）。与此同时，事务T2持有行r2上的共享锁（S锁），并等待获取行r1的排他锁（X锁）。这种情况下，T1和T2都在等待对方释放已锁定的资源，从而导致死锁。

②如果一个任务正在等待可用的工作线程，而其他任务也在等待相同的工作线程，也可能导致死锁。例如，会话S1启动了一个事务并获取了行r1的共享锁（S锁），然后进入睡眠状态。此时，所有可用的工作线程都正在运行活动会话，并尝试获取行r1的排他锁（X锁）。由于会话S1无法获取工作线程，因此无法提交事务并释放行r1的锁，从而导致死锁。

③当并发请求等待获得内存，而当前的可用内存无法满足其需要时，可能发生死锁。例如，两个并发查询（Q1和Q2）作为用户定义函数执行，分别获取10 MB和20 MB的内存。如果每个查询需要30 MB，而可用总内存为20 MB，则Q1和Q2必须等待对方释放内存，从而导致死锁。

④当处理协调器、发生器或使用者线程至少包含一个不属于并行查询的进程时，可能会相互阻塞，从而发生死锁。此外，当并行查询启动执行时，Oracle会根据当前的工作负荷确定并行度或工作线程数。如果系统工作负荷发生意外更改，例如，当新查询开始在服务器中运行或系统用完工作线程时，可能发生死锁。

（3）死锁问题的优化。在复杂的系统中，尽管无法完全避免死锁的发生，但还是可以采用如下策略来降低其发生的概率：

- 可以通过在所有事务中以相同的顺序使用资源来避免死锁；
- 让事务尽可能保持简短并且在一个批处理中，这样可以降低资源锁定的时间，从而减少死锁的可能；
- 为死锁超时参数设置一个合理的范围，如3~30min，一旦超出这个时间，系统将自动放弃本次操作，避免进程长时间等待；
- 尽量避免在事务内与用户进行交互，因为这样会增加资源的锁定时间，提高死锁的风险。

此外，还可以通过破坏死锁产生的4个条件——互斥条件、占有和等待条件、不剥夺条件和循环等待条件中的至少一项来防止死锁的发生。例如，对于互斥条件，可以尝试改造只能互斥使用的资源为允许共享使用，如通过SPOOLing技术将独占设备在逻辑上改造成共享设备。然而这种方法并不适用于所有情况，因为有些资源必须保持互斥性。总的来说，通过综合运用以上策略，可以在一定程度上降低复杂系统中死锁的发生概率。

巩固练习

一、选择题

1. 下列语句中，用于回滚事务的是（　　）。

A. COMMIT　　　　B. ROLLBACK

C. SET TRANSACTION　　　　D. SET AUTOCOMMIT

2. 下列（　　）条件不是死锁出现的必要条件。

A. 互斥条件　　　　B. 占有和等待条件

C. 剥夺条件　　　　D. 循环等待条件

二、填空题

1. 在并发执行的情况下，多用户操作可能导致________、________、________、________等问题。

2. 事务的隔离级别有________、________、________、________等4种。

3. 按照锁所分配的资源，锁可分为________、________、________、________和并行缓冲管理锁。

三、实训题

1. 写一段回滚事务语句，首先在事务开始前设置回退点A，删除表中的一条语句；然后设置回退点B，再删除一条语句；最后分别回退到回退点B、回退点A。

2. 向manager表中加共享行排他锁。

第 6 章

Oracle数据库的安全管理

本章导言

数据库的安全管理是保护数据资产、防止非法访问和恶意破坏的关键措施。本章将深入剖析Oracle数据库的安全体系，涉及用户权限分配、角色管理、审计策略等内容，旨在让学生全面了解并掌握数据库安全管理的策略和技术，强化信息安全意识，为维护企业和组织的信息资产安全贡献力量。

学习目标

（1）了解用户的概念，掌握用户管理的方法。
（2）了解权限的概念，掌握权限管理的方法。
（3）了解数据库角色的概念，掌握角色管理的方法。
（4）了解概要文件的概念，掌握概要文件管理的方法。

素质要求

（1）提高在信息安全领域的社会责任感，能够理解和实施合规的数据库安全管理策略。
（2）遵守法律法规，关注用户隐私保护，形成良好的网络安全伦理观念。

6.1 数据库安全性概述

Oracle数据库的安全管理是从用户登录数据库开始的。用户登录数据库时，系统会对用户的身份进行验证；用户对数据进行操作时，系统会检查用户是否具有相应的操作权限，并限制用户对存储空间和系统资源的使用。

Oracle Database 19c的安全性体系包括以下几个层次。

物理层的安全性：数据库所在节点必须在物理上得到可靠的保护。

用户层的安全性：哪些用户可以使用数据库，使用数据库的哪些对象，用户拥有什么样的权限等。

操作系统的安全性：数据库所在主机操作系统的弱点可能会提供恶意攻击数据库的入口，所以在操作系统层级要提供安全性保障。

网络层的安全性：Oracle Database 19c主要面向网络提供服务，因此，网络软件的安全性和网络数据传输的安全性是至关重要的。

数据库系统层的安全性：通过对用户授予特定数据库对象访问权限的办法确保数据库系统的安全。

Oracle数据库的安全性可分为两个层面：系统安全性和数据安全性。系统安全性是指在系统级控制数据库的存取和使用的机制，包括有效的用户名和口令、用户是否有权限连接数据库、创建数据库模式对象时可使用的磁盘存储空间大小、用户的资源限制、是否启动数据库的审计等。数据安全性是指在对象级控制数据库的存取和使用的机制，包括可存取的模式对象和在该模式对象上所允许进行的操作等。

Oracle Database 19c的安全机制包括用户管理、权限管理、角色管理、表空间管理、概要文件管理、数据审计等方面。

6.2 用户管理

用户管理是Oracle数据库安全管理的核心和基础，是DBA安全策略中重要的组成部分。用户是数据库的使用者和管理者，Oracle数据库通过设置用户及其安全参数控制用户对数据库的访问和操作。

Oracle数据库的用户管理包括创建用户、修改用户的安全参数、删除用户和查询用户信息等。

在创建Oracle数据库时系统会自动创建一些初始用户，这些初始用户包括sys、system和public。

sys：它是数据库中拥有最高权限的数据库管理员，被授予DBA角色，是执行数据库管理任务的用户。该用户可以启动、修改和关闭数据库，并且拥有数据字典，数据字典的所有基础表和视图都存储在sys方案中。sys方案中的表只能由数据库系统操作，不能由用户操作，因此用户不能在sys方案中存储非数据库管理的表。

system：它是一个辅助的数据库管理员，不能启动和关闭数据库，但可以进行其他一些管理工作，如创建用户、删除用户等。该用户一般用于创建显示管理信息的表和视图或系统内部的表和视图。

public：它实质上是一个用户组，数据库中任何一个用户都是该组的成员。当要为数据库中的每个用户都授予某个权限时，只需把权限授予public用户就可以。

其他自动创建的用户取决于安装了哪些功能或选项。此外，用户的安全属性包括以下几方面内容。

（1）用户身份认证方式。用户连接数据库时，必须要经过身份认证。Oracle数据库中有3种用户身份认证方式。

①数据库身份认证：当用户连接数据库时必须输入用户名和口令，只有通过数据库认证后才能登录数据库。这是默认的认证方式，用户口令以加密方式保存在数据库内部。

②外部身份认证：用户的账户由Oracle数据库管理，但口令管理和身份验证由外部服务完成，外部服务可以是操作系统或网络服务。当用户试图建立与数据库的连接时，数据库不会要求用户输入用户名和口令，而是从外部服务中获取当前用户的登录信息。

③全局身份认证：当用户试图建立与数据库的连接时，Oracle使用Oracle Enterprise Manager安全管理服务器对用户进行身份认证，它可以提供全局范围内管理数据库用户的功能。

（2）默认表空间。用户在创建数据库对象时，如果没有显式指明该对象在哪个表空间中存储，系统会自动将该数据库对象存储在当前用户的默认表空间中。如果没有为用户指定默认表空间，则系统会将数据库的默认表空间作为用户的默认表空间。

（3）临时表空间。用户执行排序、汇总、连接、分组等操作时，系统首先使用内存中的排序区SORT_AREA_SIZE，如果该区域的内存不够，则自动使用用户的临时表空间。如果没有为用户指定临时表空间，则系统会将数据库的默认临时表空间作为用户的临时表空间。

（4）表空间配额。表空间配额用于限制用户在永久表空间中可用的存储空间大小。默认情况下，新用户在任何表空间中都没有任何配额。用户在临时表空间中不需要配额。

（5）概要文件。每个用户都有一个概要文件，用于限制用户对数据库系统资源的使用，同时设置用户的口令管理策略。如果没有为用户指定概要文件，Oracle数据库将为用户自动指定默认（DEFAULT）概要文件。

（6）账户状态。在创建用户时，可设定用户的初始状态，包括用户口令是否过期、账户是否锁定等。锁定账户后，用户就不能与Oracle数据库建立连接，必须对账户解锁后才可访问数据库。用户可以在任何时候对账户进行锁定或解锁。

6.2.1 创建用户

使用CREATE USER语句可创建用户，执行该语句的用户必须拥有CREATE USER权限。创建一个用户时，Oracle数据库会自动为该用户创建一个同名的方案模式，用户的所有数据库对象都存在该同名模式中。一旦用户连接到数据库，该用户就可以存取自己方案中的全部实体。

CREATE USER语句的语法格式为：

```
CREATE USER user_name  IDENTIFIED
  [BY password | EXTERNALLY | GLOBALLY AS 'external_name']
  [DEFAULT TABLESPACE tablespace_name]
  [TEMPORARY TABLESPACE temp_tablespace_name]
  [QUOTA n K | M |UNLIMITED ON tablespace_name]
  [PROFILE profile_name]
  [PASSWORD EXPIRE]
  [ACCOUNT LOCK | UNLOCK];
```

主要参数说明如下。

BY password：用于设置用户的数据库身份认证，password为用户口令。

EXTERNALLY：用于设置用户的外部身份认证。

GLOBALLY AS 'external_name'：用于设置用户的全局身份认证，external_name为Oracle的安全管理服务器相关信息。

DEFAULT TABLESPACE：用于设置用户的默认表空间。

TEMPORARY TABLESPACE：用于设置用户的临时表空间。

QUOTA：用于指定用户在特定表空间中的配额，即用户在该表空间中可以分配的最大空间。

PROFILE：用于为用户指定概要文件，默认值为DEFAULT，采用系统默认的概要文件。

PASSWORD EXPIRE：用于设置用户口令的初始状态为过期。这种设置状态下，用户在首次登录数据库时必须修改口令。

ACCOUNT LOCK：设置用户初始状态为锁定，默认为不锁定。

ACCOUNT UNLOCK：设置用户初始状态为不锁定或解除用户的锁定状态。

例如，创建一个用户atea，口令为zzuli，默认表空间为USERS，该表空间的配额为50 MB，口令设置为过期状态，即首次连接数据库时需要修改口令，语句如下：

```
CREATE USER atea IDENTIFIED BY zzuli
  DEFAULT TABLESPACE USERS
  QUOTA 50M ON USERS
  PASSWORD EXPIRE;
```

上述语句的执行结果如图6-1所示。

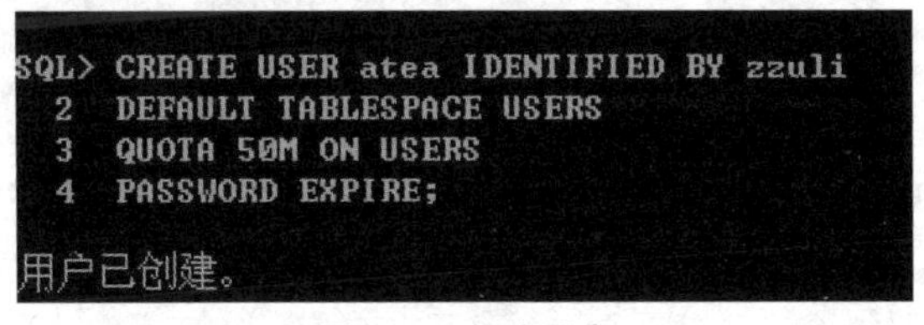

图6-1 创建用户

6.2.2 修改用户

创建用户后，可以更改用户的属性，如口令、默认表空间、临时表空间、表空间配额、概要文件和用户状态等，但不允许修改用户的名称，除非将其删除。

修改数据库用户使用ALTER USER语句实现，执行该语句的用户必须拥有ALTER USER的系统权限。

ALTER USER语句的语法格式为：

```
ALTER USER user_name [IDENTIFIED]
  [BY password | EXTERNALLY | GLOBALLY AS 'external_name']
  [DEFAULT TABLESPACE tablespace_name]
  [TEMPORARY TABLESPACE temp_tablespace_name]
  [QUOTA n K | M | UNLIMITED ON tablespace_name]
  [PROFILE profile_name]
  [DEFAULT ROLE role_list | ALL [EXCEPT role_list] | NONE]
  [PASSWORD EXPIRE]
  [ACCOUNT LOCK|UNLOCK];
```

部分参数说明如下。

role_list：角色列表。

ALL：表示所有角色。

EXCEPT role_list：表示除role_list列表中角色之外的其他角色。

NONE：表示没有默认角色。

提示： 指定的角色必须是使用GRANT命令直接授予该用户的角色。

例如，将用户atea的默认表空间配额修改为30 MB的语句如下：

```
ALTER USER atea
  DEFAULT TABLESPACE USERS
  QUOTA 30M ON USERS;
```

上述语句执行的结果如图6-2所示。

图 6-2 修改用户属性

6.2.3 删除用户

当不再使用一个用户时，可以将其删除。删除用户时，会将该用户及其所创建的数据库对象从数据字典中删除。

删除用户可以使用DROP USER语句实现，执行该语句的用户必须拥有DROP USER系统权限。

DROP USER语句的语法格式为：

```
DROP USER user_name [CASCADE];
```

如果用户拥有数据库对象，必须在DROP USER语句中使用CASCADE选项。Oracle数据库会先删除该用户的所有对象，然后删除该用户。如果其他数据库对象（如存储过程、函数等）引用了该用户的数据库对象，则这些数据库对象将被标记为失效。

6.2.4 查询用户信息

在Oracle数据库中，可以通过查询数据字典视图获取用户信息。常用的数据字典视图或动态性能视图如下。

ALL_USERS：包含数据库所有用户的用户名、用户ID和用户创建时间。

DBA_USERS：包含数据库所有用户的详细信息。

USER_USERS：包含当前用户的详细信息。

DBA_TS_QUOTAS：包含所有用户的表空间配额信息。

USER_TS_QUOTAS：包含当前用户的表空间配额信息。

V$SESSION：包含用户的会话信息。

V$OPEN_CURSOR：包含用户执行的SQL语句信息。

例如，查看数据库所有用户名及其默认表空间的语句如下所示，运行结果如图6-3所示。

```
SELECT username, default_tablespace FROM DBA_USERS;
```

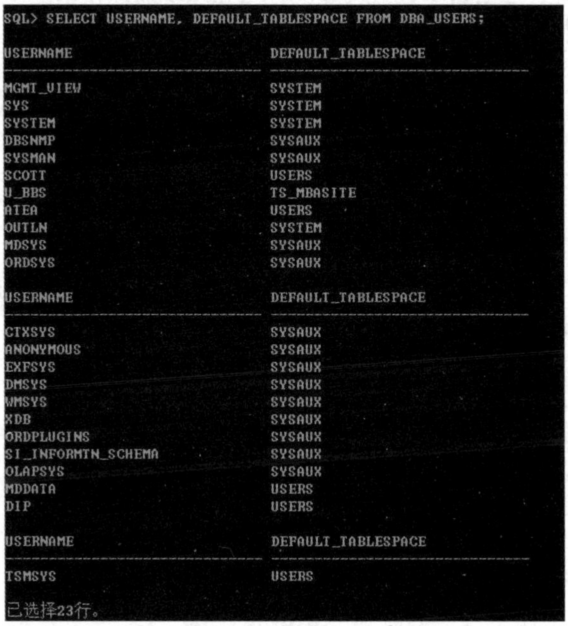

```
SQL> SELECT USERNAME, DEFAULT_TABLESPACE FROM DBA_USERS;

USERNAME                       DEFAULT_TABLESPACE
------------------------------ ------------------------------
MGMT_VIEW                      SYSTEM
SYS                            SYSTEM
SYSTEM                         SYSTEM
DBSNMP                         SYSAUX
SYSMAN                         SYSAUX
SCOTT                          USERS
U_BBS                          TS_MBASITE
ATEA                           USERS
OUTLN                          SYSTEM
MDSYS                          SYSAUX
ORDSYS                         SYSAUX

USERNAME                       DEFAULT_TABLESPACE
------------------------------ ------------------------------
CTXSYS                         SYSAUX
ANONYMOUS                      SYSAUX
EXFSYS                         SYSAUX
DMSYS                          SYSAUX
WMSYS                          SYSAUX
XDB                            SYSAUX
ORDPLUGINS                     SYSAUX
SI_INFORMTN_SCHEMA             SYSAUX
OLAPSYS                        SYSAUX
MDDATA                         USERS
DIP                            USERS

USERNAME                       DEFAULT_TABLESPACE
------------------------------ ------------------------------
TSMSYS                         USERS

已选择23行。
```

图6-3　查看数据库中所有用户及其默认表空间

6.3 权限管理

权限（privilege）是Oracle数据库定义好的执行某些操作的资格。用户在数据库中可以执行什么样的操作，以及可以对哪些对象进行操作，完全取决于该用户所拥有的权限。权限分为以下两类。

系统权限：是指在数据库级别执行某种操作的权限，或针对某一类对象执行某种操作的权限，如CREATE SESSION权限、CREATE ANY TABLE权限。它一般是针对某一类方案对象或非方案对象的某种操作的全局性能力。

对象权限：是指对某个特定的数据库对象执行某种操作的权限，如对特定表的插入、删除、修改、查询的权限。对象权限一般是针对某个特定方案对象的某种操作的局部性能力。

6.3.1 授予权限

授予权限包括系统权限的授予和对象权限的授予。

授权的方法可以是利用GRANT命令直接为用户授权，也可以是间接授权，即先将权限授予角色，然后将角色授予用户。

1. 系统权限的授予

系统权限有两类，一类是对数据库某一类对象的操作能力，通常带有关键字ANY，如CREATE ANY INDEX、ALTER ANY INDEX、DROP ANY INDEX等；另一类是数据库级别的某种操作能力，如CREATE SESSION权限等。

在Oracle Database 19c中有257个系统权限。用户可以通过查询数据字典表SYSTEM_PRIVILEGE_MAP看到所有这些权限，查询和统计这些权限的操作语句如下：

```
CONNECT sys /zzuli AS SYSDBA
SELECT * FROM SYSTEM_PRIVILEGE_MAP;
SELECT COUNT(*) FROM SYSTEM_PRIVILEGE_MAP;
```

提示：系统权限中有一种ANY权限，拥有ANY权限的用户可以在任何用户方案中进行操作。

系统权限可以划分为集群权限、数据库权限、索引权限、过程权限、概要文件权限、角色权限、回退段权限、序列权限、会话权限、同义词权限、表权限、表空间权限、用户权限、视图权限、触发器权限、管理权限、其他权限等。

集群权限如表6-1所示。

表6-1 集群权限

集群权限	功　能
CREATE CLUSTER	在当前方案中创建集群
CREATE ANY CLUSTER	在任何方案中创建集群
ALTER ANY CLUSTER	在任何方案中更改集群
DROP ANY CLUSTER	在任何方案中删除集群

数据库权限如表6–2所示。

表 6-2　数据库权限

数据库权限	功　　能
ALTER DATABASE	更改数据库的配置
ALTER SYSTEM	更改系统初始化参数
AUDIT/NOAUDIT SYSTEM	审计/不审计系统级操作
AUDIT ANY	审计任何方案的对象

索引权限如表6–3所示。

表 6-3　索引权限

索引权限	功　　能
CREATE INDEX	在当前方案中创建索引
CREATE ANY INDEX	在任何方案中创建索引
ALTER ANY INDEX	在任何方案中更改索引
DROP ANY INDEX	在任何方案中删除索引

过程权限如表6–4所示。

表 6-4　过程权限

过程权限	功　　能
CREATE PROCEDURE	在当前方案中创建函数、过程或程序包
CREATE ANY PROCEDURE	在任何方案中创建函数、过程或程序包
ALTER ANY PROCEDURE	在任何方案中更改函数、过程或程序包
DROP ANY PROCEDURE	在任何方案中删除函数、过程或程序包
EXECUTE ANY PROCEDURE	在任何方案中执行函数、过程或程序包

概要文件权限如表6–5所示。

表 6-5　概要文件权限

概要文件权限	功　　能
CREATE PROFILE	创建概要文件（例如，资源/密码配置）
ALTER PROFILE	更改概要文件（例如，资源/密码配置）
DROP PROFILE	删除概要文件（例如，资源/密码配置）

角色权限如表6–6所示。

表6-6　角色权限

角色权限	功　　能
CREATE ROLE	创建角色
ALTER ANY ROLE	更改任何角色
DROP ANY ROLE	删除任何角色
GRANT ANY ROLE	向其他角色或用户授予任何角色

回退段权限如表6-7所示。

表6-7　回退段权限

回退段权限	功　　能
CREATE ROLLBACK SEGMENT	创建回退段
ALTER ROLLBACK SEGMENT	更改回退段
DROP ROLLBACK SEGMENT	删除回退段

序列权限如表6-8所示。

表6-8　序列权限

序列权限	功　　能
CREATE SEQUENCE	在当前方案中创建序列
CREATE ANY SEQUENCE	在任何方案中创建序列
ALTER ANY SEQUENCE	在任何方案中更改序列
DROP ANY SEQUENCE	在任何方案中删除序列
SELECT ANY SEQUENCE	在任何方案中选择序列

会话权限如表6-9所示。

表6-9　会话权限

会话权限	功　　能
CREATE SESSION	创建会话，连接到数据库
ALTER SESSION	更改会话
ALTER RESOURCE COST	更改概要文件中计算资源消耗的方式
RESTRICTED SESSION	在受限会话模式下连接到数据库

同义词权限如表6-10所示。

表6-10　同义词权限

同义词权限	功　　能
CREATE SYNONYM	在当前方案中创建同义词
CREATE ANY SYNONYM	在任何方案中创建同义词
CREATE PUBLIC SYNONYM	创建公用同义词
DROP ANY SYNONYM	在任何方案中删除同义词
DROP PUBLIC SYNONYM	删除公共同义词

表权限如表6–11所示。

表 6-11　表权限

表权限	功　　能
CREATE TABLE	在当前方案中创建表
CREATE ANY TABLE	在任何方案中创建表
ALTER ANY TABLE	在任何方案中更改表
DROP ANY TABLE	在任何方案中删除表
COMMENT ANY TABLE	在任何方案中为任何表添加注释
SELECT ANY TABLE	在任何方案中选择任何表中的记录
INSERT ANY TABLE	在任何方案中向任何表插入新记录
UPDATE ANY TABLE	在任何方案中更改任何表中的记录
DELETE ANY TABLE	在任何方案中删除任何表中的记录
LOCK ANY TABLE	在任何方案中锁定任何表
FLASHBACK ANY TABLE	允许使用AS OF对表进行闪回查询

表空间权限如表6–12所示。

表 6-12　表空间权限

表空间权限	功　　能
CREATE TABLESPACE	创建表空间
ALTER TABLESPACE	更改表空间
DROP TABLESPACE	删除表空间
MANAGE TABLESPACE	管理表空间
UNLIMITED TABLESPACE	不受配额限制使用表空间

用户权限如表6–13所示。

表 6-13　用户权限

用户权限	功　　能
CREATE USER	创建用户
ALTER USER	更改用户
BECOME USER	成为另一个用户
DROP USER	删除用户

视图权限如表6–14所示。

表 6-14　视图权限

视图权限	功　　能
CREATE VIEW	在当前方案中创建视图
CREATE ANY VIEW	在任何方案中创建视图
DROP ANY VIEW	在任何方案中删除视图
COMMENT ANY VIEW	在任何方案中为任何视图添加注释
FLASHBACK ANY VIEW	允许使用AS OF对视图进行闪回查询

触发器权限如表6-15所示。

表6-15　触发器权限

触发器权限	功　能
CREATE TRIGGER	在当前方案中创建触发器
CREATE ANY TRIGGER	在任何方案中创建触发器
ALTER ANY TRIGGER	在任何方案中更改触发器
DROP ANY TRIGGER	在任何方案中删除触发器
ADMINISTER DATABASE TRIGGER	允许创建ON DATABASE触发器

管理权限如表6-16所示。

表6-16　管理权限

管理权限	功　能
SYSDBA	系统管理员权限
SYSOPER	系统操作员权限

其他权限如表6-17所示。

表6-17　其他权限

其他权限	功　能
ANALYZE ANY	对任何方案中的表、索引进行分析
GRANT ANY OBJECT PRIVILEGE	授予任何对象权限
GRANT ANY PRIVILEGE	授予任何系统权限
SELECT ANY DICTIONARY	允许从系统用户的数据字典表中进行选择

系统权限的授予使用GRANT语句，其语法格式为：

```
GRANT sys_priv_list TO
 user_list | role_list | PUBLIC
 [WITH ADMIN OPTION];
```

主要参数说明如下。

sys_priv_list：表示系统权限列表，以逗号分隔。

user_list：表示用户列表，以逗号分隔。

role_list：表示角色列表，以逗号分隔。

PUBLIC：表示对系统中所有用户授权。

WITH ADMIN OPTION：表示允许系统权限接收者再将此权限授予其他用户。

在给用户授予系统权限时，需要注意以下几点：

- 只有DBA拥有ALTER DATABASE的系统权限；
- 应用程序开发者一般需要拥有CREATE TABLE、CREATE VIEW和CREATE INDEX等系统权限；
- 普通用户一般只拥有CREATE SESSION系统权限；

- 只有授权时带有 WITH ADMIN OPTION 子句，用户才可以将获得的系统权限再授予其他用户。

例如，为已经创建的atea用户授予SYSDBA系统权限的语句如下：

```
CONNECT sys /zzuli AS sysdba
GRANT sysdba TO atea;
```

授权成功后，使用atea用户连接，语句如下：

```
CONNECT atea /zzuli AS sysdba
```

连接后就可以使用sysdba系统权限了。上述语句的执行结果如图6–4所示。

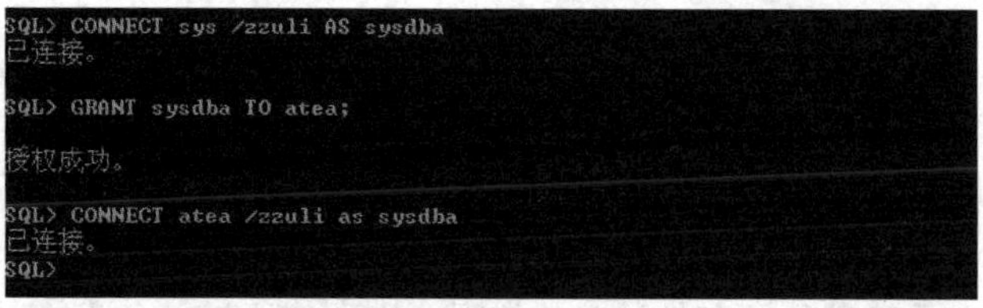

```
SQL> CONNECT sys /zzuli AS sysdba
已连接。
SQL> GRANT sysdba TO atea;

授权成功。

SQL> CONNECT atea /zzuli as sysdba
已连接。
SQL>
```

图 6–4　给 atea 用户授予 SYSDBA 系统权限

例如，创建一个stu用户，使其拥有登录、连接的系统权限，语句如下：

```
CONNECT sys /zzuli AS sysdba
CREATE USER stu IDENTIFIED BY zzuli
    DEFAULT TABLESPACE users
    TEMPORARY TABLESPACE temp;
GRANT CREATE SESSION TO stu;
CONNECT stu /zzuli
```

上述语句的执行结果如图6–5所示。

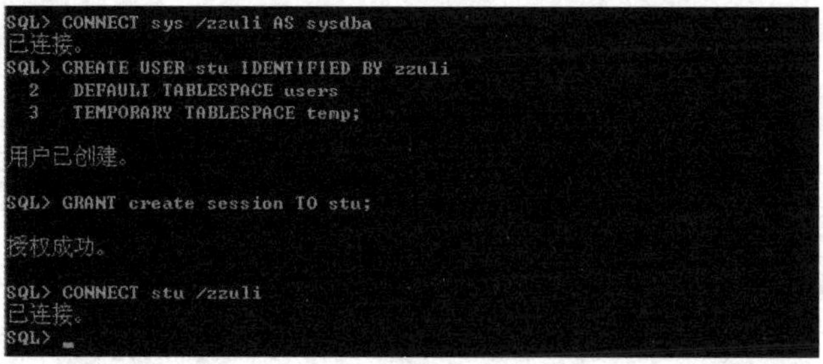

```
SQL> CONNECT sys /zzuli AS sysdba
已连接。
SQL> CREATE USER stu IDENTIFIED BY zzuli
  2   DEFAULT TABLESPACE users
  3   TEMPORARY TABLESPACE temp;

用户已创建。

SQL> GRANT create session TO stu;

授权成功。

SQL> CONNECT stu /zzuli
已连接。
SQL>
```

图 6–5　创建 stu 用户并授予其登录、连接的系统权限

2. 对象权限的授予

对象权限是指用户对数据库对象的操作权限。数据库对象包括目录、函数包、存储过程、表、视图和序列等。Oracle中的对象权限包括ALTER、DELETE、EXECUTE、INDEX、INSERT、READ、REFERENCE、SELECT和UPDATE等。对属于某一用户方案的所有方案对象，该用户对其拥有全部的对象权限，也就是说，方案的拥有者对方案中的对象拥有全部对象权限。同时，方案的拥有者还可以将这些对象权限授予其他用户。

Oracle数据库中共有9种类型的对象权限，不同类型的方案对象有不同的对象权限，而有的对象并没有对象权限，只能通过系统权限进行控制，如簇、索引、触发器、数据库连接等。

按照不同的对象，Oracle数据库中设置了不同种类的对象权限。对象权限与对象之间的对应关系如表6-18所示。

表6-18　对象权限与对象之间的对应关系

	ALTER	DELETE	EXECUTE	INDEX	INSERT	READ	REFERENCE	SELECT	UPDATE
DIRECTORY						√			
FUNCTION			√						
PACKAGE			√						
PROCEDURE			√						
SEQUENCE	√							√	
TABLE	√	√		√	√		√	√	√
VIEW		√			√			√	√

表中，画“√”表示某对象拥有某种对象权限，空白表示该对象没有某种对象权限。

对象权限是由对象权限的拥有者为对象授予的，非对象权限的拥有者不得为对象授权。授出对象权限后，获权用户可以对对象进行相应的操作，没被授予的权限则无法使用。对象权限被授出后，对象权限的拥有者属性不会改变，存储属性也不会改变。

使用GRANT语句可以将对象权限授予指定的用户、角色、public公共用户组，其语法格式如下：

```
GRANT obj_priv_list | ALL ON [schema.]object
  TO user_list | role_list [WITH GRANT OPTION];
```

各参数说明如下。

obj_priv_list：表示对象权限列表，以逗号分隔。

[schema.]object：表示指定的模式对象，默认为当前模式中的对象。

user_list：表示用户列表，以逗号分隔。

role_list：表示角色列表，以逗号分隔。

WITH GRANT OPTION：表示允许对象权限接收者将此对象权限授予其他用户。

例如，用户hr将employees表的查询、插入、更新表的对象权限授予用户atea，语句如下：

```
CONN hr /hr
GRANT SELECT, INSERT, UPDATE ON employees TO atea;
CONN atea /zzuli
SELECT first_name, last_name, job_id,salary FORM hr.employees
  WHERE salary>15000;
```

此时用户atea就拥有了对hr的employees表进行查询、插入、更新的对象权限，但由于仅向atea授予了employees表的SELECT、INSERT、UPDATE操作权限，因此用户atea不拥有其他操作权限（如DELETE），也不拥有操作其他表的权限。上述语句的执行结果如图6-6所示。

```
SQL> conn hr/hr
已连接。
SQL> grant select,insert,update on employees to atea;

授权成功。

SQL> conn atea/zzuli
已连接。
SQL> select FIRST_NAME,LAST_NAME,JOB_ID,SALARY from hr.employees
  2  where salary>15000;

FIRST_NAME           LAST_NAME                 JOB_ID         SALARY
-------------------- ------------------------- ---------- ----------
Steven               King                      AD_PRES         24000
Neena                Kochhar                   AD_VP           17000
Lex                  De Haan                   AD_VP           17000

SQL>
```

图 6-6　hr 授予 atea 对象权限

6.3.2　收回权限

当用户不使用某些权限时，应尽量收回这些权限，只保留其最小权限即可。

1. 系统权限的收回

系统权限的收回使用REVOKE语句，其语法格式为：

```
REVOKE sys_priv_list
  FROM user_list | role_list | PUBLIC;
```

数据库管理员或能够向其他用户授权的用户都可以使用REVOKE语句将授予的权限收回。在使用REVOKE命令时，还需要注意以下几点：

- 多个管理员授予用户同一个系统权限后，若其中一个管理员收回其授予该用户的系统权限，则该用户将不再拥有相应的系统权限；
- 为了收回用户系统权限的传递性（授权时使用了WITH ADMIN OPTION子句），必须先收回其系统权限，然后授予其相应的系统权限；
- 如果一个用户获得的系统权限具有传递性，并且已授权给其他用户，那么该用户的系统权限被回收后，其他用户的系统权限并不受影响。

例如，用户sys收回scott用户的SELECT ANY DICTIONARY系统权限的语句如下：

```
CONNECT sys /zzuli AS SYSDBA
REVOKE SELECT ANY DICTIONARY FROM scott;
```

上述语句的执行结果如图6-7所示。

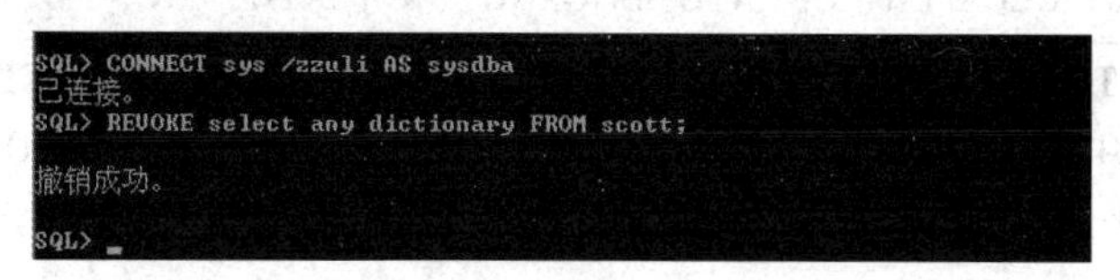

图 6-7　收回系统权限

2. 对象权限的收回

对象权限的拥有者可以将授出的权限收回，收回对象权限同样使用REVOKE语句，语法格式为：

```
REVOKE obj_priv_list | all ON [schema.]object FROM user_list|role_list;
```

参数说明同6.3.1节中GRANT语句的相应参数说明。

例如，用户hr收回用户atea对employees表的SELECT对象权限，语句如下：

```
CONN hr/hr
REVOKE SELECT ON employees FROM atea;
```

上述语句的执行结果如图6-8所示。

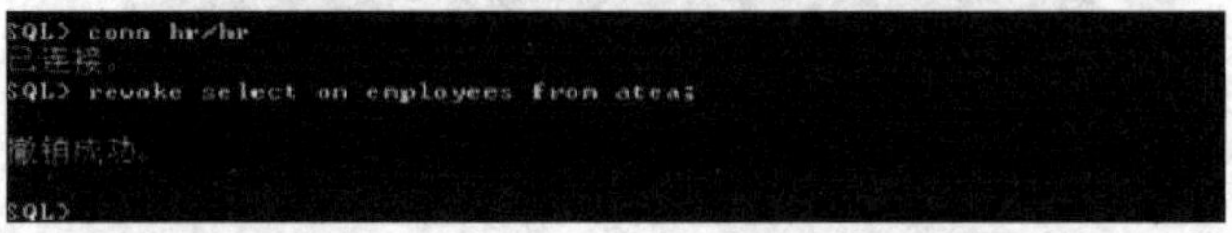

```
SQL> conn hr/hr
已连接。
SQL> revoke select on employees from atea;

撤销成功。

SQL>
```

图6-8　hr收回atea对employees表的SELECT对象权限

6.4　角色管理

角色（role）是权限管理的一种工具，即有名称的权限集合。

Oracle中可以使用角色为用户授权，同样也可以由用户回收角色。因为角色集合了多种权限，所以当为用户授予角色时，相当于为用户授予了多种权限，这样就避免了向用户逐一授权，从而简化了用户权限的管理。

角色分为系统预定义角色和用户自定义角色两类。

（1）系统预定义角色。在创建Oracle数据库时，系统会自动创建一些常用角色，并为其授予相应的权限。DBA可以直接利用预定义的角色为用户授权，也可以修改预定义角色的权限。Oracle数据库中有30多个预定义角色。用户可以通过数据字典视图DBA_ROLES查询当前数据库中所有的预定义角色，还可以通过数据字典视图DBA_SYS_PRIVS查询各个预定义角色所具有的系统权限。表6-19列出了常用的预定义角色及其具有的部分系统权限。

表6-19　常用的预定义角色及其具有的部分系统权限

角色	角色具有的部分系统权限
CONNECT	CREATE DATABASE_LINK、CREATE SESSION、ALTER SESSION、CREATE TABLE、CREATE CLUSTER、CREATE SEQUENCE、CREATE SYNONYM、CREATE VIEW
RESOURCE	CREATE CLUSTER、CREATE OPERATOR、CREATE TRIGGER、CREATE TYPE、CREATE SEQUENCE、CREATE INDEXTYPE、CREATE PROCEDURE、CREATE TABLE
DBA	ADMINISTER DATABASE TRIGGER、ADMINISTER RESOURCE MANAGE、CREATE…、CREATE ANY…、ALTER…、ALTER ANY…、DROP…、DROP ANY…、EXECUTE…、EXECUTE ANY…
EXP_FULL_DATABASE	ADMINISTER RESOURCE MANAGE、BACKUP ANY TABLE、EXECUTE ANY PROCEDURE、SELECT ANY TABLE、EXECUTE ANY TYPE
IMP_FULL_DATABASE	ADMINISTER DATABASE TRIGGER、ADMINISTER RESOURCE MANAGE、CREATE ANY…、ALTER ANY…、DROP…、DROP ANY…、EXECUTE ANY…

例如，查询数据字典DBA_ROLES可以了解数据库中全部的角色信息，语句如下：

```
CONNECT sys/zzuli
SELECT role FROM DBA_ROLES;
```

上述语句的执行结果如图6-9所示。

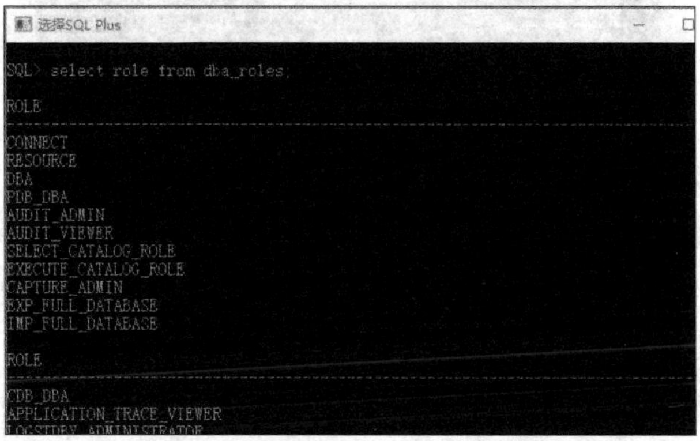

```
选择SQL Plus
SQL> select role from dba_roles;

ROLE
--------------------------------------------------------------------------------
CONNECT
RESOURCE
DBA
PDB_DBA
AUDIT_ADMIN
AUDIT_VIEWER
SELECT_CATALOG_ROLE
EXECUTE_CATALOG_ROLE
CAPTURE_ADMIN
EXP_FULL_DATABASE
IMP_FULL_DATABASE

ROLE
--------------------------------------------------------------------------------
CDB_DBA
APPLICATION_TRACE_VIEWER
LOGSTDBY_ADMINISTRATOR
```

图 6-9　查询数据字典 DBA_ROLES

（2）用户自定义角色。该角色由用户定义，并由用户为其授权。

Oracle数据库允许用户自定义角色，并对自定义角色进行权限的授予和收回，同时允许自定义角色进行修改、删除，以及使角色生效或失效。

6.4.1　创建角色

如果系统预定义的角色不符合用户需要，数据库管理员还可以创建更多的角色。创建角色的用户必须拥有CREATE ROLE系统权限。

创建角色的语句的语法格式为：

```
CREATE ROLE role_name [NOT IDENTIFIED] [IDENTIFIED BY password];
```

各参数说明如下。

role_name：用于指定自定义角色名称，该名称不能与任何用户名或其他角色相同。

NOT IDENTIFIED：用于指定该角色由数据库授权，使该角色生效时不需要口令。

IDENTIFIED BY password：用于设置角色生效时的认证口令。

例如，创建不同类型的角色，语句如下：

```
CREATE ROLE high_manager_role;
CREATE ROLE middle_manager_role IDENTIFIED BY middlerole;
CREATE ROLE low_manager_role IDENTIFIED BY lowrole;
```

上述语句的执行结果如图6-10所示。

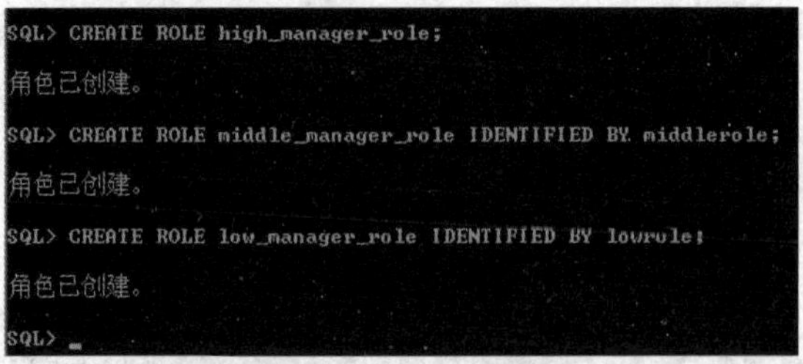

```
SQL> CREATE ROLE high_manager_role;

角色已创建。

SQL> CREATE ROLE middle_manager_role IDENTIFIED BY middlerole;

角色已创建。

SQL> CREATE ROLE low_manager_role IDENTIFIED BY lowrole;

角色已创建。

SQL>
```

图 6-10　创建角色

6.4.2　角色权限的授予与收回

角色在刚刚创建时并不拥有任何权限，这时的角色是没有用处的。因此，在创建角色后，通常还需要立即为它授予权限。为角色授权即为角色授予适当的系统权限、对象权限或已有的角色。在数据库运行过程中，也可以为角色增加权限或收回权限。

角色权限的授予和收回与用户权限的授予和收回类似，其语法详见6.3节中权限的授予与收回。

例如，为high_manager_role、middle_manager_role、low_manager_role角色授权，然后收回其权限，语句如下：

```
GRANT CONNECT,CREATE TABLE,CREATE VIEW TO low_manager_role;
GRANT CONNECT,CREATE TABLE,CREATE VIEW TO middle_manager_role;
GRANT CONNECT,RESOURCE,DBA TO high_manager_role;
GRANT SELECT,UPDATE,INSERT,DELETE ON scott.emp TO high_manager_role;
REVOKE CONNECT FROM low_manager_role;
REVOKE CREATE TABLE,CREATE VIEW FROM middle_manager_role;
REVOKE UPDATE,DELETE,INSERT ON scott.emp FROM high_manager_role;
```

上述语句的执行结果如图6-11所示。

为角色授权时应该注意，一个角色可以被授予另一个角色，但不能授予其自身，不能产生循环授权。

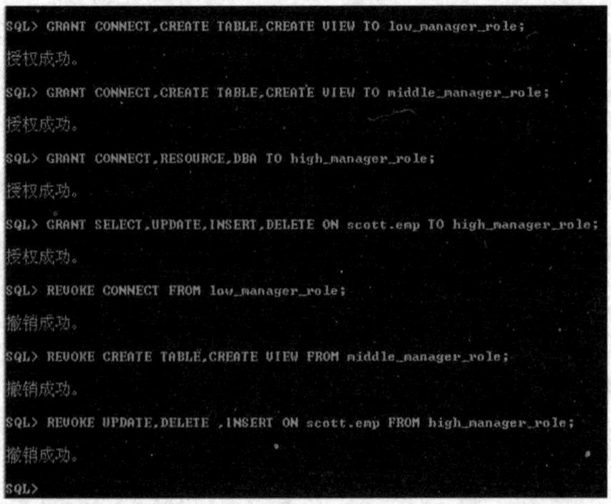

```
SQL> GRANT CONNECT,CREATE TABLE,CREATE VIEW TO low_manager_role;

授权成功。

SQL> GRANT CONNECT,CREATE TABLE,CREATE VIEW TO middle_manager_role;

授权成功。

SQL> GRANT CONNECT,RESOURCE,DBA TO high_manager_role;

授权成功。

SQL> GRANT SELECT,UPDATE,INSERT,DELETE ON scott.emp TO high_manager_role;

授权成功。

SQL> REVOKE CONNECT FROM low_manager_role;

撤销成功。

SQL> REVOKE CREATE TABLE,CREATE VIEW FROM middle_manager_role;

撤销成功。

SQL> REVOKE UPDATE,DELETE ,INSERT ON scott.emp FROM high_manager_role;

撤销成功。

SQL>
```

图 6-11　角色权限的授予与收回

6.4.3 修改角色口令

修改角色口令包括为角色添加口令和取消角色原有的口令。当然，要修改角色口令，用户必须拥有相应的修改权限。

修改角色口令语句的语法格式为：

```
ALTER ROLE role_name
  [NOT IDENTIFIED] | [IDENTIFIED BY password];
```

例如，为high_manager_role角色添加口令，取消middle_manager_role角色的口令，语句如下：

```
ALTER ROLE high_manager_role IDENTIFIED BY highrole;
ALTER ROLE middle_manager_role NOT IDENTIFIED;
```

上述语句的执行结果如图6-12所示。

```
SQL> ALTER ROLE high_manager_role IDENTIFIED BY highrole;
角色已丢弃。
SQL> ALTER ROLE middle_manager_role NOT IDENTIFIED;
角色已丢弃。
SQL>
```

图 6-12 修改角色口令

6.4.4 角色的生效与失效

角色的失效是指角色暂时不可用。当一个角色生效或失效时，用户从角色中获得的权限也会相应地生效或失效。因此，通过设置角色的生效或失效，可以动态改变用户的权限。

在进行角色生效或失效的设置时，需要输入角色的认证口令，以避免非法设置。

设置角色生效或失效可以使用SET ROLE语句，其语法格式为：

```
SET ROLE [role_name [ IDENTIFIED BY password ] ] | [ALL [EXCEPT role_
name ] ] | [NONE];
```

各参数说明如下。

role_name：表示进行生效或失效设置的角色的名称。

IDENTIFIED BY password：用于设置角色生效或失效时的认证口令。

ALL：表示使当前用户的所有角色生效。

EXCEPT role_name：表示除特定角色外，其余所有角色生效。

NONE：表示使当前用户的所有角色失效。

例如，使当前用户所有角色失效的语句如下：

```
SET ROLE NONE;
```

设置某一个角色生效的语句如下：

```
SET ROLE high_manager_role IDENTIFIED BY highrole;
```

同时设置多个角色生效的语句如下：

```
SET ROLE middle_manager_role,low_manager_role IDENTIFIED BY lowrole;
```

上述语句的执行结果如图6-13所示。

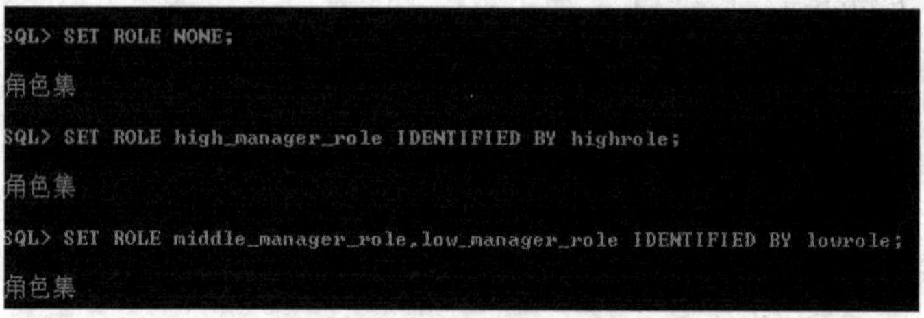

```
SQL> SET ROLE NONE;
角色集
SQL> SET ROLE high_manager_role IDENTIFIED BY highrole;
角色集
SQL> SET ROLE middle_manager_role,low_manager_role IDENTIFIED BY lowrole;
角色集
```

图 6-13　角色的生效与失效

6.4.5　删除角色

如果不再需要某个角色或者某个角色的设置不太合理，可以使用DROP ROLE语句删除角色，使用该角色的用户的权限同时也被收回。

DROP ROLE语句的语法格式为：

```
DROP ROLE role_name;
```

例如，删除角色low_manager_role的语句如下：

```
DROP ROLE low_manager_role;
```

执行结果如图6-14所示。

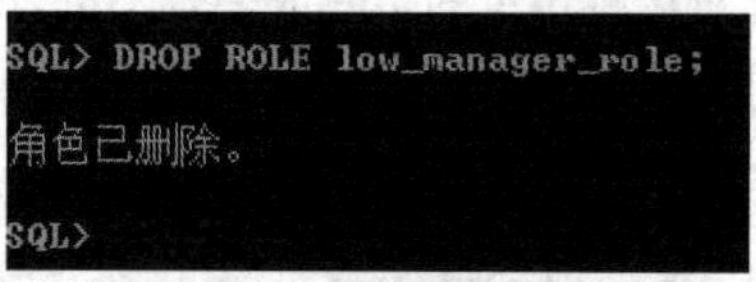

```
SQL> DROP ROLE low_manager_role;
角色已删除。
SQL>
```

图 6-14　删除角色

6.4.6　使用角色进行权限管理

1. 给用户或角色授予角色

使用GRANT语句可以将角色授予用户或其他角色，语法格式为：

```
GRANT role_list TO user_list|role_list;
```

各参数说明如下。

role_list：角色列表。

user_list：用户列表。

例如，将CONNECT、high_manager_role角色授予用户atea，将RESOURCE、CONNECT角色授予角色middle_manager_role，语句如下：

```
GRANT CONNECT,high_manager_role TO atea;
```

```
GRANT RESOURCE,CONNECT TO middle_manager_role;
```

执行结果如图6-15所示。

```
SQL> GRANT CONNECT,high_manager_role TO atea;
授权成功。
SQL> GRANT RESOURCE,CONNECT TO middle_manager_role;
授权成功。
```

图6-15 为用户和角色授予角色

2. 从用户或角色收回角色

使用REVOKE语句可以从用户或其他角色收回角色，其语法格式为：

```
REVOKE role_list FROM user_list|role_list;
```

参数说明同授予角色的参数说明。

例如，收回角色middle_manager_role的RESOURCE、CONNECT角色的语句如下：

```
REVOKE RESOURCE,CONNECT FROM middle_manager_role;
```

执行结果如图6-16所示。

```
SQL> REVOKE RESOURCE,CONNECT FROM middle_manager_role;
撤销成功。
SQL>
```

图6-16 收回角色

3. 用户角色的激活或屏蔽

使用ALTER USER语句可以设置用户的默认角色状态，也可激活或屏蔽用户的默认角色。ALTER USER语句的语法格式为：

```
ALTER USER user_name DEFAULT ROLE
  [role_name] | [ALL [EXCEPT role_name ] ] | [NONE];
```

下面是用户角色激活或屏蔽操作的示例。

例1：屏蔽用户atea的所有角色，语句如下：

```
ALTER USER atea DEFAULT ROLE NONE;
```

例2：激活用户atea的某些角色，语句如下：

```
ALTER USER atea DEFAULT ROLE CONNECT, DBA;
```

例3：激活用户atea的所有角色，语句如下：

```
ALTER USER atea DEFAULT ROLE ALL;
```

例4：激活用户atea除DBA角色外的其他所有角色，语句如下：

```
ALTER USER atea DEFAULT ROLE ALL EXCEPT DBA;
```

6.4.7 查询角色信息

在Oracle中，可以通过查询数据字典视图获得数据库角色的相关信息。常用的数据字典视图如下。

DBA_ROLES：包含数据库中的所有角色及其描述。

DBA_ROLE_PRIVS：包含为数据库中所有用户和角色授予的角色信息。

USER_ROLE_PRIVS：包含为当前用户授予的角色信息。

ROLE_ROLE_PRIVS：包含为角色授予的角色信息。

ROLE_SYS_PRIVS：包含为角色授予的系统权限信息。

ROLE_TAB_PRIVS：包含为角色授予的对象权限信息。

SESSION_PRIVS：包含当前会话所具有的系统权限信息。

SESSION_ROLES：包含当前会话所具有的角色信息。

例如，查询DBA角色所具有的系统权限信息的语句如下：

```
SELECT * FROM ROLE_SYS_PRIVS WHERE ROLE='DBA';
```

6.5 概要文件管理

概要文件（profile）是数据库和系统资源限制的集合，是Oracle数据库安全策略的重要组成部分。利用概要文件，可以限制用户对数据库和系统资源的使用，同时还可以对用户口令进行管理。

在创建Oracle数据库的同时，系统会创建一个名为DEFAULT的默认概要文件。如果没有为用户显式地指定一个概要文件，系统会默认将DEFAULT概要文件作为用户的概要文件。默认的概要文件DEFAULT对资源没有任何限制，DBA通常要根据需要创建、修改或删除自定义的概要文件。

6.5.1 概要文件中的参数

概要文件中的参数有两类，即资源限制参数和口令管理参数。

（1）资源限制参数。资源限制参数包括CPU_PER_SESSION（一次会话可用的CPU时间）、CPU_PER_CALL（每条SQL语句所用的CPU时间）、CONNECT_TIME（每个用户连接到数据库的最长时间）、IDLE_TIME（每个用户会话能连接到数据库的最长时间）、SESSIONS_PER_USER（用户同时连接的会话数）、LOGICAL_READS_PER_SESSION（每个会话读取的数据块数）、LOGICAL_READS_PER_CALL（每条SQL语句所能读取的数据块数）、PRIVATE_SGA（共享服务器模式下一个会话可使用的内存SGA区的大小）、COMPOSITE_LIMIT（对混合资源进行限定）等。

（2）口令管理参数。口令管理参数包括FAILED_LOGIN_ATTEMPTS（限制用户登录数据库的次数）、PASSWORD_LIFE_TIME（设置用户口令的有效时间，单位为天数）、PASSWORD_REUSE_TIME（设置新口令的天数）、PASSWORD_REUSE_MAX（设置口令在能够被重新使用之前必须改变的次数）、PASSWORD_LOCK_TIME（设置用户账户被锁定的天数）、PASSWORD_GRACE_TIME（设置口令失效的“宽限时间”）、PASSWORD_VERIFY_FUNCTION（设置判断口令复杂性的函数）等。

6.5.2 概要文件的管理

1. 创建概要文件

拥有CREATE PROFILE系统权限的用户可以用CREATE PROFILE语句创建概要文件，其语法格式为：

```
CREATE PROFILE profile_name LIMIT
  resource_parameters | password_parameters;
```

各参数说明如下。

profile_name：指定要创建的概要文件的名称。

resource_parameters：用于设置资源限制参数，形式为resource_parameter_name integer | UNLIMITED | DEFAULT。

password_parameters：用于设置口令参数，形式为password_parameter_name integer | UNLIMITED | DEFAULT。

例如，创建一个名为pwd_profile的概要文件，其中规定：如果用户连续3次登录失败，则锁定该账户；30天后该账户自动解锁。语句如下：

```
CREATE PROFILE pwd_profile LIMIT
  FAILED_LOGIN_ATTEMPTS 3
  PASSWORD_LOCK_TIME 30;
```

执行结果如图6–17所示。

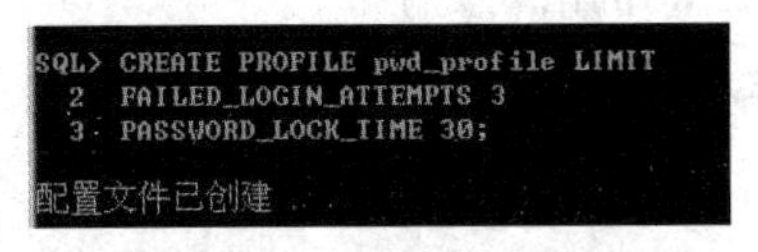

图6–17 创建概要文件

在Oracle数据库中，既可以在创建用户时为用户指定概要文件，也可以在修改用户时为用户指定概要文件。

例如，将上面创建的概要文件pwd_profile分配给atea用户的语句如下：

```
ALTER USER atea PROFILE pwd_profile;
```

执行结果如图6–18所示。

```
SQL> ALTER USER atea PROFILE pwd_profile;

用户已更改。
```

图6–18 将概要文件分配给用户atea

2. 修改概要文件

创建概要文件后，拥有ALTER PROFILE系统权限的用户可以使用ALTER PROFILE语句修改概要文件，其语法格式为：

```
ALTER PROFILE profile_name LIMIT
  resource_parameters|password_parameters;
```

参数说明与创建概要文件语句中的参数说明相同。

提示： 对概要文件的修改只有在用户开始一个新的会话时才会生效。

例如，修改pwd_profile概要文件，将用户口令有效期设置为10天。语句如下：

```
ALTER PROFILE pwd_profile LIMIT
  PASSWORD_LIFE_TIME 10;
```

执行结果如图6-19所示。

```
SQL> ALTER PROFILE pwd_profile LIMIT
  2  PASSWORD_LIFE_TIME 10;

配置文件已更改
```

图 6-19　修改概要文件

3. 删除概要文件

拥有DROP PROFILE系统权限的用户可以使用DROP PROFILE语句删除概要文件，其语法格式为：

```
DROP PROFILE profile_name [CASCADE];
```

提示： 如果要删除的概要文件已经指定给用户，那么必须在DROP PROFILE语句中使用CASCADE子句。如果为用户指定的概要文件被删除，则系统会自动将DEFAULT概要文件指定给该用户。

例如，删除概要文件pwd_profile的语句如下：

```
DROP PROFILE pwd_profile CASCADE;
```

4. 查询概要文件

Oracle中可以通过数据字典视图查询概要文件信息。经常被用于查询的视图有如下几个。

USER_PASSWORD_LIMITS：包含通过概要文件为用户设置的口令策略信息。

USER_RESOURCE_LIMITS：包含通过概要文件为用户设置的资源限制参数。

DBA_PROFILES：包含所有概要文件的基本信息。

巩固练习

一、选择题

1. 使用CREATE USER语句创建用户时，用于指定用户在特定表空间中配额的参数是（　　）。

A. DEFAULT TABLESPACE　　B. TEMPORARY TABLESPACE
C. QUOTA　　D. PROFILE

2. 不属于系统权限的是（　　）。

A. SELECT　　B. UPDATE ANY TABLE
C. CREATE VIEW　　D. CREATE SESSION

3. 不能使用EXECUTE权限的对象是（　　）

A. FUNCTION　　B. PROCEDURE　　C. PACKAGE　　D. TABLE

二、填空题

1. 数据库中的权限包括________和________两类。

2. Oracle数据库的安全控制机制包括用户管理、________、________、表空间管理、________、数据库审计6个方面。

三、实训题

1. 创建一个口令认证的数据库用户usera_exer，口令为usera，默认表空间为USERS，配额为10 MB，初始账户为锁定状态。

2. 创建一个口令认证的数据库用户userb_exer，口令为userb。

3. 将用户usera_exer的账户解锁。

4. 为usera_exer用户授予CREATE SESSION权限、scott.emp的SELECT权限和UPDATE权限，同时允许该用户将获得的权限授予其他用户。

第 7 章

Oracle数据库的存储管理

本章导言

高效的存储管理是保证数据库性能和可扩展性的重要手段。本章主要介绍Oracle数据库的存储结构、表空间管理、段管理等存储管理技术，帮助学生理解并灵活运用各种存储优化策略，提升数据库资源利用率，并为应对大规模数据增长所带来的挑战做好准备。

学习目标

（1）了解数据文件的概念，掌握管理数据文件的方法。

（2）了解表空间的概念，掌握创建、修改、删除表空间的操作方法。

（3）了解控制文件的概念，掌握管理控制文件的方法。

（4）了解重做日志文件的概念，掌握管理重做日志文件的方法。

素质要求

（1）锻炼根据实际情况评估和优化存储资源的能力，能够在资源分配上体现高效性和可持续性理念。

（2）能够在存储管理实践中关注节能减排，以实际行动支持绿色IT和可持续发展战略。

7.1 数据文件

Oracle数据库中存储量最大的是数据文件，它用于保存数据库中的所有数据。此外，还有一种临时数据文件，其存储内容是临时性的，可以在一定条件下自动释放。

7.1.1 数据文件概述

数据文件用于保存系统数据、数据字典数据、索引数据、应用数据等，是数据库最主要的存储空间。本质上，用户对数据库的操作都是对数据文件进行的。

临时数据文件是一种特殊的数据文件，属于数据库的临时表空间。

Oracle数据库中的每个数据文件都具有两个文件号：绝对文件号和相对文件号，二者用于准确定位一个数据文件。其中，绝对文件号用于在整个数据库范围内唯一标识一个数据文件，相对文件号用于在一个表空间范围内唯一标识一个数据文件。在一个表空间内可以包含多个数据文件，但一个数据文件只能从属于一个表空间。

要根据运行环境和实际需求合理设置数据文件的数目、大小和存储位置。对数据文件的管理策略如下：

- 为提高I/O效率，应该合理地分配数据文件的存储位置；
- 可将不同存储内容的数据文件放置在不同的硬盘上，以便于并行访问；
- 初始化参数文件、控制文件、重做日志文件最好不要与数据文件存放在同一个磁盘上，以免在数据库发生介质故障时无法恢复数据库。

提示： Oracle数据库数据文件的位置和信息都被记录在控制文件中，操作系统本身对文件的管理命令（如rm或cp命令等）不能更改控制文件记录。因此，必须通过Oracle的文件管理操作维护数据文件，才能够更改或刷新数据库控制文件中数据文件的相关信息，以确保数据库能够正常运行。

7.1.2 数据文件的管理

数据文件的管理包括创建数据文件、修改数据文件（大小、可用性、名称、路径等）、删除数据文件和查询数据文件信息等。

1. 创建数据文件

创建数据文件的过程实质上是向表空间添加文件的过程。在创建数据文件时应根据文件数据量的大小确定文件的大小和文件容量的增长方式，可以在创建表空间（或临时表空间）的同时创建数据文件（或临时数据文件），也可以在创建数据库时创建数据文件。在数据库运行时，一般采用下面两种方法向表空间（或临时表空间）添加数据文件（或临时数据文件）。

```
ALTER TABLESPACE…ADD DATAFILE;
ALTER TABLESPACE…ADD TEMPFILE;
```

例如，向Oracle数据库的USERS表空间中添加一个大小为20 MB的数据文件的语句如下：

```
ALTER TABLESPACE USERS ADD DATAFILE
  'c:\oracle\USERS02.DBF' SIZE 20M;
```

执行结果如图7-1所示。

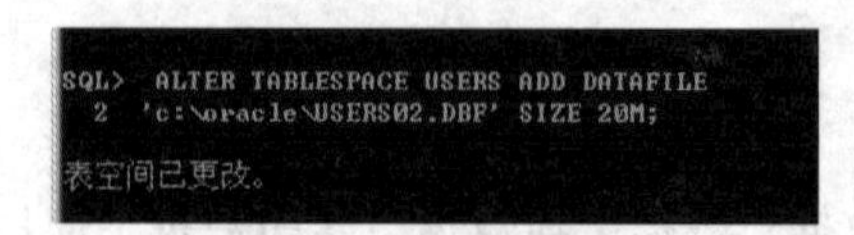

图7-1　创建数据文件

2. 修改数据文件

（1）修改数据文件的大小。修改数据文件的大小有两种方式：

- 设置数据文件为自动增长方式；
- 手动改变数据文件的大小。

例如，向USERS表空间添加一个自动增长的数据文件，每次增长512 KB，数据文件的最大容量为200 MB。语句如下：

```
ALTER TABLESPACE USERS ADD DATAFILE
  'c:\oracle\USERS03.DBF' SIZE 20M AUTOEXTEND ON NEXT
  512K MAXSIZE 200M;
```

执行结果如图7-2所示。如果数据文件没有最大容量限制，可设MAXSIZE为UNLIMITED。

```
SQL>  ALTER TABLESPACE USERS ADD DATAFILE
  2  'c:\oracle\USERS03.DBF' SIZE 20M AUTOEXTEND ON NEXT
  3  512K MAXSIZE 200M;

表空间已更改。
```

图7-2　设置自动增长方式

在创建数据文件后，也可以通过带有RESIZE子句的ALTER DATABASE语句手动修改数据文件的大小。

例如，将USERS表空间的数据文件USERS02.dbf的大小设置为30 MB。语句如下：

```
ALTER DATABASE  DATAFILE
  'c:\oracle\USERS02.DBF' RESIZE 30M;
```

执行结果如图7-3所示。

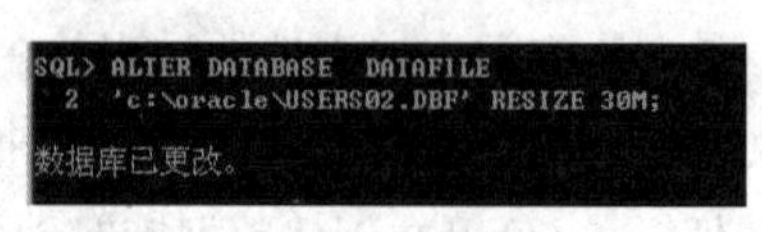

图7-3　手动改变数据文件大小

（2）改变数据文件的可用性。可以通过将数据文件联机或脱机来改变数据文件的可用性，处于脱机状态的数据文件是不可用的。以下4种情况需要改变数据文件的可用性：

- 在脱机备份数据文件时需要先将数据文件脱机；
- 重命名数据文件或改变数据文件的位置时，需要先将数据文件脱机；

- 如果Oracle在写入某个数据文件时发生错误，会自动将该数据文件设置为脱机状态，并记录在警告文件中，排除故障后，需要以手动方式重新将该数据文件恢复为联机状态；
- 数据文件丢失或损坏时，在启动数据库之前需要将数据文件脱机。

例如，数据库处于归档模式，将USERS表空间的数据文件USERS02.dbf脱机。语句如下：

```
ALTER DATABASE DATAFILE
  'c:\oracle\USERS02.DBF' OFFLINE DROP;
```

执行结果如图7-4所示。

```
SQL> ALTER DATABASE DATAFILE
  2  'C:\oracle\USERS02.DBF' OFFLINE DROP;

Database altered.
```

图 7-4　归档模式下的脱机

在非归档模式下，一般不将数据文件脱机，需要时可使用带有DATAFILE和OFFLINE子句的ALTER DATABASE语句。但需要注意，这样会使数据文件脱机并被立即删除，造成数据文件丢失，因此，这种方法通常只用于临时数据文件。

例如，在非归档模式下，将USERS表空间中的所有数据文件脱机，但表空间不脱机。语句如下：

```
ALTER TABLESPACE USERS DATAFILE OFFLINE;
```

执行结果如图7-5所示。

```
SQL> ALTER TABLESPACE USERS DATAFILE OFFLINE;

Tablespace altered.
```

图 7-5　改变表空间中所有数据文件的可用性

（3）改变数据文件的名称或位置。创建数据文件后，还可以改变其名称和位置。如果要改变的数据文件属于一个表空间，可以使用ALTER TABLESPACE RENAME DATAFILE TO语句；如果要改变的数据文件属于多个表空间，则使用ALTER DATABASE RENAME FILE TO语句。

在改变数据文件的名称或位置时，Oracle只是改变记录在控制文件和数据字典中的数据文件信息，并没有改变操作系统中数据文件的名称和位置，因此需要DBA手动更改操作系统中数据文件的名称和位置。

3. 删除数据文件

用ALTER TABLESPACE...DROP DATAFILE语句可删除某个表空间中的某个空数据文件，使用带DROP TEMPFILE的子句可以删除某个临时表空间中空的临时数据文件。所谓空数据文件或空临时数据文件是指为该文件分配的所有区都被回收。

删除数据文件或临时数据文件的同时，将删除控制文件和数据字典中与该数据文件或临时数据文件相关的信息，同时也将删除操作系统中对应的物理文件。

删除数据文件或临时数据文件时受到以下约束：

- 数据库运行于打开状态；
- 数据文件或临时数据文件必须是空的；
- 不能删除表空间的第1个或唯一的一个数据文件或临时数据文件；
- 不能删除只读表空间中的数据文件；
- 不能删除System表空间的数据文件；
- 不能删除采用本地管理的处于脱机状态的数据文件。

4. 查询数据文件信息

Oracle中可以通过数据字典视图查看数据库的数据文件信息，常用的视图有以下几个。

DBA_DATA_FILES：包含数据库中所有数据文件的信息。

DBA_TEMP_FILES：包含数据库中所有临时数据文件的信息。

DBA_EXTENTS：包含所有表空间中已分配的区的描述信息。

USER_EXTENTS：包含当前用户拥有的对象在所有表空间中已分配的区的描述信息。

DBA_FREE_SPACE：包含表空间中空闲区的描述信息。

USER_FREE_SPACE：包含当前用户可访问的表空间中空闲区的描述信息。

V$DATAFILE：包含从控制文件中获取的数据文件信息。

V$DATAFILE_HEADER：包含从数据文件头部获取的信息。

V$TEMPFILE：包含所有临时文件的基本信息。

7.2 表空间与数据文件

逻辑存储结构是指从逻辑的角度分析数据库的构成，是在创建数据库后利用逻辑的概念来描述Oracle数据库内部数据的组织和管理形式。表空间是Oracle数据库中最大的逻辑结构，它提供了一套有效组织数据和进行空间分配的方法。

7.2.1 表空间概述

Oracle数据库在逻辑上可以划分为一系列的逻辑空间，每一个逻辑空间都可以称为一个表空间。

一个数据库由一个或多个表空间构成，不同的表空间用于存放不同的应用数据，表空间的大小决定了数据库的大小。

一个表空间对应一个或多个数据文件，数据文件的大小决定了表空间的大小。一个数据文件只能从属于一个表空间。

表空间是存储模式对象的容器，一个数据库对象只能存储在一个表空间中（分区表和分区索引除外），但可以存储在该表空间所对应的一个或多个数据文件中。若表空间只有一个数据文件，那么该表空间中的所有对象都保存在该文件中；若表空间对应多个数据文件，则表空间中的对象可以分布于不同的数据文件中。

1. 表空间的作用

表空间的作用如下：

- 控制数据库所占用的磁盘空间；
- 控制用户所占用的表空间配额，即控制了用户所占用的空间配额；
- 将不同表的数据分布在不同的表空间，可以提高数据库的I/O性能，有利于进行部分备份和恢复操作；
- 将同一个表的不同数据（如表数据、索引数据等）存放在不同的表空间中，可提高数据库的I/O性能；
- 表空间的只读状态可以保持大量的静态数据；
- 可以按表空间进行备份与恢复，即表空间是一种备份与恢复的单位。

2. 表空间的类型

（1）根据使用类型，可将表空间分为永久表空间、临时表空间和撤销表空间。

永久表空间即用户保存永久性数据（如系统数据、应用系统的数据等）的表空间。每个用户都会被分配一个永久表空间，用来保存其方案对象的数据。除了撤销表空间，相对于临时表空间而言，其他表空间都是永久表空间。其中，System表空间为系统表空间，它主要用于存储数据库的数据字典、PL/SQL程序的源代码和解释代码（包括存储过程、函数、包、触发器等）、数据库对象的定义（包括表、视图、序列、同义词等）；Sysaux表空间为辅助系统表空间，主要用于存储数据库组件等信息，以减小System表空间的负荷。通常情况下，不允许删除、重命名和传输Sysaux表空间。

在数据库实例运行过程中，当执行具有排序、分组汇总、索引等功能的SQL语句时会产生大量的临时数据，这些临时数据被保存在数据库的临时表空间中。临时表空间可以被所有用户使用。数据库的默认临时表空间是在创建数据库时由DEFAULT TEMPORARY TABLESPACE指定的。

撤销表空间是一个特殊的表空间，只用于存储、管理撤销数据。用户不能在其中创建段。Oracle使用撤销数据来隐式或显式地回滚事务，提供数据的读一致性，帮助数据库从逻辑错误中恢复，从而实现闪回查询。用户可以创建多个撤销表空间，但某一时刻只允许使用一个撤销表空间。初始化参数文件中的UNDO_TABLESPACE专门用于回滚信息的自动管理。

（2）按文件的大小，可将表空间分为大文件表空间和小文件表空间。

大文件表空间只能存放一个数据文件（或临时文件），该文件的最大尺寸为128 TB（数据块大小为32 KB）或者32 TB（数据块大小为8 KB），即可以包含4 294 967 295个数据块，用于超大型数据库。与大文件表空间相对应，系统默认创建的表空间称为小文件表空间。小文件表空间最多可以放置1 024个数据文件，一个数据库可以存放64 K个数据文件。

3. 表空间的状态

表空间有以下3种状态。

读写：默认情况下，所有表空间的状态都是读写状态。任何具有表空间配额并具有权限的用户都可读写该表空间中的数据。

只读：任何用户（包括DBA）都无法向该表空间写入数据，也无法修改其中已有的数据。主要用于避免用户对静态数据（不该修改的数据）进行修改。

脱机：通过设置表空间的脱机/联机状态来改变表空间的可用性。脱机有正常、临时、立即和恢复4种模式。

4. 表空间的管理方式

表空间是按照区和段空间进行管理的。

（1）区管理方式。按照区的分配方式不同，表空间有两种管理方式，即字典管理方式和本地管理方式。

字典管理方式：这是传统的管理方式。它使用数据字典管理存储空间的分配，当进行区的分配与回收时，Oracle将对数据字典中的相关基础表进行更新，同时会产生回滚信息和重做信息。字典管理方式已逐渐被淘汰。

本地管理方式：这是默认的表空间管理方式。区的分配和管理信息都存储在表空间的数据文件中，与数据字典无关。表空间在每个数据文件中维护一个“位图”结构，用于记录表空间中所有区的分配情况，因此在分配与回收区时，Oracle将对数据文件中的位图进行更新，不会产生回滚信息或重做信息。可以使用UNIFORM、AUTOALLOCATE或SYSTEM指定区的分配方式。

（2）段空间管理方式。段空间管理方式是指Oracle用来管理段中已用数据块和空闲数据块的机制。在本地管理方式下，可以用MANUAL或AUTO来指定表空间的段空间管理方式。

MANUAL：Oracle使用空闲列表来管理段的空闲数据块，是传统的段空间管理方式。

AUTO：Oracle使用位图来管理段中已用的数据块和空闲数据块。

5. 表空间的管理策略

表空间的管理一般遵循以下策略：

- 将数据字典与用户数据分离，避免因数据字典对象和用户对象保存在一个数据文件中而产生I/O冲突；
- 将回滚数据与用户数据分离，避免由于磁盘损坏而导致永久性的数据丢失；
- 将表空间的数据文件分散保存到不同的磁盘上，平均分布物理I/O操作；
- 为不同的应用创建独立的表空间，避免多个应用之间的相互干扰；
- 将表空间设置为脱机状态或联机状态，以便对数据库的一部分进行备份或恢复；
- 将表空间设置为只读状态，从而将数据库的一部分设置为只读状态；
- 为某种特殊用途的数据专门设置一个表空间，以优化表空间的使用效率，如临时表空间；
- 更加灵活地为用户设置表空间配额。

7.2.2 创建表空间

用户必须拥有CREATE TABLESPACE系统权限才能创建表空间。所有表空间都应该由sys（数据字典的所有者）创建，以避免出现管理问题。

创建表空间的过程中，Oracle要完成以下3项工作。

（1）在数据字典和控制文件中记录新创建的表空间。

（2）在操作系统中按指定的位置和文件名创建指定大小的文件，作为该表空间对应的数据文件。

（3）在预警文件中记录创建表空间的信息。

在创建本地管理方式下的表空间时，应该确定表空间的名称、类型、对应的数据文件的名称和位置，以及区的分配方式、段的管理方式等。表空间的名称不能超过30个字符，必须以字母开头，可以包含字母、数字及一些特殊字符（如#、_、$）等；表空间中区的分配方式包括自动扩展（AUTOALLOCATE）方式和定制（UNIFORM）方式两种；段的管理方式包括自动管理（AUTO）方式和手动管理（MANUAL）方式两种。

1. 创建永久表空间

如果不指定表空间的类型（包括PERMANENT、TEMPORARY和UNDO选项），或明确指定了PERMANENT选项，则创建的都是永久表空间，即永久保存其中的数据库对象的数据。

创建永久表空间使用CREATE TABLESPACE语句来实现，语法格式如下：

```
CREATE TABLESPACE tablespace_name
   DATAFILE 'datafile_path_and_name.dbf' SIZE size_value [K|M]
   AUTOEXTEND ON NEXT size_value [K|M] MAXSIZE unlimited|size_value [K|M]
   EXTENT MANAGEMENT LOCAL AUTOALLOCATE
   SEGMENT SPACE MANAGEMENT {AUTO | MANUAL}
   BLOCKSIZE block_size_value [K|M];
```

该语句包含以下几个子句：

DATAFILE：设定表空间对应的数据文件。

AUTOEXTEND ON：该子句指定数据文件的扩展方式和每次扩展的大小，当数据文件被填满后会自动扩展其大小，最终实现表空间大小的自动扩展。但是，此时不能指定表空间区的分配方式，否则会有错误。

EXTENT MANAGEMENT：指定表空间区的管理方式，取值为LOCAL（默认）或DICTIONARY。

AUTOALLOCATE（默认）或UNIFORM：设定区的分配方式。

SEGMENT SPACE MANAGEMENT：设定段的管理方式，即管理段中已用数据块和空闲数据块的方式，其取值为MANUAL或AUTO（默认）。

BLOCKSIZE：创建非标准块大小的表空间，只适用于永久表空间。如果要为不同的表空间指定不同的块大小，就需要在初始化参数文件中添加或修改相应的数据高速缓存区。

例如，创建一个永久表空间，区采用定制分配，段采用手动管理方式。语句如下：

```
CREATE TABLESPACE ORCLTBS4 DATAFILE
  'c:\oracle\ORCLTBS4_1.DBF' SIZE 60M
  EXTENT MANAGEMENT LOCAL UNIFORM SIZE 512K SEGMENT SPACE MANAGEMENT MANUAL;
```

执行结果如图7-6所示。

```
SQL> CREATE TABLESPACE ORCLTBS4 DATAFILE
  2  'C:\oracle\ORCLTBS4_1.DBF' SIZE 60M
  3  EXTENT MANAGEMENT LOCAL UNIFORM SIZE 512K SEGMENT SPACE MANAGEMENT MANUAL;

Tablespace created.

SQL> _
```

图7-6　创建永久表空间

2. 创建临时表空间

在Oracle数据库中，可以使用CREATE TEMPORARY TABLESPACE语句创建临时表空间，并用TEMPFILE子句设置临时数据文件。Oracle用临时表空间来创建临时段，以便执行ORDER BY等子句的排序、汇总操作时供产生的临时数据使用。临时段是全体用户共享的，即使排序操作结束了，Oracle也不会释放临时段。

需要注意的是，临时表空间中区的分配方式只能是UNIFORM，而不能是AUTOALLOCATE，因为这样才能保证不会在临时段中产生过多的存储碎片。

例如，创建一个临时表空间，该表空间采用本地管理方式，大小为20 MB，使用UNIFORM选项指定区分配方式，大小为2 MB。语句如下：

```
CREATE TEMPORARY TABLESPACE ORCLTEMP2
  TEMPFILE 'C:\Program Files\Oracle\ORCLTEMP2_1.DBF'  SIZE 20M
  UNIFORM SIZE 2M;
```

执行结果如图7-7所示。

图7-7　创建临时表空间

3. 创建大文件表空间

如果在创建表空间时没有使用关键字BIGFILE，则创建的是传统的小文件（SMALLFILE）表空间。大文件表空间只能采用本地管理方式，其段采用自动管理方式。

例如，创建一个大文件表空间的语句如下：

```
CREATE BIGFILE TABLESPACE ORCLTBS5
  DATAFILE ' C:\oracle\ORCLTBS5_1.DBF'
  SIZE 20M;
```

执行结果如图7-8所示。

```
SQL> CREATE BIGFILE TABLESPACE ORCLTBS5
  2  DATAFILE 'C:\oracle\ORCLTBS5_1.DBF'
  3  SIZE 20M;

Tablespace created.
```

图 7-8　创建大文件表空间

4. 创建撤销表空间

如果数据库中没有创建撤销表空间，将使用System表空间管理回滚段。

如果数据库中包含多个撤销表空间，那么一个实例只能使用一个处于活动状态的撤销表空间，可以通过参数UNDO_TABLESPACE指定；如果数据库中只包含一个撤销表空间，则数据库实例启动后会自动使用该撤销表空间。

如果使用撤销表空间对数据库的回滚信息进行自动管理，必须设置初始化参数为UNDO_MANAGEMENT=AUTO。

在Oracle数据库中，可以使用CREATE UNDO TABLESPACE语句创建撤销表空间，但是在该语句中只能指定DATAFILE和EXTENT MANAGEMENT LOCAL两个子句，而不能指定其他子句。

例如，创建一个撤销表空间的语句如下：

```
CREATE UNDO TABLESPACE ORCLUNDO1
  DATAFILE ' C:\oracle\ORCLUNDO1_1.DBF'  SIZE 20M;
```

执行结果如图7-9所示。

```
SQL> CREATE UNDO TABLESPACE ORCLUNDO1
  2  DATAFILE 'C:\oracle\ORCLUNDO1_1.DBF'  SIZE 20M;

Tablespace created.
```

图 7-9　创建撤销表空间

如果在数据库中使用该撤销表空间，需要设置初始化参数为UNDO_MANAGEMENT=AUTO、UNDO_TABLESPACE=ORCLUNDO1。

7.2.3　修改表空间

用户可以对表空间进行修改操作，修改操作包括扩展表空间、修改表空间的可用性、修改表空间的读/写状态、设置默认表空间、重命名表空间、备份表空间等。

提示：不能将本地管理的永久表空间转换为本地管理的临时表空间，也不能修改本地管理的表空间中段的管理方式。

1. 扩展表空间

（1）为表空间添加数据文件。用户可以通过ALTER TABLESPACE...ADD DATAFILE语句为永久表空间添加数据文件，通过ALTER TABLESPACE...ADD TEMPFILE语句为临时表空间添加临时数据文件。

例如，为ORCLTBS4表空间添加一个大小为10 MB的新数据文件，语句如下：

```
ALTER TABLESPACE ORCLTBS4 ADD DATAFILE
  ' C:\oracle\ORCLTBS1_2.DBF' SIZE 10M;
```

执行结果如图7–10所示。

```
SQL> ALTER TABLESPACE ORCLTBS4 ADD DATAFILE
  2   'C:\oracle\ORCLTBS1_2.DBF' SIZE 10M;

Tablespace altered.
```

图7–10　为表空间添加数据文件

（2）改变数据文件的大小。用户可以通过改变表空间已有数据文件的大小，达到扩展表空间的目的。

例如，将ORCLTBS4表空间的数据文件ORCLTBS1_2.dbf的大小增加到20 MB，语句如下：

```
ALTER DATABASE DATAFILE
  ' C:\oracle\ORCLTBS1_2.DBF' RESIZE 20M;
```

执行结果如图7–11所示。

```
SQL> ALTER DATABASE DATAFILE
  2  'C:\oracle\ORCLTBS1_2.DBF' RESIZE 20M;

Database altered.
```

图7–11　改变数据文件的大小

（3）改变数据文件的扩展方式。如果在创建表空间或为表空间增加数据文件时没有指定AUTOEXTEND ON选项，则该文件的大小是固定的；如果为数据文件指定了AUTOEXTEND ON选项，当数据文件被填满时会自动扩展，即表空间被扩展了。

例如，将ORCLTBS4表空间的数据文件ORCLTBS1_2.dbf设置为自动扩展，每次扩展5 MB空间，文件最大为100 MB。语句如下：

```
ALTER DATABASE DATAFILE
  ' C:\oracle\ORCLTBS1_2.DBF'
 AUTOEXTEND ON NEXT 5M MAXSIZE 100M;
```

执行结果如图7–12所示。

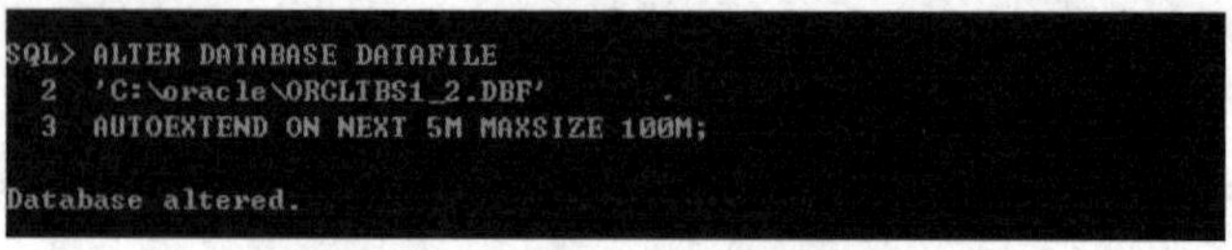

```
SQL> ALTER DATABASE DATAFILE
  2  'C:\oracle\ORCLTBS1_2.DBF'
  3  AUTOEXTEND ON NEXT 5M MAXSIZE 100M;

Database altered.
```

图7–12　改变数据文件的扩展方式

2. 修改表空间的可用性

离线状态的表空间是不能进行数据访问的，对应的所有数据文件也都处于脱机状态。System表空间、存放在线回退信息的撤销表空间和临时表空间必须是在线状态。

修改表空间可用性的语句如下：

```
ALTER TABLESPACE tablespace_name ONLINE|OFFLINE;
```

3. 修改表空间的读/写状态

修改表空间读/写状态的语句如下：

```
ALTER TABLESPACE tbs_name READ ONLY|READ WRITE;
```

将表空间转换为只读状态需要满足下列要求：

- 表空间处于联机状态；
- 表空间中不能包含任何活动的回退段；
- 如果表空间正在进行联机数据库备份，则不能将其设置为只读状态。因为联机备份结束时，Oracle会更新表空间数据文件的头部信息。

4. 设置默认表空间

Oracle默认表空间为USERS表空间，默认临时表空间为TEMP表空间。

设置数据库默认表空间的语句如下：

```
ALTER DATABASE DEFAULT TABLESPACE;
```

设置数据库默认临时表空间的语句如下：

```
ALTER DATABASE DEFAULT TEMPORARY TABLESPACE;
```

5. 重命名表空间

重命名表空间的语句如下：

```
ALTER TABLESPACE tablespace_name RENAME TO new_tablespace_name;
```

其中，tablespace_name是当前表空间名，而new_tablespace_name是用户要更改的新的表空间名。

当重命名一个表空间时，数据库会自动更新数据字典、控制文件，以及数据文件头部中对该表空间的引用，但该表空间的ID号并没有修改。如果该表空间是数据库默认的表空间，那么重命名后仍然是数据库的默认表空间。

> **提示：** 不能重命名system表空间和sysaux表空间。不能重命名处于脱机状态或部分数据文件处于脱机状态的表空间。

6. 备份表空间

备份表空间的语句如下：

```
ALTER TABLESPACE tablespace_name  BEGIN|END BACKUP;
```

在数据库进行热备份（联机备份）时，需要分别对表空间进行备份。备份的基本步骤为：

步骤 01 使用ALTER TABLESPACE...BEGIN BACKUP语句，将表空间设置为备份模式。

步骤 02 在操作系统中备份表空间所对应的数据文件。

步骤 03 使用ALTER TABLESPACE...END BACKUP语句，结束表空间的备份模式。

7.2.4 删除表空间

如果不再需要一个表空间及其内容（该表空间所包含的段或拥有的数据文件），可以将该表空间从数据库中删除。除系统表空间（System和Sysaux）外，其他表空间都可以被删除，但不能删除包含任何活动段的表空间。对于包含活动段的表空间，可以先将表空间脱机再删除。对于临时表空间，则不用脱机。

删除表空间的基本语句如下：

```
DROP TABLESPACE tablespace_name;
```

其中，tablespace_name是指要删除的表空间名。如果表空间非空，应带有子句INCLUDING CONTENTS；如果要删除操作系统下的数据文件，应带有子句AND DATAFILES；如果要删除参照完整性约束，应带有子句CASCADE CONSTRAINTS。

例如，删除Oracle数据库的ORCLUNDO1表空间及其所有内容，同时删除其所对应的数据文件，以及其他表空间中与ORCLUNDO1表空间相关的参照完整性约束。语句如下：

```
DROP TABLESPACE ORCLUNDO1
  INCLUDING CONTENTS AND DATAFILES
  CASCADE CONSTRAINTS;
```

执行结果如图7-13所示。

图7-13 删除表空间

7.2.5 表空间信息的查询

用户通过数据字典视图可以查询表空间信息。与表空间相关的数据字典视图有以下几个。

V$TABLESPACE：从控制文件中获取的表空间名称和编号信息。

DBA_TABLESPACES：数据库中所有表空间的信息。

DBA_TABLESPACE_GROUPS：表空间组及其包含的表空间信息。

DBA_SEGMENTS：所有表空间中段的信息。

DBA_EXTENTS：所有表空间中区的信息。

DBA_FREE_SPACE：所有表空间中空闲区的信息。

V$DATAFILE：所有数据文件信息，包括所属表空间的名称和编号。

V$TEMPFILE：所有临时文件信息，包括所属表空间的名称和编号。

DBA_DATA_FILES：数据文件及其所属表空间信息。

DBA_TEMP_FILES：临时文件及其所属表空间信息。

DBA_USERS：所有用户的默认表空间和临时表空间信息。

DBA_TS_QUOTAS：所有用户的表空间配额信息。

V$SORT_SEGMENT：数据库实例的每个排序段信息。

V$SORT_USER：用户使用临时排序段信息。

V$UNDOSTAT：撤销表空间的统计信息。

V$TRANSACTION：各个事务所使用的撤销段信息。

DBA_UNDO_EXTENTS：包含UNDO表空间中区的大小与状态信息。

例如，统计表空间中空闲空间信息的语句如下：

```
SELECT TABLESPACE_NAME "TABLESPACE",
  FILE_ID,COUNT(*) "PIECES",
  MAX(blocks) "MAXIMUM",MIN(blocks)"MINIMUM",
  AVG(blocks)"AVERAGE",SUM(blocks) "TOTAL"
  FROM DBA_FREE_SPACE
  GROUP BY TABLESPACE_NAME, FILE_ID;
```

执行结果如图7-14所示。

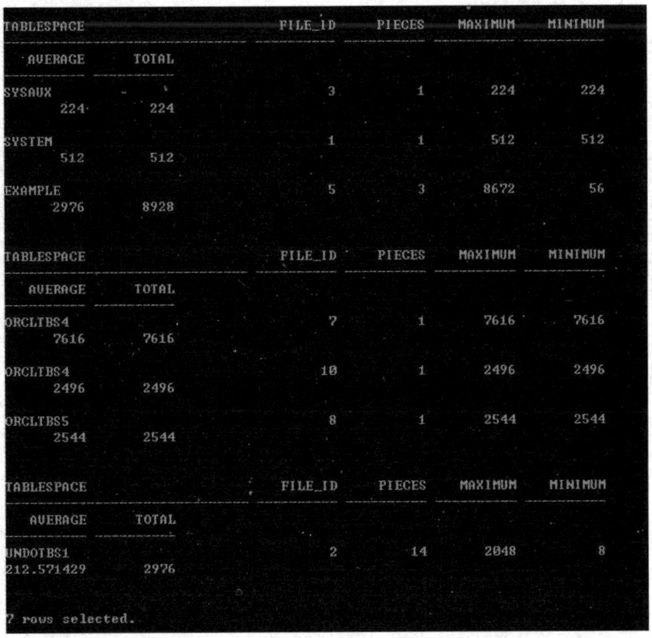

```
TABLESPACE                        FILE_ID    PIECES   MAXIMUM   MINIMUM
------------------------------ ---------- --------- --------- ---------
   AVERAGE      TOTAL
---------- ----------
SYSAUX                                  3         1       224       224
       224        224

SYSTEM                                  1         1       512       512
       512        512

EXAMPLE                                 5         3      8672        56
      2976       8928

TABLESPACE                        FILE_ID    PIECES   MAXIMUM   MINIMUM
------------------------------ ---------- --------- --------- ---------
   AVERAGE      TOTAL
---------- ----------
ORCLTBS4                                7         1      7616      7616
      7616       7616

ORCLTBS4                               10         1      2496      2496
      2496       2496

ORCLTBS5                                8         1      2544      2544
      2544       2544

TABLESPACE                        FILE_ID    PIECES   MAXIMUM   MINIMUM
------------------------------ ---------- --------- --------- ---------
   AVERAGE      TOTAL
---------- ----------
UNDOTBS1                                2        14      2048         8
212.571429       2976

7 rows selected.
```

图7-14　统计表空间中空闲空间的信息

7.3 控制文件

控制文件是Oracle数据库中极为关键的物理文件。它描述了整个数据库的物理结构信息，还记录了数据库的状态和完整性信息，对于数据库的启动、运行和恢复过程至关重要。

7.3.1 控制文件概述

控制文件是一个很小的二进制文件。在创建数据库时，系统会自动创建至少一个控制文件。在启动数据库时，数据库实例通过初始化参数定位控制文件，然后加载数据文件和重做日志文件，最后打开数据文件和重做日志文件。在数据库运行期间，控制文件始终在不断更新，DBA不能直接修改控制文件的内容，只能由Oracle进程来管理控制文件，以便记录数据文件和重做日志文件的变化。一个数据库至少拥有一个控制文件，也可以同时拥有多个控制文件。

控制文件中还存储了一些数据库的最大化参数，这些参数包括以下几个。

MAXLOGFILES：最大重做日志文件组数量。

MAXLOGMEMBERS：重做日志文件组中最大成员数量。

MAXLOGHISTORY：最大历史重做日志文件数量。

MAXDATAFILES：最大数据文件数量。

MAXINSTANCES：可同时访问的数据库最大实例个数。

7.3.2 控制文件的管理

控制文件的管理策略是最少要有两个控制文件，通过多路复用技术，将多个控制文件分散到不同的磁盘中。在数据库运行过程中，始终读取CONTROL_FILES参数指定的第1个控制文件，并同时写CONTROL_FILES参数指定的所有控制文件。如果其中一个控制文件不可用，则必须关闭数据库并进行恢复。

每次对数据库结构进行修改（如添加、修改、删除数据文件和重做日志文件等）后，应该及时备份控制文件。

1. 创建控制文件

创建控制文件的语句通常在数据库无法正常启动的情况下使用，并且需要手动指定一些关键信息。创建控制文件使用CREATE CONTROLFILE语句，其语法格式为：

```
CREATE CONTROLFILE [REUSE]  [SET] DATABASE
  NAME <db_name>
  [LOGFILE logfile_clause]
  RESETLOGS|NORESETLOGS
  [DATAFILE file_specification]
  [MAXLOGFILES]
  [MAXLOGMEMBERS]
  [MAXLOGHISTORY]
  [MAXDATAFILES]
  [MAXINSTANCES]
  [ARCHIVELOG|NOARCHIVELOG]
  [FORCE LOGGING]
```

```
  [CHARACTER SET character_set];
```

创建控制文件的步骤如下：

步骤 01 制作数据库中所有数据文件和重做日志文件列表，需要执行下列语句：

```
SQL>SELECT MEMBER FROM V$LOGFILE;
SQL>SELECT NAME FROM V$DATAFILE;
SQL>SELECT VALUE FROM V$PARAMETER WHERE NAME = 'CONTROL_FILES';
```

步骤 02 如果数据库仍然处于运行状态，则关闭数据库。语句如下：

```
SQL>SHUTDOWN
```

步骤 03 在操作系统中备份所有数据文件和联机重做日志文件。

步骤 04 启动实例到NOMOUNT状态，执行以下语句：

```
STARTUP NOMOUNT
```

步骤 05 利用前面得到的文件列表，执行CREATE CONTROLFILE语句创建一个新控制文件。

步骤 06 在操作系统中对新建的控制文件进行备份。

步骤 07 如果需要重命名数据库，编辑db_name参数指定新的数据库名称 。

步骤 08 如果需要恢复数据库，则进行恢复数据库操作。

如果创建控制文件时指定了NORESTLOGS，可以完全恢复数据库，执行以下语句：

```
RECOVER DATABASE ;
```

如果创建控制文件时指定了RESETLOGS，则必须在恢复时指定USING BACKUP CONTROLFILE选项，语句如下：

```
RECOVER DATABASE USING BACKUP CONTROLFILE;
```

步骤 09 重新打开数据库。如果数据库不需要恢复或已经对数据库进行了完全恢复，可以正常打开数据库。语句如下：

```
ALTER DATABASE OPEN;
```

如果在创建控制文件时使用了RESETLOGS参数，则必须指定以RESETLOGS方式打开数据库。语句如下：

```
ALTER DATABASE OPEN  RESETLOGS;
```

2. 实现多路复用控制文件

为保证控制文件的可用性，在创建数据库时可创建多路复用的控制文件，其名称和保存位置由初始化参数文件CONTROL_FILES指定。

创建多路复用控制文件的步骤如下。

步骤 01 编辑初始化参数文件CONTROL_FILES，语句如下：

```
ALTER SYSTEM SET  CONTROL_FILES=... SCOPE=SPFILE;
```

步骤 02 关闭数据库，语句如下：

```
SHUTDOWN IMMEDIATE
```

步骤03 复制一个原有的控制文件到新的位置，并重新命名。

步骤04 重新启动数据库，语句如下：

```
STARTUP
```

3. 备份控制文件

为避免控制文件损坏或丢失，或在对数据库存储结构进行修改后，需要备份控制文件。通常使用ALTER DATABASE BACKUP CONTROLFILE语句备份控制文件。

可以将控制文件备份为二进制文件，语句如下：

```
ALTER DATABASE BACKUP CONTROLFILE TO 'D:\ORACLE\CONTROL.BKP';
```

也可以将控制文件备份为文本文件，语句如下：

```
ALTER DATABASE BACKUP CONTROLFILE TO TRACE;
```

4. 删除控制文件

可根据需要删除控制文件，删除过程与创建过程相似，步骤如下：

步骤01 编辑初始化参数文件CONTROL_FILES，使其不包含要删除的控制文件。

步骤02 关闭数据库。

步骤03 在操作系统中删除控制文件。

步骤04 重新启动数据库。

5. 查看控制文件信息

用户可以通过下列数据字典视图查看控制文件信息。

V$DATABASE：从控制文件中获取数据库信息。

V$CONTROLFILE：包含所有控制文件的名称与状态信息。

V$CONTROLFILE_RECORD_SECTION：包含控制文件中各记录文档的段信息。

V$PARAMETER：可以获取初始化参数CONTROL_FILES的值。

7.4 重做日志文件

7.4.1 重做日志文件概述

重做日志文件是以重做记录的形式记录、保存用户对数据库所进行的变更操作。利用重做日志文件恢复数据库，是通过事务的重做（REDO）或回退（UNDO）实现的。

重做日志文件的工作过程为：每个数据库至少需要两个重做日志文件，采用循环写的方式工作；当一个重做日志文件写满后，进程LGWR会移到下一个日志组，称为日志切换，同时信息会写到控制文件中；为了保证LGWR进程的正常进行，通常采用重做日志文件组，每个组中包含若干完全相同的重做日志文件成员，这些成员文件互为镜像。

7.4.2 重做日志文件的管理

重做日志文件的管理包括重做日志文件组和重做日志文件组成员的管理。

（1）添加重做日志文件组。要为数据库添加重做日志文件组，可以使用ALTER DATABASE ADD LOGFILE语句。

（2）添加重做日志文件组成员。要为数据库添加重做日志文件组成员，可以使用ALTER DATABASE ADD LOGFILE MEMBER...TO GROUP...语句。

（3）改变重做日志文件组成员的名称或位置。使用ALTER DATABASE RENAME FILE...TO语句可以改变重做日志文件组成员的名称或位置。

提示： 只能更改处于INACTIVE或UNUSED状态的重做日志文件组成员的名称或位置。

（4）删除重做日志文件组成员。使用ALTER DATABASE DROP LOGFILE MEMBER语句可以删除重做日志文件组成员。

提示： 只能删除状态为INACTIVE或UNUSED的重做日志文件组中的成员。若要删除状态为CURRENT的重做日志文件组中的成员，需执行一次手动日志切换。如果数据库处于归档模式下，则在删除重做日志文件之前要保证该文件所在的重做日志文件组已归档。每个重做日志文件组中至少要有一个可用的成员文件，即VALID状态的成员文件。如果要删除的重做日志文件是所在组中最后一个可用的成员文件，则无法删除。

（5）删除重做日志文件组。使用ALTER DATABASE DROP LOGFILE GROUP语句可以删除重做日志文件组。

提示： 无论重做日志文件组中有多少个成员文件，一个数据库至少需要使用两个重做日志文件组。如果数据库处于归档模式下，在删除重做日志文件组之前，必须确定该组已经被归档。只能删除处于INACTIVE状态或UNUSED状态的重做日志文件组。若要删除状态为CURRENT的重做日志文件组，需要执行一次手动日志切换。

（6）切换重做日志文件。只有当前的重做日志文件组写满后才会发生日志切换，但是可以通过设置参数ARCHIVE_LOG_TARGET控制日志切换的时间间隔，在必要时也可以手动强制进行日志切换。

如果需要将当前处于CURRENT状态的重做日志组立即切换到INACTIVE状态，必须进行手动日志切换。手动日志切换使用ALTER SYSTEM SWITCH LOGFILE语句。

当发生日志切换时，系统将为新的重做日志文件产生一个日志序列号，在归档时该日志序列号一同被保存。日志序列号是在线日志文件和归档日志文件的唯一标识。

（7）清除重做日志文件组。在数据库运行过程中，联机重做日志文件可能会因为某些原因而损坏，导致数据库最终由于无法将损坏的重做日志文件归档而停止。此时可以在不关闭数据库的情况下，手动清除损坏的重做日志文件内容，避免出现数据库停止运行的情况。

清除重做日志文件就是将重做日志文件中的内容全部清除，相当于删除该重做日志文件，然后重新建立它。清除重做日志文件组是将该文件组中的所有成员文件全部清空。清除重做日志文件组使用ALTER DATABASE CLEAR LOGFILE GROUP ...语句。

（8）查看重做日志文件信息。可以通过数据字典视图查看数据库重做日志文件的相关信息，常用的视图如下。

V$LOG：包含从控制文件中获取的所有重做日志文件组的基本信息。

V$LOGFILE：包含重做日志文件组及其成员文件的信息。

V$LOG_HISTORY：包含关于重做日志文件的历史信息。

7.5 归档重做日志文件

Oracle数据库能够将已经写满的重做日志文件保存到指定的一个或多个位置，被保存的重做日志文件的集合称为归档重做日志文件，这个过程称为归档。

7.5.1 归档重做日志文件概述

根据是否进行重做日志文件归档，数据库运行可以分为归档模式或非归档模式。在归档模式下，数据库中过去的重做日志文件全部被保存，这样在数据库出现故障时，即使是介质故障，利用数据库备份、归档重做日志文件和联机重做日志文件也可以完全恢复数据库。在非归档模式下，由于没有保存过去的重做日志文件，数据库只能从实例崩溃中恢复，而无法进行介质恢复。此时不能执行联机表空间的备份操作，也不能使用联机归档模式下建立的表空间备份进行恢复，只能使用非归档模式下建立的完全备份对数据库进行恢复。

在归档模式和非归档模式下进行日志切换的条件也不同。在非归档模式下，日志切换的前提条件是已写满的重做日志文件在被覆盖之前，其所有重做记录所对应事务的修改操作结果已全部写入数据文件中；而在归档模式下，日志切换的前提条件是已写满的重做日志文件在被覆盖之前，不仅所有重做记录所对应事务的修改操作结果全部写入数据文件中，还需要等待归档进程完成它的归档操作。

7.5.2 归档重做日志文件的管理

1. 设置数据库归档/非归档模式

在创建数据库时，可以通过在CREATE DATABASE语句中指定ARCHIVELOG或NOARCHIVELOG来设置初始模式为归档模式或非归档模式。在创建数据库后，还可以通过ALTER DATABASE ARCHIVELOG或NOARCHIVELOG来修改数据库的模式。步骤如下。

步骤01 关闭数据库，语句如下：

```
SHUTDOWN IMMEDIATE
```

步骤02 启动数据库到MOUNT状态，语句如下：

```
STARTUP MOUNT
```

步骤03 将数据库设置为归档模式，语句如下：

```
ALTER DATABASE ARCHIVELOG;
```

或者将数据库设置为非归档模式，语句如下：

```
ALTER DATABASE NOARCHIVELOG;
```

步骤04 打开数据库，语句如下：

```
ALTER DATABASE OPEN;
```

2. 归档模式下归档方式的选择

数据库在归档模式下运行时，可以采用自动或手动两种方式归档重做日志文件。

如果选择自动归档方式，在重做日志文件被覆盖之前，ARCH进程会自动将重做日志文件内容归档；如果选择了手动归档方式，在重做日志文件被覆盖之前，需要DBA手动将重做日志文件归档，否则系统将处于挂起状态。

选择自动归档方式的操作如下。

（1）启动归档进程。语句如下：

```
ALTER SYSTEM ARCHIVE LOG START;
```

（2）关闭归档进程。语句如下：

```
ALTER SYSTEM ARCHIVE LOG STOP;
```

选择手动归档方式的操作如下。

（1）对所有已经写满的重做日志文件（组）进行归档。语句如下：

```
ALTER SYSTEM ARCHIVE LOG ALL;
```

（2）对当前的联机日志文件（组）进行归档。语句如下：

```
ALTER SYSTEM ARCHIVE LOG CURRENT;
```

3. 归档路径设置

归档路径的设置是通过相应的初始化参数LOG_ARCHIVE_DEST和LOG_ARCHIVE_DUPLEX_DEST完成的。LOG_ARCHIVE_DEST参数指定本地主归档路径，LOG_ARCHIVE_DUPLEX_DEST指定本地次归档路径。

用户可以使用初始化参数LOG_ARCHIVE_DEST_n设置归档路径，最多可以指定10个归档路径，其归档目标可以是本地系统的目录，也可以是远程的数据库系统。这两组参数只能使用其中一组设置归档路径，而不能两组同时使用。

用户还可以通过设置参数LOG_ARCHIVE_FORMAT指定归档文件的命名方式。

4. 设置可选或强制归档目标

用于设置最小成功归档目标数的参数为LOG_ARCHIVE_MIN_SUCCESS_DEST。用于设置启动最大归档进程数的参数为LOG_ARCHIVE_MAX_PROCESSES。用于设置可选归档目标和强制归档目标的参数为LOG_ARCHIVE_DEST_n，使用该参数时通过关键字OPTIONAL或MANDATORY指定可选或强制归档目标。

5. 归档信息查询

查询归档信息有两种方法：执行ARCHIVE LOG LIST命令和查询数据字典视图。查询归档信息常用的数据字典视图的参数说明如下。

V$DATABASE：用于查询数据库是否处于归档模式。

V$ARCHIVED_LOG：包含从控制文件中获取的所有已归档日志的信息。

V$ARCHIVE_DEST：包含所有归档目标信息，如归档目标的位置、状态等。

V$ARCHIVE_PROCESSES：包含已启动的ARCH进程的状态信息。

V$BACKUP_REDOLOG：包含已备份的归档日志信息。

拓展阅读

统筹部署医疗、教育、广电、科研等公共服务和重要领域云数据中心，加强区域优化布局、集约建设和节能增效。推进云网一体化建设发展，实现云计算资源和网络设施有机融合。

——《“十四五”国家信息化规划》

巩固练习

一、选择题

1. 在创建数据库时系统会自动创建至少（　　）个控制文件。

A. 1　　B. 2　　C. 3　　D. 4

2. 以下不是表空间状态的是（　　）。

A. 读写　　B. 只读　　C. 脱机　　D. 联机

3. 用于查询数据库是否处于归档模式的数据字典视图参数是（　　）。

A. V$INSTANCE　　B. V$LOG　　C. V$DATABASE　　D. V$THREAD

二、填空题

1. 数据文件用于保存_______、_______、_______、_______等，是数据库最主要的存储空间。

2. 表空间有_______、_______和_______3种状态。

三、实训题

1. 为USERS表空间添加一个数据文件，文件名为USERS03.dbf，大小为50 MB。

2. 为EXAMPLE表空间添加一个数据文件，文件名为example02.dbf，大小为20 MB。

3. 修改USERS表空间中userdata03.dbf文件的大小为40 MB。

第 8 章

Oracle数据库的备份与恢复

本章导言

备份与恢复是确保数据库在面对硬件故障、软件错误或人为误操作时能够快速恢复正常服务的关键环节。本章将详解Oracle数据库的各种备份策略与恢复方法，通过实例演示使学生掌握灾难恢复预案的制定与执行，培养其危机处理能力，并认识到确保数据安全与业务连续性的重要性。

学习目标

（1）了解数据备份与恢复的概念。
（2）掌握逻辑备份与恢复的方法。
（3）掌握脱机备份与恢复的方法。
（4）掌握联机备份与恢复的方法。

素质要求

（1）培养综合考虑业务连续性、数据安全性等因素，并合理规划和执行备份恢复策略的能力。
（2）能够在应急响应中展现快速有效的决策力和行动力，同时树立对数据资产负责任的态度。

8.1 备份与恢复概述

数据库系统在运行中可能发生故障，轻则导致事务异常中断，影响数据库中数据的正确性；重则破坏数据库，使数据库中的数据部分或全部丢失。

提示：现实工作中有很多因素都可能造成数据丢失，包括介质故障（磁盘损坏、磁头碰撞、瞬时强磁场干扰）、用户的错误操作、服务器的意外崩溃、计算机病毒、不可预料的因素（自然灾害、电源故障、盗窃等）。

数据库备份是对数据库中部分或全部数据进行复制以形成副本，并存放到一个相对独立的设备上（如磁盘、磁带），在数据库出现故障时使用。数据库恢复是指在数据库发生故障时，使用数据库备份还原数据库数据，使数据库恢复到无故障状态。数据库备份与恢复的目的是为了保证在发生各种故障后，数据库中的数据都能从错误状态恢复到某种逻辑一致的状态。

在不同条件下需要使用不同的备份与恢复方法，某种条件下的备份信息只能通过与其对应的方法进行还原或恢复。

1. 数据库备份

（1）根据数据备份方式的不同，数据库备份分为物理备份和逻辑备份。

物理备份是指将组成数据库的数据文件、重做日志文件、控制文件、初始化参数文件等文件进行复制，将形成的副本保存到与当前系统独立的磁盘或磁带上。

逻辑备份是指利用Oracle提供的导出工具（如expdp、export）将数据库中选定的记录集或数据字典的逻辑副本以二进制文件的形式存储到操作系统中。逻辑备份的二进制文件称为转储文件，存储格式为DMP。

提示：Oracle支持的导出方式有3种：表方式（T方式），是指将指定表的数据导出；用户方式（U方式），是指将指定用户的所有对象及数据导出；全库方式（Full方式），是指将数据库中的所有对象导出。

（2）根据数据库备份时是否关闭数据库服务器，数据库备份可分为脱机备份和联机备份。

脱机备份，是指在关闭数据库的情况下将所有数据库文件复制到另一个磁盘或磁带上去。

联机备份，是指在数据库运行的情况下对数据库进行的备份。要进行热备份，数据库必须在归档日志模式下运行。

（3）根据数据库备份的规模不同，数据库备份可分为完全备份和部分备份。

完全备份是指对整个数据库进行备份，包括所有的物理文件。

部分备份是指对部分数据文件、表空间、控制文件、归档重做日志文件等进行备份。

（4）根据数据库是否运行在归档模式，数据库备份可分为归档备份和非归档备份。

归档备份是指保存所有事务日志，包括在线Redo日志和归档日志。

非归档备份是指所备份的内容中不包括归档日志，只有在线Redo日志。

2. 数据库恢复

（1）根据恢复时使用的备份不同，数据库恢复分为物理恢复和逻辑恢复。

物理恢复是指利用物理备份来恢复数据库，即利用物理备份文件恢复损毁文件，这种恢复是在操作系统中进行的。

逻辑恢复是指利用逻辑备份的二进制文件，通过Oracle提供的导入工具（如impdp、import）将部分或全部信息重新导入数据库，恢复损毁或丢失的数据。

（2）根据恢复程度的不同，数据库恢复可分为完全恢复和不完全恢复。

完全恢复是指利用备份使数据库恢复到出现故障时的状态。

不完全恢复是指利用备份使数据库恢复到出现故障之前的某个状态。

8.2 逻辑备份与恢复

逻辑备份与恢复必须在数据库运行的状态下进行，因此当数据库发生介质损坏而无法启动时，不能利用逻辑备份恢复数据库。

逻辑备份与恢复有多种方式（如数据库级、表空间级、方案级和表级），可实现不同操作系统之间、不同Oracle版本之间的数据传输。在Oracle中，可以使用exp（export）和imp（import）程序导出/导入数据，也可以使用expdp和impdp程序导出/导入数据，并且expdp和impdp比exp和imp速度快。导出数据是指将数据库中的数据导出到一个导出文件中，导入数据是指将导出文件中的数据导入数据库中。

两类逻辑备份与恢复的实用程序比较如下：

- exp和imp是客户端实用程序，可以在服务器端使用，也可以在客户端使用；
- expdp和impdp是服务器端实用程序，只能在数据库服务器端使用；
- 利用expdp、impdp可以在服务器端多线程、并行地执行大量数据的导出与导入操作；
- 利用expdp、impdp除可以进行数据库的备份与恢复外，还可以在数据库方案间、数据库间传输数据，实现数据库的升级和减少磁盘的碎片等；
- 使用expdp和impdp实用程序时，导出文件只能存放在目录对象指定的操作系统目录中。

Oracle中用CREATE DIRECTORY语句创建目录对象，它指向操作系统中的某个目录。语句格式为：

```
CREATE DIRECTORY object_name AS 'directory_name';
```

其中，object_name为目录对象名，directory_name为操作系统目录名，目录对象指向后面的操作系统目录。

例如，创建目录对象并授予对象权限的语句如下：

```
CONN system /zzuli
CREATE DIRECTORY dir_obj1 AS 'e:\d1';
CREATE DIRECTORY dir_obj2 AS 'e:\d2';
GRANT READ, WRITE ON DIRECTORY dir_obj1 TO scott;
GRANT READ, WRITE ON DIRECTORY dir_obj2 TO scott;
```

```
SELECT * FROM dba_directories WHERE directory_name LIKE 'DIR_%';
```

执行结果如图8-1所示。

```
SQL> conn system/zzuli
已连接。
SQL> create directory dir_obj1 as 'e:\d1';

目录已创建。

SQL> create directory dir_obj2 as 'e:\d2';

目录已创建。

SQL> grant read,write on directory dir_obj1 to scott;

授权成功。

SQL> grant read,write on directory dir_obj2 to scott;

授权成功。

SQL> select * from dba_directories where directory_name like 'DIR_%';

OWNER                          DIRECTORY_NAME
------------------------------ ------------------------------
DIRECTORY_PATH
--------------------------------------------------------------------------------

SYS                            DIROBJ1
e:\d1

SYS                            DIROBJ2
e:\d2

SYS                            DIR_OBJ1
e:\d1

OWNER                          DIRECTORY_NAME
------------------------------ ------------------------------
DIRECTORY_PATH
--------------------------------------------------------------------------------

SYS                            DIR_OBJ2
e:\d2
```

图8-1　创建目录对象并授权

8.2.1　使用expdp导出数据

使用expdp程序，可以估计导出文件的大小、导出表、导出方案、导出表空间等。

使用expdp程序的语句格式为：

```
expdp username/password parameter1 [,parameter2,…]
```

其中，username为用户名，password为用户密码，parameter1、parameter2等为参数的名称。expdp程序中所用参数的名称和功能如表8-1所示。

表8-1　expdp程序中所用参数的名称和功能

参　数	功　能
ATTACH	将导出结果附加在一个已经存在的导出作业中
CONTENT	指定导出的内容
DIRECTORY	指定导出文件和日志文件所在的目录位置
DUMPFILE	指定导出文件的名称清单
ESTIMATE	指定估算导出时所占磁盘空间的方法

续表

参　数	功　能
ESTIMATE_ONLY	指定导出作业是否估算所占磁盘空间
EXCLUDE	指定执行导出时要排除的对象类型或相关对象
FILESIZE	指定导出文件的最大尺寸
FLASHBACK_SCN	导出数据时允许使用数据库闪回
FLASHBACK_TIME	指定时间值来使用闪回导出特定时刻的数据
FULL	指定以数据库模式导出
HELP	指定是否显示expdp命令的帮助信息
INCLUDE	指定执行导出时要包含的对象类型或相关对象
JOB_NAME	指定导出作业的名称
LOGFILE	指定导出日志文件的名称
NETWORK_LINK	指定网络导出时的数据库链接名
NOLOGFILE	禁止生成导出日志文件
PARALLEL	指定导出的并行进程个数
PARFILE	指定导出参数文件的名称
QUERY	指定过滤导出数据的WHERE条件
SCHEMAS	指定执行方案模式导出
STATUS	指定显示导出作业状态的时间间隔
TABLES	指定执行表模式导出
TABLESPACES	指定导出的表空间列表
TRANSPORT_FULL_CHECK	指定导出表空间内部的对象和未导出表空间内部的对象之间关联关系的检查方式
TRANSPORT_TABLESPACES	指定执行表空间模式导出
VERSION	指定导出对象的数据库版本

8.2.2 使用impdp导入数据

使用impdp程序，可以导入数据、导入表、导入方案、导入表空间等。

使用impdp程序的语句格式为：

```
impdp username/password parameter1 [, parameter2, ...]
```

其中，username为用户名，password为用户密码，parameter1、parameter2等为参数的名称。

impdp程序中所用参数的名称和功能如表8-2所示。

表8-2 impdp程序中所用参数的名称和功能

参　数	功　能
ATTACH	将导入结果附加在一个已经存在的导入作业中
CONTENT	指定导入的内容
DIRECTORY	指定导入文件和日志文件所在的目录位置
DUMPFILE	指定导入文件的名称清单
EXCLUDE	指定执行导入时要排除的对象类型或相关对象
FLASHBACK_SCN	导入数据时允许使用数据库闪回
FLASHBACK_TIME	指定时间值来使用闪回导入特定时刻的数据
FULL	指定是否执行数据库导入
HELP	指定是否显示impdp命令的帮助信息
INCLUDE	指定执行导入时要包含的对象类型或相关对象
JOB_NAME	指定导入作业的名称
LOGFILE	指定导入日志文件的名称
NETWORK_LINK	指定网络导入时的数据库链接名
NOLOGFILE	禁止生成导入日志文件
PARALLEL	指定导入的并行进程个数
PARFILE	指定导入参数文件的名称
QUERY	指定过滤导入数据的WHERE条件
REMAP_DATAFILE	将数据文件名变为目标数据库文件名
REMAP_SCHEMA	将源方案的所有对象导入目标方案中
REMAP_TABLESPACE	将源表空间的所有对象导入目标表空间中
REUSE_DATAFILES	在创建表空间时是否覆盖已存在的文件
SCHEMAS	指定执行方案模式导入
SKIP_UNUSABLE_INDEXS	导入时是否跳过不可用的索引
SQLFILE	导入时将DDL写入SQL脚本文件中
STATUS	指定显示导入作业状态的时间间隔
STREAMS_CONFIGURATION	指定是否导入流数据
TABLE_EXISTS_ACTION	在表存在时导入作业要执行的操作
TABLES	指定执行表模式导入
TABLESPACES	指定导入的表空间列表

续表

参　数	功　能
TRANSFORM	是否个性创建对象的DDL语句
TRANSPORT_FULL_CHECK	指定导入表空间内部的对象和未导入表空间内部的对象之间关联关系的检查方式
TRANSPORT_TABLESPACES	指定执行表空间模式导入

8.3 脱机备份与恢复

脱机备份是指在关闭数据库后进行的完全镜像备份，其中包括参数文件、网络连接文件、控制文件、数据文件和联机重做日志文件等。脱机恢复是使用备份文件将数据库恢复到备份时的状态。

8.3.1 脱机备份

脱机备份也称冷备份，是在数据库处于“干净”关闭状态下进行的操作系统文件级的备份，是对构成数据库的全部物理文件的备份。需要备份的文件包括参数文件、所有控制文件、所有数据文件、所有联机重做日志文件。

如果没有启用归档模式，数据库不能恢复到备份完成后的任意时刻。如果启用归档模式，从脱机备份结束后到出现故障这段时间的数据库恢复，可以利用联机日志文件和归档日志文件实现。

脱机备份的操作步骤如下：

步骤01 以sys用户或sysdba的身份在SQL*Plus中以IMMEDIATE方式关闭数据库。语句如下：

```
CONN system /zzuli AS sysdba
SHUTDOWN IMMEDIATE
```

执行结果如图8-2所示。

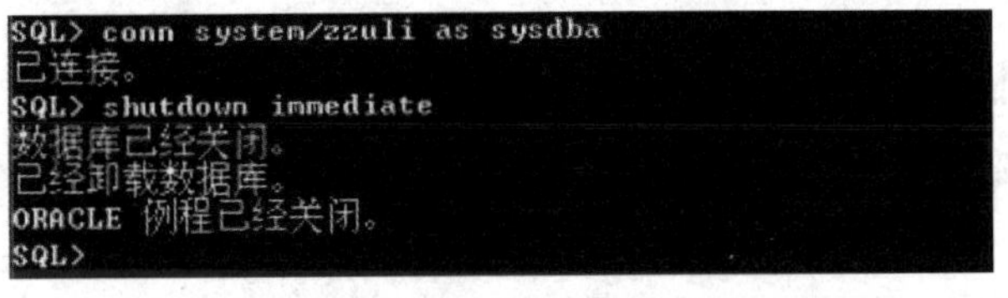

图 8-2　关闭数据库

步骤02 创建备份文件目录。例如，e:\OracleBak。

步骤03 使用操作系统命令或工具备份数据库中的所有文件。要备份的控制文件可以通过查询数据字典视图V$CONTROLFILE看到，要备份的数据文件可以通过查询数据字典视图DBA_DATA_FILES看到，要备份的联机重做日志文件可以通过查询数据字典视图V$LOGFILE看到，如图8-3所示。

```
SQL> conn system/zzuli as sysdba
已连接。
SQL> column status format a15
SQL> column name format a50
SQL> column file_name format a50
SQL> column group# format 99999999
SQL> column member format a50
SQL> select status,name from v$controlfile;

STATUS          NAME
--------------- --------------------------------------------------
                D:\APP\ADMINISTRATOR\ORADATA\ZZULI\CONTROL01.CTL
                D:\APP\ADMINISTRATOR\ORADATA\ZZULI\CONTROL02.CTL
                D:\APP\ADMINISTRATOR\ORADATA\ZZULI\CONTROL03.CTL
                E:\ORADATA\CONTROL04.CTL

SQL> select status,file_name from dba_data_files;

STATUS          FILE_NAME
--------------- --------------------------------------------------
AVAILABLE       D:\APP\ADMINISTRATOR\ORADATA\ZZULI\USERS01.DBF
AVAILABLE       D:\APP\ADMINISTRATOR\ORADATA\ZZULI\UNDOTBS01.DBF
AVAILABLE       D:\APP\ADMINISTRATOR\ORADATA\ZZULI\SYSAUX01.DBF
AVAILABLE       D:\APP\ADMINISTRATOR\ORADATA\ZZULI\SYSTEM01.DBF
AVAILABLE       E:\MYTB1.DBF
AVAILABLE       E:\MYTBS01_1.DBF

已选择6行。

SQL> select group#,status,member from v$logfile;

   GROUP# STATUS          MEMBER
--------- --------------- --------------------------------------------------
        3                 D:\APP\ADMINISTRATOR\ORADATA\ZZULI\REDO03.LOG
        2                 D:\APP\ADMINISTRATOR\ORADATA\ZZULI\REDO02.LOG
        1                 D:\APP\ADMINISTRATOR\ORADATA\ZZULI\REDO01.LOG

SQL> _
```

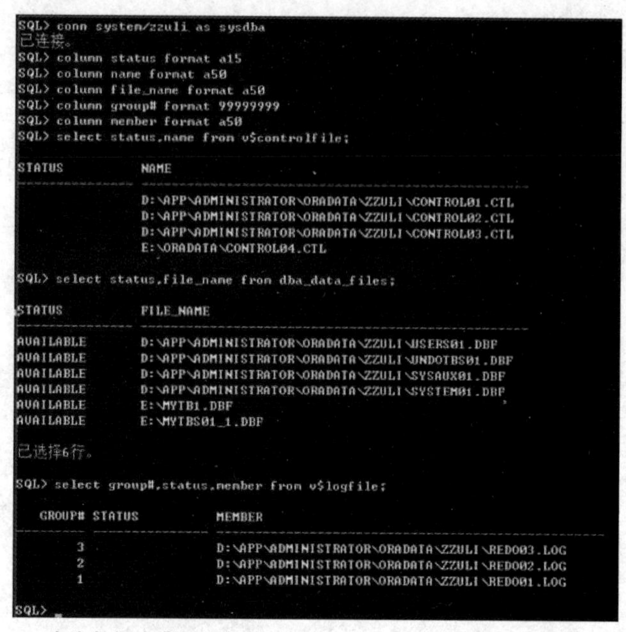

图8-3　查询数据字典视图得到控制文件、数据文件和联机重做日志文件

提示：要备份的参数文件存放在Oracle主目录下的dbs目录中。要备份的网络连接文件存放在Oracle主目录下的NETWORK\ADMIN目录中。如果定制了SQL*Plus，还应该备份主目录下的sqlplus\ADMIN目录中的文件。

步骤04 备份完成后，如果继续让用户使用数据库，需要以OPEN方式启动数据库，如图8-4所示。

```
SQL> startup open
ORACLE 例程已经启动。

Total System Global Area  535662592 bytes
Fixed Size                  1334380 bytes
Variable Size             163578772 bytes
Database Buffers          364904448 bytes
Redo Buffers                5844992 bytes
数据库装载完毕。
数据库已经打开。
SQL>
```

图 8-4　以 OPEN 方式启动数据库

8.3.2　脱机恢复

脱机恢复的具体操作步骤如下：

步骤01 以sys用户或sysdba的身份在SQL*Plus中以IMMEDIATE方式关闭数据库。

步骤02 将所有备份文件（数据文件、控制文件、联机重做日志文件）全部复制到原来所在的位置。

步骤03 恢复完成后，如果继续让用户使用数据库，需要以OPEN方式启动数据库。

8.4 联机备份与恢复

联机备份是一种物理备份，也称热备份。

数据库完全联机备份的步骤如下：

步骤 01 启动SQL*Plus，以sysdba身份登录数据库。

步骤 02 将数据库设置为归档模式。

步骤 03 以表空间为单位，进行数据文件备份。

步骤 04 备份控制文件。

步骤 05 备份其他物理文件。

8.4.1 使用RMAN程序进行联机备份

可以用恢复管理器RMAN（recovery manager）实现联机备份与恢复数据库文件、归档日志和控制文件等。

1. 归档日志模式的设置

要使用RMAN，首先必须将数据库设置为归档日志模式（ARCHIVELOG）。具体操作过程如下：

步骤 01 以sys用户和sysdba身份登录到SQL*Plus。

步骤 02 以IMMEDIATE方式关闭数据库，同时也关闭数据库实例，然后以MOUNT方式启动数据库，此时并未打开数据库实例。语句如下：

```
CONN system /zzuli AS SYSDBA
SHUTDOWN IMMEDIATE
startup mount
```

执行结果如图8-5所示。

步骤 03 把数据库实例从非归档日志模式（NOARCHIVELOG）切换为归档日志模式（ARCHIVELOG）。语句如下：

```
ALTER DATABASE ARCHIVELOG;
```

执行结果如图8-6所示。

```
SQL> conn system/zzuli as sysdba
已连接。
SQL> shutdown immediate
数据库已经关闭。
已经卸载数据库。
ORACLE 例程已经关闭。
SQL> startup mount
ORACLE 例程已经启动。

Total System Global Area  535662592 bytes
Fixed Size                  1334380 bytes
Variable Size             234881940 bytes
Database Buffers          293601280 bytes
Redo Buffers                5844992 bytes
数据库装载完毕。
SQL>
```

图 8-5 以 mount 方式打开数据库

```
SQL> alter database archivelog;

数据库已更改。

SQL>
```

图 8-6　将数据库实例切换为归档日志模式

步骤 04 查看数据库实例信息。语句如下：

```
SELECT dbid, name, log_mode, platform_name FROM v$DATABASE;
```

执行结果如图8-7所示。

```
SQL> select dbid,name,log_mode,platform_name from v$database;

      DBID NAME      LOG_MODE
---------- --------- ------------
PLATFORM_NAME
--------------------------------------------------------------------------------

1206904612 ORC       ARCHIVELOG
Microsoft Windows IA (32-bit)


SQL>
```

图 8-7　查看数据库实例信息

可以看到当前实例的日志模式已经修改为归档日志模式（ARCHIVELOG）了。

2. 创建恢复目录所用的表空间

进行联机恢复时，需要创建表空间存放与RMAN命令相关的数据。打开数据库实例，创建表空间，语句如下：

```
CONN system /zzuli AS SYSDBA
ALTER DATABASE OPEN;
CREATE TABLESPACE rman_ts DATAFILE 'f:\rman_ts.dbf' SIZE 500M;
```

其中，rman_ts为表空间名，数据文件为rman_ts.dbf，表空间大小为500 MB。

执行结果如图8-8所示。

```
SQL> conn system/zzuli as sysdba
已连接。
SQL> alter database open;

数据库已更改。

SQL> create tablespace rman_ts datafile 'f:\rman_ts.dbf' size 500M;

表空间已创建。

SQL>
```

图8-8　创建表空间

3. 创建RMAN用户并授权

创建用户rman，密码为zzuli，默认表空间为rman_ts，临时表空间为temp，为rman用户授予CONNECT、RECOVERY_CATALOG_OWNER和RESOURCE权限。其中，拥有CONNECT权限可以连接数据库，但不可以创建表、视图等数据库对象；拥有RECOVERY_CATALOG_OWNER权限可以对恢复目录进行管理；拥有RESOURCE权限可以创建表、视图等数据库对象。语句如下:

```
CONN system /zzuli AS SYSDBA
CREATE USER rman IDENTIFIED BY zzuli DEFAULT TABLESPACE rman_ts
TEMPORARY TABLESPACE temp;
```

```
GRANT CONNECT, RECOVERY_CATALOG_OWNER, RESOURCE TO rman;
```

执行结果如图8-9所示。

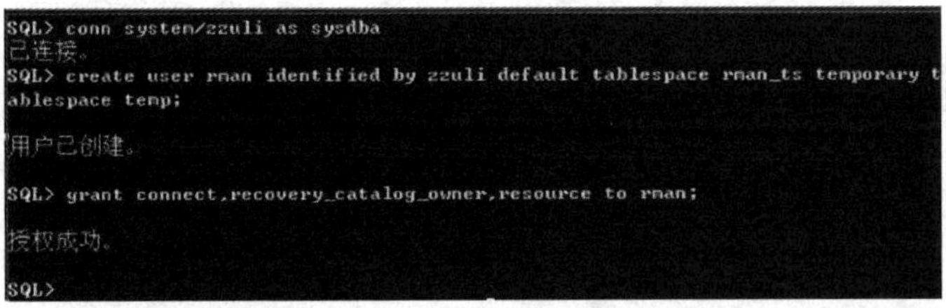

```
SQL> conn system/zzuli as sysdba
已连接。
SQL> create user rman identified by zzuli default tablespace rman_ts temporary t
ablespace temp;

用户已创建。

SQL> grant connect,recovery_catalog_owner,resource to rman;

授权成功。

SQL>
```

图 8-9　创建 rman 用户并授权

4. 创建恢复目录

首先，运行RMAN程序打开恢复管理器，语句如下：

```
RMAN CATALOG rman/zzuli TARGET orc
```

执行结果如图8-10所示。

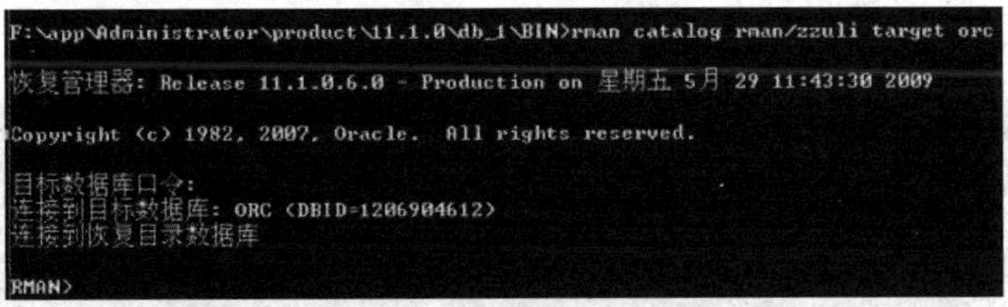

```
F:\app\Administrator\product\11.1.0\db_1\BIN>rman catalog rman/zzuli target orc

恢复管理器: Release 11.1.0.6.0 - Production on 星期五 5月 29 11:43:30 2009

Copyright (c) 1982, 2007, Oracle.  All rights reserved.

目标数据库口令:
连接到目标数据库: ORC (DBID=1206904612)
连接到恢复目录数据库

RMAN>
```

图 8-10　运行 RMAN 程序打开恢复管理器

然后，使用表空间创建恢复目录，恢复目录为rman，语句如下：

```
RMAN>CREATE CATALOG TABLESPACE rman_ts;
```

执行结果如图8-11所示。

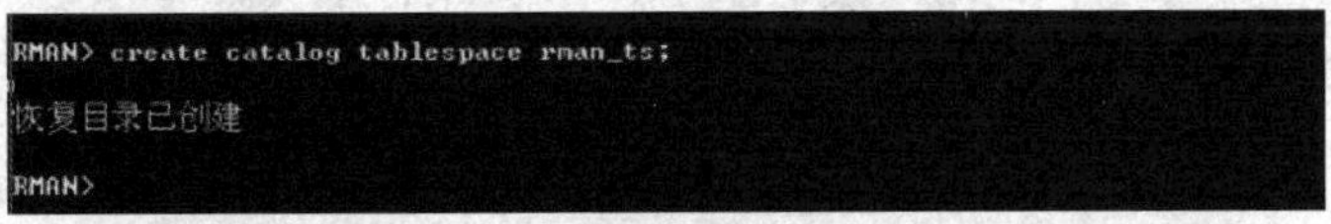

```
RMAN> create catalog tablespace rman_ts;

恢复目录已创建

RMAN>
```

图8-11　创建恢复目录

5. 注册目标数据库

只有注册的数据库才可以进行备份和恢复，使用REGISTER DATABASE命令可以对数据库进行注册。语句如下：

```
RMAN>REGISTER DATABASE;
```

执行结果如图8-12所示。

```
RMAN> register database;

注册在恢复目录中的数据库
正在启动全部恢复目录的 resync
完成全部 resync

RMAN>
```

图 8-12　注册目标数据库

6. 使用RMAN程序进行备份

使用RUN命令可以执行一组可执行的语句进行完全数据库备份。语句如下：

```
RMAN>RUN {
2> allocate channel dev1 type disk;
3> backup database;
4> release channel dev1;
5> }
```

执行结果如图8-13所示。

也可以执行一组语句备份归档日志文件。语句如下：

```
RMAN>RUN {
2> allocate channel dev1 type disk;
3> backup archivelog all
4> release channel dev1;
5> }
```

执行结果如图8-14所示。

```
RMAN> run {
2> allocate channel dev1 type disk;
3> backup database;
4> release channel dev1;
5> }

分配的通道: dev1
通道 dev1: SID=155 设备类型=DISK

启动 backup 于 29-5月 -22
通道 dev1: 正在启动全部数据文件备份集
通道 dev1: 正在指定备份集内的数据文件
输入数据文件: 文件号=00001 名称=F:\APP\ADMINISTRATOR\ORADATA\ORC\SYSTEM01.DBF
输入数据文件: 文件号=00002 名称=F:\APP\ADMINISTRATOR\ORADATA\ORC\SYSAUX01.DBF
输入数据文件: 文件号=00006 名称=F:\RMAN_TS.DBF
输入数据文件: 文件号=00005 名称=F:\APP\ADMINISTRATOR\ORADATA\ORC\EXAMPLE01.DBF
输入数据文件: 文件号=00003 名称=F:\APP\ADMINISTRATOR\ORADATA\ORC\UNDOTBS01.DBF
输入数据文件: 文件号=00004 名称=F:\APP\ADMINISTRATOR\ORADATA\ORC\USERS01.DBF
通道 dev1: 正在启动段 1 于 29-5月 -22
通道 dev1: 已完成段 1 于 29-5月 -22
段句柄=F:\APP\ADMINISTRATOR\FLASH_RECOVERY_AREA\ORC\BACKUPSET\2022_05_29\O1_MF_N
NNDF_TAG20220529T115122_51YPXX7T_.BKP 标记=TAG20220529T115122 注释=NONE
通道 dev1: 备份集已完成, 经过时间:00:01:05
通道 dev1: 正在启动全部数据文件备份集
通道 dev1: 正在指定备份集内的数据文件
备份集内包括当前控制文件
备份集内包括当前的 SPFILE
通道 dev1: 正在启动段 1 于 29-5月 -22
通道 dev1: 已完成段 1 于 29-5月 -22
段句柄=F:\APP\ADMINISTRATOR\FLASH_RECOVERY_AREA\ORC\BACKUPSET\2022_05_29\O1_MF_N
CSNF_TAG20220529T115122_51YPZXRF_.BKP 标记=TAG20220529T115122 注释=NONE
通道 dev1: 备份集已完成, 经过时间:00:00:02
完成 backup 于 29-5月 -22

释放的通道: dev1

RMAN>
```

图 8-13　完全数据库备份

```
RMAN> run {
2> allocate channel dev1 type disk;
3> backup archivelog all;
4> release channel dev1;
5> }

分配的通道: dev1
通道 dev1: SID=155 设备类型=DISK

启动 backup 于 29-5月 -22
当前日志已存档
通道 dev1: 正在启动归档日志备份集
通道 dev1: 正在指定备份集内的归档日志
输入归档日志线程=1 序列=6 RECID=2 STAMP=688132122
输入归档日志线程=1 序列=7 RECID=4 STAMP=688132463
通道 dev1: 正在启动段 1 于 29-5月 -22
通道 dev1: 已完成段 1 于 29-5月 -22
段句柄=F:\APP\ADMINISTRATOR\FLASH_RECOVERY_AREA\ORC\BACKUPSET\2022_05_29\O1_MF_A
NNNN_TAG20220529T115424_51YQ3KGN_.BKP 标记=TAG20220529T115424 注释=NONE
通道 dev1: 备份集已完成, 经过时间:00:00:03
完成 backup 于 29-5月 -22

释放的通道: dev1

RMAN>
```

图 8-14　备份归档日志文件

备份完成后，可以使用LIST BACKUP命令查看备份信息。语句如下：

```
RMAN>LIST BACKUP;
```

执行结果如图8-15所示。

图 8-15　查看备份信息

8.4.2　使用RMAN程序进行联机恢复

要恢复备份信息，可以使用RESTORE命令。例如，恢复归档日志，可执行下面一组语句。

```
RMAN>RUN {
2> allocate channel dev1 type disk;
3> restore archivelog all;
4> release channel dev1;
5> }
```

执行结果如图8-16所示。

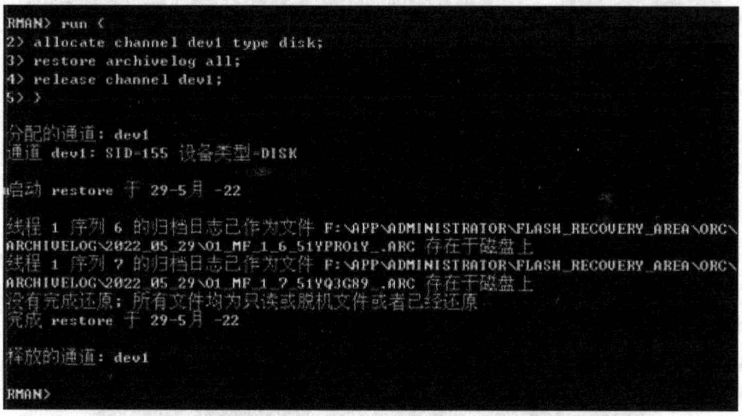

```
RMAN> run {
2> allocate channel dev1 type disk;
3> restore archivelog all;
4> release channel dev1;
5> }

分配的通道: dev1
通道 dev1: SID=155 设备类型=DISK

启动 restore 于 29-5月 -22

线程 1 序列 6 的归档日志已作为文件 F:\APP\ADMINISTRATOR\FLASH_RECOVERY_AREA\ORC\
ARCHIVELOG\2022_05_29\O1_MF_1_6_51YPRO1Y_.ARC 存在于磁盘上
线程 1 序列 7 的归档日志已作为文件 F:\APP\ADMINISTRATOR\FLASH_RECOVERY_AREA\ORC\
ARCHIVELOG\2022_05_29\O1_MF_1_7_51YQ3G89_.ARC 存在于磁盘上
没有完成还原; 所有文件均为只读或脱机文件或者已经还原
完成 restore 于 29-5月 -22

释放的通道: dev1

RMAN>
```

图 8-16 恢复备份信息

8.5 各种备份与恢复方法的比较

逻辑备份与恢复是利用实用程序实现数据库、方案、表结构的数据备份与恢复。这种方式有许多可选参数，比脱机备份与恢复灵活，也能实现数据的传递和数据库的升级。

物理备份是先将组成数据库的数据文件、重做日志文件、控制文件、初始化参数文件等操作系统级的文件进行复制，再将形成的副本保存到与当前系统独立的磁盘或磁带上。

在物理备份时，数据库如果工作在归档模式下，则数据库可以进行联机备份，也可以进行脱机备份；而工作在非归档模式下只能进行脱机备份。在归档模式下既可以进行完全恢复，也可以进行不完全恢复。

数据库备份应遵循以下原则与策略：

- 在刚建立数据库时，应该立即进行数据库的完全备份；
- 将所有数据库备份保存在一个独立磁盘上（必须是与当前数据库系统正在使用的文件不同的磁盘）；
- 应该保持控制文件的多路复用，并且控制文件的副本应该存放在不同磁盘控制器下的不同磁盘设备上；
- 应该保持多个联机日志文件组，每个组中至少应该保持两个日志成员，同一日志组的多个成员应该分散存放在不同磁盘上；

- 至少保证两个归档重做日志文件的归档目标，不同归档目标应该分散于不同磁盘；
- 如果条件允许，尽量保证数据库运行于归档模式；
- 根据数据库数据变化的频率情况，确定数据库备份的规律；
- 在归档模式下，当数据库结构发生变化时（如创建或删除表空间、添加数据文件、重做日志文件等），应该备份数据库的控制文件；
- 在非归档模式下，当数据库结构发生变化时，应该进行数据库的完全备份；
- 在归档模式下，对于经常使用的表空间，可以采用表空间备份方法提高备份效率；
- 在归档模式下，通常不需要对联机重做日志文件进行备份；
- 使用RESETLOGS方式打开数据库后，应该进行数据库的完全备份；
- 对于重要的表中的数据，可以采用逻辑备份方式进行备份。

数据库恢复应遵循以下原则与策略：

- 根据数据库介质故障的原因，确定采用完全介质恢复还是不完全介质恢复；
- 如果数据库运行在非归档模式，当介质发生故障时，只能进行数据库的不完全恢复，将数据库恢复到最近的备份时刻的状态；
- 如果数据库运行在归档模式，当一个或多个数据文件损坏时，可以使用备份的数据文件进行完全或不完全的数据库恢复；
- 如果数据库运行在归档模式，当数据库的控制文件损坏时，可以使用备份的控制文件实现数据库的不完全恢复；
- 如果数据库运行在归档模式，当数据库的联机日志文件损坏时，可以使用备份的数据文件和联机重做日志文件不完全恢复数据库；
- 如果执行了不完全恢复，则当重新打开数据库时，应该使用RESETLOGS选项。

拓展阅读

建设基础网络、数据中心、云、数据、应用等一体协同的安全保障体系。开展通信网络安全防护，研究完善海量数据汇聚融合的风险识别与防护技术、数据脱敏技术、数据安全合规性评估认证、数据加密保护机制及相关技术检测手段。

——《“十四五”国家信息化规划》

巩固练习

一、选择题

1. 不属于Oracle支持的导出方式是（　　）。

A. 表方式　　B. 用户方式　　C. 全库方式　　D. 表空间方式

2. 下列关于数据库备份应遵循的原则与策略，不正确的是（　　）。

A. 在刚建立数据库时，用户可自行决定是否进行数据库的完全备份

B. 将所有数据库备份保存在一个独立磁盘上

C. 如果条件允许，尽量保证数据库运行于归档模式

D. 在非归档模式下，当数据库结构发生变化时，应该进行数据库的完全备份

二、填空题

1. 脱机备份是在关闭数据库后进行的完全镜像备份，其中包括参数文件、________、________、数据文件和________等。

2. 物理备份包括________和________两种。

三、实训题

1. 使用脱机物理备份对数据库进行完全备份。

2. 假定丢失了一个数据文件ex001.dbf，尝试通过前面做过的完全备份对数据库进行恢复，并验证恢复是否成功。

3. 使用联机物理备份对表空间users01.dbf进行备份。

第 9 章

Oracle的闪回技术和分区技术

本章导言

Oracle的闪回技术和分区技术是提升数据库性能和管理效率的高级功能。本章将解读闪回查询、闪回事务、时间点恢复等闪回技术，以及范围分区、列表分区、哈希分区等分区技术的原理与应用场景，助力学生掌握高级数据库管理技术，推动其数据库运维水平向更高层次迈进。

学习目标

（1）了解闪回技术的概念，掌握闪回查询技术和闪回错误恢复技术。

（2）了解分区技术的概念，掌握表分区和索引分区的方法。

素质要求

（1）培养灵活运用高级技术解决实际问题的创新能力，并在此过程中重视数据安全和隐私保护。

（2）认识到技术创新对于企业和行业发展的重要性，积极参与技术创新并关注社会影响。

9.1 闪回技术

在数据库的运维过程中，数据安全和恢复是至关重要的。Oracle数据库提供的闪回技术为数据恢复提供了强大而灵活的工具，它允许数据库管理员快速将数据库、表或数据恢复到过去的某个时间点，极大地降低了数据丢失的风险并简化了恢复过程。

9.1.1 闪回技术概述

基于回滚段的闪回查询（flashback query）技术，是指从回滚段中读取一定时间内对表进行操作的数据，以恢复错误的DML操作。

采用闪回技术，可以针对行级和事务级发生过变化的数据进行恢复，从而减少数据恢复的时间，而且操作简单，通过SQL语句就可以实现，这大大提高了数据库恢复的效率。

闪回技术的分类如下。

闪回查询（flashback query）：查询过去某个时间点或某个SCN（system change number，系统修订号）值时表中的数据信息。

闪回版本查询（flashback version query）：查询过去某个时间段或某个SCN段内表中数据的变化情况。

闪回事务查询（flashback transaction query）：查看某个事务或所有事务在过去一段时间内对数据进行的修改。

闪回表（flashback table）：将表恢复到过去的某个时间点或某个SCN值时的状态。

闪回删除（flashback drop）：将已经删除的表及其关联对象恢复到删除前的状态。

闪回数据库（flashback database）：将数据库恢复到过去某个时间点或某个SCN值时的状态。

闪回查询、闪回版本查询、闪回事务查询和闪回表主要是基于撤销表空间中的回滚信息实现的；闪回删除、闪回数据库是基于Oracle中的回收站（recycle bin）和闪回恢复区（flash recovery area）特性实现的。为了使用数据库的闪回技术，必须启用撤销表空间自动管理回滚信息。如果要使用闪回删除技术和闪回数据库技术，还需要启用回收站、闪回恢复区。

9.1.2 闪回查询技术

闪回查询是指利用数据库回滚段存放的信息查看指定表中过去某个时间点的数据信息，或过去某个时间段数据的变化情况，或某个事务对该表的操作信息等。

为了使用闪回查询功能，需要启动数据库撤销表空间来管理回滚信息。与撤销表空间相关的参数如下。

UNDO_MANAGEMENT：指定回滚段的管理方式，如果设置为AUTO，则采用撤销表空间自动管理回滚信息。

UNDO_TABLESPACE：指定用于回滚信息自动管理的撤销表空间名。

UNDO_RETENTION：指定回滚信息的最长保留时间。

1. 闪回查询

使用闪回查询可以查询指定时间点表中的数据。要使用闪回查询，必须将UNDO_MANAGEMENT设置为AUTO。

闪回查询的SELECT语句的语法格式为：

```
SELECT column_name[,...]
  FROM table_name
  [AS OF SCN|TIMESTAMP expression]
  [WHERE condition];
```

用户既可以基于AS OF TIMESTAMP闪回查询，也可以基于AS OF SCN闪回查询。事实上，Oracle在内部都是使用SCN的，即使指定的是AS OF TIMESTAMP，Oracle也会将其转换成SCN。系统时间与SCN之间的对应关系可以通过查询sys模式下的SMON_SCN_TIME表获得。

例如，设置系统显示当前时间的语句如下：

```
SET time ON
```

创建一个示例表，再从创建的示例表中删除一条记录，语句如下：

```
CREATE TABLE hr.mydep4 AS SELECT * FROM hr.departments;
DELETE FROM hr.mydep4 WHERE department_id=300;
COMMIT;
```

此时使用SELECT查询示例表hr.mydep4是查询不到刚删除的记录的，但使用闪回查询可以找到。闪回查询的语句如下：

```
SELECT * FROM hr.mydep4 AS OF TIMESTAMP
  TO TIMESTAMP(to_date('2009-05-29 10:00:00', 'yyyy-mm-dd hh24:mi:ss'))
WHERE department_id=300;
```

提示：闪回查询主要是根据UNDO表空间数据进行多版本查询，针对v$和x$开头的视图无效，但对DBA_、ALL_、USER_开头的视图是有效的。

2. 闪回版本查询

使用闪回版本查询，可以对查询提交后的数据进行审核。查询方法是在SELECT语句中使用VERSION BETWEEN子句。

利用闪回版本查询，可以查看一行记录在一段时间内的变化情况，即一行记录多个提交的版本信息，从而实现数据的行级恢复。

闪回版本查询语句的基本语法格式为：

```
SELECT column_name[,...] FROM table_name
  [VERSIONS BETWEEN SCN|TIMESTAMP
```

```
  MINVALUE|expression AND MAXVALUE|expression]
  [AS OF SCN|TIMESTAMP expression]
  WHERE condition;
```

主要参数说明如下。

VERSIONS BETWEEN：用于指定闪回版本查询时查询的时间段或SCN段。

AS OF：用于指定闪回查询时查询的时间点或SCN。

在闪回版本查询的目标列中，可以使用下列几个伪列返回版本信息。

VERSIONS_STARTTIME：基于时间的版本有效范围的下界。

VERSIONS_STARTSCN：基于SCN的版本有效范围的下界。

VERSIONS_ENDTIME：基于时间的版本有效范围的上界。

VERSIONS_ENDSCN：基于SCN的版本有效范围的上界。

VERSIONS_XID：操作的事务ID。

VERSIONS_OPERATION：执行操作的类型，其中I表示INSERT，D表示DELETE，U表示UPDATE。

在进行闪回版本查询时，可以同时使用VERSIONS短语和AS OF短语。AS OF短语决定了进行查询的时间点或SCN，VERSIONS短语决定了可见行的版本信息。对于在VERSIONS BETWEEN下界之前开始的事务，或在AS OF指定的时间或SCN之后完成的事务，系统返回的版本信息为NULL。

❗ **提示：** 所谓版本（version），是指每次事务所引起的数据行的变化情况，每次变化就是一个版本。这里的变化都是已经提交了的事务所引起的变化，没有提交的事务所引起的变化不会显示。闪回版本查询利用的是UNDO表空间里记录的UNDO数据。

例如，创建一个读者信息表reader的语句如下：

```
CREATE TABLE reader (id VARCHAR2(10), name VARCHAR2(20));
```

在reader表中插入一条记录的语句如下：

```
INSERT INTO reader VALUES('13100110', 'zs');
```

更新reader表中刚刚插入的那条记录的数据，并提交修改，语句如下：

```
UPDATE reader SET id='13100101' WHERE name='zs';
COMMIT;
```

使用闪回版本查询，查询语句如下：

```
SELECT VERSIONS_STARTTIME,VERSIONS_OPERATION,id,name
  FROM reader VERSIONS BETWEEN TIMESTAMP MINVALUE AND MAXVALUE;
```

执行结果如图9-1所示。

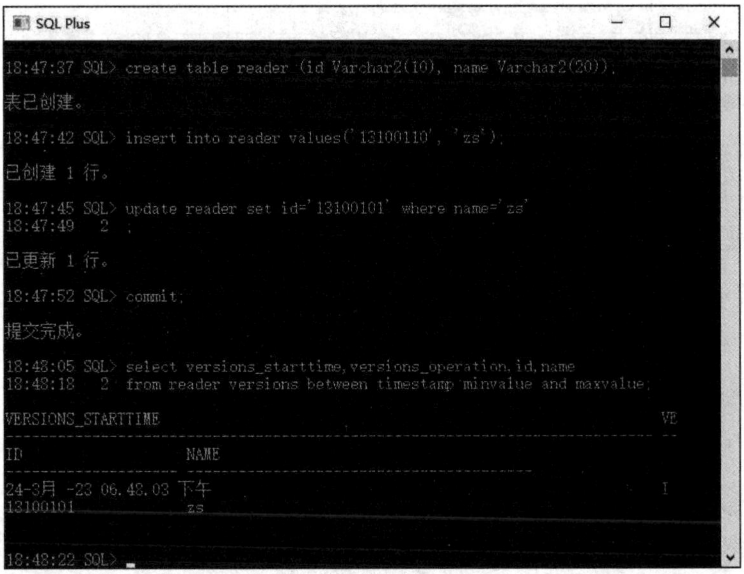

```
18:47:37 SQL> create table reader (id Varchar2(10), name Varchar2(20));

表已创建。

18:47:42 SQL> insert into reader values('13100110', 'zs');

已创建 1 行。

18:47:45 SQL> update reader set id='13100101' where name='zs'
18:47:49   2  ;

已更新 1 行。

18:47:52 SQL> commit;

提交完成。

18:48:05 SQL> select versions_starttime,versions_operation,id,name
18:48:18   2  from reader versions between timestamp minvalue and maxvalue;

VERSIONS_STARTTIME                                                          VE
--------------------------------------------------------------------------- --
ID                   NAME
-------------------- ----------------------------------------
24-3月 -23 06.48.03 下午                                                    I
13100101             zs

18:48:22 SQL>
```

图 9-1　闪回版本查询

3. 闪回事务查询

闪回事务保存在flashback_transation_query表中，闪回事务查询提供了一种查看事务级数据库变化的方法。对于已经提交的事务，可以通过闪回事务查询回滚段中存储的事务信息，也可以将闪回事务查询与闪回版本查询相结合，先利用闪回版本查询获取事务ID及事务操作结果，再利用事务ID查询事务的详细操作信息。

对于已经提交的事务，通过闪回事务查询，语句可以采用如下形式：

```
CONNECT sys /zzuli AS SYSDBA
SELECT table_name, undo_sql FROM flashback_transaction_query WHERE
rownum<n;
```

其中，table_name表示事务涉及的表名，undo_sql表示撤销事务所要执行的SQL语句，n为一个正整数值。

9.1.3　闪回错误恢复技术

闪回错误恢复技术是一种在数据库中进行异常数据恢复的技术，主要包括闪回数据库、闪回表和闪回回收站3种。

1. 闪回数据库

使用闪回数据库可以快速将Oracle数据库恢复到以前的某个时间点。

要使用闪回数据库，必须首先配置闪回恢复区，包括对db_recovery_file_dest进行恢复区位置的配置和对db_recovery_file_dest_size进行恢复区大小的配置。

例如，在SQL*Plus中配置闪回数据库，语句如下：

```
CONNECT sys /zzuli AS SYSDBA
```

```
SHUTDOWN IMMEDIATE
STARTUP MOUNT
ALTER DATABASE FLASHBACK ON;
ALTER DATABASE OPEN;
```

设置日期时间显示方式，语句如下：

```
ALTER SESSION SET NLS_DATE_FORMAT= 'yyyy-mm-dd hh24:mi:ss' ;
```

此时，从系统视图V$FLASHBACK_DATABASE_LOG中可以查看闪回数据库日志信息，语句如下：

```
SELECT * FROM v$FLASHBACK_DATABASE_LOG;
```

用户可以使用FLASHBACK DATABASE语句闪回恢复数据库，语句如下：

```
FLASHBACK DATABASE
TO TIMESTAMP(TO_DATE( '2023-03-25 12:30:00' ,  'yyyy-mm-dd hh24:mi:ss' ));
```

闪回恢复后，再打开数据库实例时，需要使用RESETLOGS或NORESETLOGS参数，语句如下：

```
ALTER DATABASE OPEN RESETLOGS;
SELECT * FROM hr.mydep;
```

2.闪回表

闪回表用于将表恢复到过去某个时间点的状态，针对因对表进行插入、修改、删除等操作而导致的错误，为DBA提供了一种在线、快速、便捷的恢复方法。

与闪回查询只是得到表在过去某个时间点的快照而并不改变表的当前状态不同，闪回表会将表及附属对象一起恢复到以前的某个时间点。

利用闪回表技术恢复表中数据的过程，实际上是对表进行DML操作的过程。Oracle数据库会自动维护与表相关联的索引、触发器、约束等，不需要DBA参与。

为了使用数据库闪回表功能，必须满足下列条件：

- 用户具有FLASHBACK ANY TABLE系统权限，或者对所操作的表具有FLASHBACK对象权限；
- 用户对所操作的表具有SELECT、INSERT、DELETE和ALTER对象权限；
- 数据库采用撤销表空间进行回滚信息的自动管理，合理设置UNDO_RETENTION参数值，保证指定的时间点或SCN所对应的信息保留在撤销表空间中；
- 启动被操作表的ROW MOVEMENT特性，可以通过下面的语句实现。

```
ALTER TABLE table ENABLE ROW MOVEMENT;
```

闪回表操作的语句格式为：

```
FLASHBACK TABLE [schema.]table TO
  SCN|TIMESTAMP expression
  [ENABLE|DISABLE TRIGGERS];
```

主要参数说明如下。

SCN：将表恢复到指定SCN时的状态。

TIMESTAMP：将表恢复到指定的时间点。

ENABLE|DISABLE TRIGGERS：在恢复表中数据的过程中，与表关联的触发器是激活还是禁用（默认为禁用）。

提示： sys用户或以SYSDBA身份登录的用户不能执行闪回表操作。

删除闪回表的语句如下：

```
SET time ON
CREATE TABLE hr.mydep1 AS SELECT * FROM hr.department;
DELETE FROM hr.mydep1 WHERE department_id=10;
FLASHBACK TABLE hr.mydep1 TO TIMESTAMP
  TO TIMESTAMP(to_date( '2010-10-29 10:00:00' ,  'yyyy-mm-dd hh24:mi:ss' ));
```

提示： 闪回表就是对表的数据进行回退，回退到之前的某个时间点，它利用的是UNDO表的历史数据，与UNDO_RETENTION设置有关，默认设置是1 440 min（1 d）。

3. 闪回回收站

闪回删除可恢复用DROP TABLE语句删除的表，是一种对意外删除的表的恢复机制。

闪回删除功能的实现主要是利用Oracle数据库中的“回收站”（recycle bin）技术。在Oracle数据库中，当执行DROP TABLE操作时并不立即回收表及其关联对象的空间，而是将它们重命名后放入一个称为“回收站”的逻辑容器中保存，直到用户决定永久删除它们或存储该表的表空间的存储空间不足时，表才真正被删除。

要使用闪回删除功能，需要启动数据库的“回收站”，即将参数RECYCLEBIN设置为ON，语句如下：

```
SHOW PARAMETER RECYCLEBIN
ALTER SYSTEM SET RECYCLEBIN=ON;
```

默认情况下，“回收站”已启动。

当执行DROP TABLE操作时，表及其关联对象被重命名后保存在“回收站”中，一般可以通过查询USER_RECYCLEBIN或DBA_RECYCLEBIN视图获得被删除的表及其关联对象的信息。在“回收站”中查看数据的语句如下：

```
SELECT OBJECT_NAME, ORIGINAL_NAME, CREATETIME, DROPTIME FROM DBA_
RECYCLEBIN;
```

从“回收站”中恢复数据的语句如下：

```
FLASHBACK TABLE hr.mydep2 TO BEFORE DROP;
```

如果在删除表时使用了PURGE短语，则会直接释放表及其关联对象，回收空间，相关信息就不会再进入“回收站”中了。例如，执行以下语句序列：

```
CREATE TABLE test_purge(ID NUMBER PRIMARY KEY , name CHAR(20) );
DROP TABLE test_purge PURGE;
SELECT OBJECT_NAME,ORIGINAL_NAME,TYPE FROM USER_RECYCLEBIN;
```

此时，“回收站”中显示的内容是没有test_purge表的。

由于被删除的表及其关联对象的信息保存在“回收站”中，其存储空间并没有被释放，因此需要定期清空“回收站”，或清除“回收站”中没用的对象（表、索引、表空间），释放其所占的磁盘空间。

清除回收站的语句格式为：

```
PURGE [TABLE table | INDEX index]|[RECYCLEBIN | DBA_RECYCLEBIN]|
  [TABLESPACE tablespace [USER user]]
```

各参数说明如下。

TABLE：从“回收站”中清除指定的表，并回收其磁盘空间。

INDEX：从“回收站”中清除指定的索引，并回收其磁盘空间。

RECYCLEBIN：清空用户“回收站”，并回收所有对象的磁盘空间。

DBA_RECYCLEBIN：清空整个数据库系统的“回收站”，只有SYSDBA权限的用户才可以使用。

TABLESPACE：清除“回收站”中指定的表空间，并回收磁盘空间。

USER：清除“回收站”中指定表空间中特定用户的对象，并回收磁盘空间。

例如，删除回收站中指定的数据（如hr.mydep1表）的语句如下：

```
PURGE TABLE hr.mydep1;
```

清空回收站可以使用如下语句：

```
PURGE DBA_RECYCLEBIN;
```

9.2 分区技术

Oracle分区技术是一种高级的数据管理功能，它通过从逻辑上将表、索引或索引组织表划分为多个较小的段（即分区），实现了数据的物理存储分离。这种技术不仅优化了查询性能，还使得数据的维护和管理变得更加灵活和高效。

9.2.1 分区技术简介

Oracle数据库管理系统是最早支持物理分区的。分区技术主要包括表分区和索引分区，对于改善应用程序的性能、可管理性和可用性具有显著作用，因此被视为数据库管理中的关键技术。如今数据规模日渐增长，特别是数据仓库系统中拥有海量数据。针对这种情况，大部分

Oracle数据库都通过使用分区功能来简化数据库的日常管理维护工作。

使用分区技术具有以下优点。

减少维护工作量：独立管理每个分区比管理单张大表要轻松得多，可以有效降低数据库的维护成本和时间。

增强数据库的可用性：如果表的一个或几个分区由于系统故障而不能使用，那么表其余的分区仍然可以使用；如果系统故障只影响表的一部分分区，那么只有这部分分区需要修复，这比修复整张大表耗费的时间少许多。

均衡I/O，减少竞争：通过将表的不同分区分配到不同的磁盘来平衡I/O、改善性能，从而提高整体的数据存取效率。

提高查询速度：对大表的查询、增加、修改等操作可以分解到表的不同分区中并行执行，这样可以加快运行速度，特别是对于数据仓库的事务处理查询尤其有用。

分区对用户保持透明：最终用户感觉不到分区的存在，他们仍然可以像操作普通的表一样进行操作。

9.2.2 表分区

表分区功能是在Oracle 9.0版本中首次推出的。具体来说，表分区是将一个表划分为多个更小的子表，每个子表称为一个分区。这些分区可以被单独管理，拥有自己的物理属性，如表空间、事务槽、存储参数和最小区段数等。

从数据库管理员的角度来看，分区后的对象具有多个段，这些段既可以进行集体管理，也可以进行单独管理，从而提供了相当大的灵活性。然而，对于应用程序来说，分区后的表与非分区的表在使用时完全相同，无须进行任何修改。如果表的大小超过2 GB，Oracle推荐使用分区表以提高查询性能和管理效率。

1. 表分区的类型

Oracle的表分区主要可以分为4种类型：范围分区、散列分区、列表分区和复合分区。

（1）范围分区。范围分区是根据数据库表中某一字段的值的范围来划分分区。当数据在范围内被均匀分布时，性能最好。例如，如果选择一个日期列作为分区键，那么从01-AUG-2019到31-AUG-2019之间的所有分区键值（假设分区的范围是从该月的第一天到该月的最后一天）都将被包括在分区AUG-2019中。创建范围分区的关键字是RANGE。

（2）散列分区。散列分区也被称为HASH分区，是在处理难以预测的列取值时使用的一种分区方法。例如，当需要插入数据并基于身份证号进行分区时，由于身份证号的范围无法确定，因此很难确定应该将数据存储在哪个分区中。

HASH分区通过指定分区编号将数据均匀地分布在磁盘设备上，使得每个分区的大小基本相同。这样可以降低I/O磁盘争用的情况，进而提高查询性能。然而，HASH分区对于范围查询或不等式查询并不能起到优化作用。

一般来说，以下几种情况适合采用HASH分区：

- 数据分布由HASH键决定；
- DBA无法预知具体的数据值；
- 数据的分布由Oracle自动处理，每个分区都有自己的表空间。

（3）列表分区。列表分区是一种根据表的某个列的值进行分区的方法，其关键字是LIST。当表中某个列的值可以枚举时，可以考虑使用列表分区来优化查询性能。

举个例子，假设有一个客户表clients，其中包含客户的省份信息。如果需要按照客户所在的省份进行分区，可以使用列表分区来实现。具体来说，可以将该表的列表分区划分为partition shandong（山东省）、partition guangdong（广东省）和partition yunnan（云南省）等几个分区。

通过使用列表分区，可以根据具体的业务需求将数据分散到不同的分区中，从而提高查询效率。例如，如果需要查询某个特定省份的客户信息，只需要访问对应的分区即可，而不需要扫描整个表。

需要注意的是，列表分区适用于那些具有明确枚举值的列，并且这些枚举值在实际应用中具有一定的分布性。对于没有明显枚举值或者枚举值分布不均匀的列，不适合使用列表分区。

（4）复合分区。在Oracle中，可以使用两种数据分区方法进行组合分区，以满足特定的业务需求。首先使用第一种数据分区方法对表格进行分区，然后使用第二种数据分区方法对每个分区进行二次分区。

Oracle支持6种组合分区方案：组合范围和范围分区、组合列表和范围分区、组合范围和散列分区、组合范围和列表分区、组合列表和列表分区、组合列表和散列分区。

2. 表分区的策略

在进行表分区设计时，首先需要考虑和分析分区表中每个分区的数据量，然后为每个分区创建相应的表空间。

首先要确定需要分区的大表，一旦确定了哪些表是大表，就可以开始为这些表进行分区。一般来说，占用存储空间较大的表被视为大表。系统架构师的任务是确定哪些表属于大表。如果需要在当前运行的系统中分析表的数据量，可以使用ANALYZE TABLE语句进行分析，并通过查询数据字典来获取相应的数据量；而正在进行需求分析的表，则只能采用估计的方法。

对于大表的分区，一般可以按照时间来进行。例如，如果按月份进行分区，那么就需要为每个月创建一个数据表空间；如果按季度进行分区，那么一年就需要创建4个表空间；如果要存储5年的数据，那么就需要创建20个表空间。

在确定了分区方法后，就可以开始规划表空间的大小了。在创建表空间之前，需要对每个表空间的大小进行估算。例如，如果每年的数据量为100 MB，那么最好为每个季度创建一个120 MB的表空间。此外，还需要考虑数据量的增长，例如第二年的数据量可能会比第一年增长20%~30%，这就需要在表空间的大小上进行相应的调整。

3. 创建表分区的步骤

在Oracle中，创建表分区的步骤如下。

步骤01 确定分区键，这是决定如何进行分区的关键。例如，可以选择日期列作为分区键。

步骤02 选择适当的分区方法，如范围分区或列表分区等。

步骤03 制定分区策略，包括选择具体的分区数目。

步骤04 创建一个分区表空间来存储分区表的数据和索引。

步骤05 通过CREATE TABLE语句定义新的分区表，并在其中指定分区策略。这包括定义分区键列以及设定各种间隔和边界值。

步骤06 将现有表中的数据插入新创建的分区表中。

步骤07 重命名现有表，并将分区表重命名为原始表的名称。

例如，创建一个保存人员信息的数据表person，然后创建3个范围分区，每个分区又包含两个子分区，子分区没有名称，由系统自动生成，并要求将其分布在两个指定的表空间中。代码如下：

```
CREATE TABLE person  --创建一个描述个人信息的表
(
id NUMBER PRIMARY KEY,  --个人的编号
name VARCHAR2(20),  --姓名
sex VARCHAR2(2)  --性别
)
PARTITION BY RANGE(id)  --以id作为分区键创建范围分区
SUBPARTITION BY HASH(name)  --以name列作为分区键创建HASH子分区
SUBPARTITIONS 2 STORE IN(tbsp_1,tbsp_2)  --HASH子分区共有两个，分别存储在不同的命名空间中
(
PARTITION par1 VALUES LESS THAN(5000),  --范围分区，id小于5000
PARTITION par2 VALUES LESS THAN (10000),  --范围分区，id小于10000
PARTITION par3 VALUES LESS THAN (maxvalue)  --范围分区，id不小于10000
);
```

该例首先按照范围进行分区，然后按照散列分区（HUSH）对子分区进行分区，根据name列的HASH值确定该行分布在tbsp_1或tbsp_2某个表空间上。

4. 管理表分区

（1）添加表分区。对于已经存在表分区的表，如果要添加一个新的表分区，可以使用ALTER TABLE ... ADD PARTITION语句。

例如，在客户信息表clients中添加一个省份为“海南省”的表分区，代码如下：

```
ALTER TABLE clients
ADD PARTITION hainan VALUES ('海南省')
STORAGE (INITIAL 10K NEXT 20K) TABLESPACE tbsp_1
NOLOGGING;
```

上述代码中，不仅为表clients增加了分区hainan，还为其指定了存储属性。

（2）合并表分区。Oracle可以对表和索引进行分区，也可以对分区进行合并，从而减少散

列分区或者复合分区的个数。在合并表分区之后，Oracle系统将做以下处理：

- 在合并分区时，HASH列函数将分区内容分布到一个或多个保留分区中；
- 原来内容所在的分区完全被清除，与分区对应的索引也被清除；
- 将一个或多个索引的本地索引分区标识为不可用（UNUSABLE），对不可用的索引进行重建。

下面讲解如何合并散列分区和复合分区。

①合并散列分区。使用ALTER TABLE...COALESCE PARTITION语句可以完成散列分区的合并。

例如，合并person分区表中的一个散列分区，代码如下：

```
ALTER TABLE person COALESCE PARTITION;
```

②合并复合分区。使用ALTER TABLE ... MODIFY语句可以将某个子分区的内容重新分配到一个或者多个保留的子分区中。

例如，将person分区表中的par3分区合并到其他保留的子分区中，代码如下：

```
ALTER TABLE person MODIFY PARTITION par3 COALESCE SUBPARTITION;
```

（3）删除表分区。使用ALTER TABLE ... DROP PARTITION语句可以删除表分区。

该语句可以用来删除一个范围分区和复合分区。删除分区时，该分区的数据也被删除。如果不希望删除数据，则必须采用合并分区的方法。

该语句也可以用来删除有数据和全局索引的表分区。如果分区表中包含数据，并且在表中定义了一个或者多个全局索引，则可以使用该语句删除表分区，这样可以保留全局索引，但是索引会被标识为不可用（UNUSABLE），因而需要重建索引。

例如，删除person分区表中的par1分区的代码如下：

```
ALTER TABLE person DROP PARTITION par1;
```

需要注意的是，散列分区和复合分区的散列子分区只能通过合并来达到删除的目的。

如果分区的表具有完整性约束，可以采用以下两种方法。

①禁止完整性约束，然后执行ALTER TABLE ... DROP PARTITION语句，最后激活约束。

②首先执行DELETE语句删除分区中的行，然后使用ALTER TABLE ... DROP PARTITION语句删除分区。

（4）并入范围分区。用户可以使用ALTER TABLE ... MERGE PARTITION语句将相邻的范围分区合并在一起变为一个新的分区，该分区继承原来两个分区的边界，原来的两个分区与相应的索引将一起被删除，因而合并后一般要重建索引。如果被合并的分区非空，则该分区被标识为UNUSABLE。

需要注意的是，不能对散列分区表执行ALTER TABLE ... MERGE PARTITION语句。

9.2.3 索引分区

在Oracle数据库中，如果索引所对应的表的数据量非常大，则索引会占用很大的空间，这时建议对索引进行分区，以优化应用系统的性能。

1. 索引分区的类型

Oracle的索引分区分为本地索引分区和全局索引分区。

（1）本地索引分区是按表分区的方式对索引进行分区，每个表分区都有一个索引分区，而且这个索引分区只会对这个表分区中的数据进行索引。同一索引分区中的所有条目都指向一个表分区，同一表分区中的所有行都会放在一个索引分区中。本地索引反映基础表的结构，因此对表的分区或子分区进行维护时，系统会自动对本地索引的分区进行维护，不需要用户对本地索引的分区进行维护。

（2）全局索引分区是按区间或散列对索引进行分区。采用全局索引分区时，一个索引分区可能指向任何（和所有）表分区。全局索引不反映基础表的结构，因此若要对全局索引进行分区，并且只能进行范围分区。

本地索引在隔离故障、维护分区和执行计划优化等方面具有优势，但全局索引在指向多个表分区时可能更具灵活性。此外，本地索引还可以简化分区时间点的恢复，但全局索引需要重建。因此，在设计数据仓库时需要考虑使用哪种类型的索引，并权衡其优缺点。

2. 创建索引分区

（1）创建本地索引分区。本地索引分区是使用与分区表同样的分区键进行分区的索引。也就是说，索引分区所采用的列与该表的分区所采用的列是相同的。本地索引分区有如下优点：

- 如果只有一个分区需要维护，则只有一个本地索引受影响；
- 支持分区独立性；
- 只有本地索引能够支持单一分区的装入和卸载；
- 表分区和各自的本地索引可以同时恢复；
- 本地索引可以单独重建；
- 位图索引仅由本地索引支持。

若要创建本地索引分区，可以使用CREATE INDEX ... LOCAL子句。

下面通过一个例子来讲解创建本地索引分区的完整过程。首先创建一个表分区，然后根据这个表分区创建本地索引分区，操作步骤及代码如下。

步骤01 准备好所需要的表空间。使用CREATE TABLESPACE语句创建3个表空间，这3个表空间应放在不同的磁盘分区上，分别是ts_1、ts_2、ts_3，代码如下：

```
#创建表空间ts_1
CREATE TABLESPACE ts_1
DATAFILE 'D:\OracleFiles\OracleData\lts1.dbf'
SIZE 10M
EXTENT MANAGEMENT LOCAL AUTOALLOCATE;
```

```
#创建表空间ts_2
CREATE TABLESPACE ts_2
DATAFILE 'E:\OracleFiles\OracleData\lts2.dbf'
SIZE 10M
EXTENT MANAGEMENT LOCAL AUTOALLOCATE;

#创建表空间ts_3
CREATE TABLESPACE ts_3
DATAFILE 'F:\OracleFiles\OracleData\lts3.dbf'
SIZE 10M
EXTENT MANAGEMENT LOCAL AUTOALLOCATE;
```

步骤02 创建一个存储学生成绩的分区表studentgrade，该表共有3个分区，分别位于表空间ts_1、ts_2和ts_3上，代码如下：

```
CREATE TABLE studentgrade
(
  id          NUMBER PRIMARY KEY,   -- 记录id
  name       VARCHAR2(10),   -- 学生名称
  subject     VARCHAR2(10),   -- 学科
  grade      NUMBER -- 成绩
)
PARTITION BY RANGE(GRADE)
(
  -- 小于60分，不及格
  PARTITION par_nopass VALUES LESS THAN(60) TABLESPACE ts_1,
  -- 小于70分，及格
  PARTITION par_pass VALUES LESS THAN(70) TABLESPACE ts_2,
  -- 大于或等于70分，优秀
  PARTITION par_good VALUES LESS THAN(MAXVALUE) TABLESPACE ts_3
);
```

步骤03 根据表分区创建本地索引分区，与表分区一样，索引分区也是3个分区（p1、p2、p3），代码如下：

```
CREATE INDEX grade_index ON studentgrade(grade) LOCAL PARTITION BY RANGE
(grade)
(
  PARTITION p1 VALUES LESS THAN (60) TABLESPACE ts_1,
  PARTITION p2 VALUES LESS THAN (70) TABLESPACE ts_2,
  PARTITION p3 VALUES LESS THAN (MAXVALUE) TABLESPACE ts_3
);
```

步骤04 用户可以通过查询dba _ind_partitions视图来查看索引分区信息，代码如下：

```
SELECT partition_name, tablespace_name
FROM dba_ind_partitions
```

```
WHERE index_name = 'GRADE_INDEX';
```

（2）创建全局索引分区。全局索引分区是没有与分区表采用相同分区键的分区索引。当分区中出现许多事务并且要保证所有分区中的数据记录唯一时，可以采用全局索引分区。

无论表是否采用分区，都可以对表采用全局索引分区。此外，不能对Cluster表、位图索引采用全局索引分区。

下面通过一个例子来演示全局索引分区的创建。以books表的saleprice列为索引列和分区键创建一个范围分区的全局索引，代码如下。

```
CREATE INDEX index_saleprice ON books (saleprice) GLOBAL PARTITION BY
RANGE (saleprice)
(
  PARTITION p1 VALUES LESS THAN (30),
  PARTITION p2 VALUES LESS THAN (50),
  PARTITION p3 VALUES LESS THAN (MAXVALUE)
);
```

3. 管理索引分区

对索引分区可以进行删除、重建、重命名等操作。对索引分区进行维护，应该使用ALTER INDEX语句，如表9-1所示。

表 9-1　对索引分区进行维护的 ALTER INDEX 语句

<table>
<tr><th>维护分类</th><th>索引类型</th><th>范围分区</th><th>散列分区或列表分区</th><th>组合分区</th></tr>
<tr><td rowspan="2">删除索引分区</td><td>全局索引</td><td colspan="3">DROP PARTITION</td></tr>
<tr><td>本地索引</td><td colspan="3">无效</td></tr>
<tr><td rowspan="2">重建索引分区</td><td>全局索引</td><td colspan="3">REBUILD PARTITION</td></tr>
<tr><td>本地索引</td><td colspan="2">REBUILD PARTITION</td><td>REBUILD SUBPARTITION</td></tr>
<tr><td rowspan="2">重命名索引分区</td><td>全局索引</td><td colspan="3">RENAME PARTITION</td></tr>
<tr><td>本地索引</td><td colspan="2">RENAME PARTITION</td><td>RENAME SUBPARTITION</td></tr>
<tr><td rowspan="2">分割索引分区</td><td>全局索引</td><td colspan="3">SPLIT PARTITION</td></tr>
<tr><td>本地索引</td><td colspan="3">无效</td></tr>
</table>

（1）删除索引分区。删除索引分区可通过ALTER INDEX ... DROP PARTITION语句来实现。

例如，从books表的index_saleprice索引中删除其中的索引分区p2，代码如下。

```
ALTER INDEX index_saleprice DROP PARTITION p2;
```

需要注意的是，对于全局索引分区，不能删除索引的最高分区，否则系统会提示错误。

（2）重建索引分区。在删除若干索引分区之后，如果只剩余一个索引分区，则需要对这个分区进行重建，重建分区可以使用ALTER INDEX...REBUILD PARTITION语句来实现。

例如，在books表的index_saleprice索引中删除其中的p2和p1索引分区，然后重建索引分区p3，代码如下。

```
ALTER INDEX index_saleprice DROP PARTITION p2;
ALTER INDEX index_saleprice DROP PARTITION p1;
ALTER INDEX index_saleprice REBUILD PARTITION p3;
```

（3）重命名索引分区。重命名索引分区与重命名索引的语法格式比较接近，其语法格式如下。

```
ALTER INDEX index_name RENAME PARTITION old_partition_name TO new_
partition_ name;
```

说明：index_name为索引名称。old_partition_ name为原索引分区名称。new_partition_name为新索引分区名称。

例如，在index_saleprice索引中重命名索引分区p3，代码如下：

```
ALTER INDEX index_saleprice RENAME PARTITION p3 TO p_new_name;
```

（4）分割索引分区。分割索引分区是对一个已经存在的索引分区进行拆分，将其划分为两个或多个新的分区。这可以通过ALTER INDEX语句中的SPLIT PARTITION子句来实现。

例如，将index_saleprice索引的一个分区p3分割为两个新的分区p3和p3_new，代码如下：

```
ALTER INDEX index_saleprice SPLIT PARTITION p3 INTO (p3, p3_new);
```

一、选择题

1.（　）是指查询过去某个时间段或某个SCN段内表中数据的变化情况。

A. 闪回查询　　B. 闪回版本查询
C. 闪回事务查询　　D. 闪回表

2. 闪回表利用的是UNDO表的历史数据，与UNDO_RETENTION设置有关，默认设置是（　）分。

A. 360　　B. 720　　C. 1 440　　D. 2 880

3. 在Oracle中，表分区的作用是（　）。

A. 提高查询效率　　B. 提高数据存储的效率
C. 提高数据备份和恢复的效率　　D. 以上都不是

4. 创建索引分区的语句是（　）。

A. CREATE TABLESPACE　　B. CREATE INDEX
C. ALTER INDEX　　D. DROP PARTITION

二、填空题

1. 闪回技术包括________、________、________、________、________和________。

2. 闪回数据库是利用数据库闪回恢复区中存储的________和________将数据库恢复到过去某个时间点的状态。

3. 表分区的类型包括________、________、________和________。

4. 索引分区的类型分为________和________。

三、操作题

1. 查询编号为“13100”的员工前一个小时的工资值。

2. 将test表恢复到2022-3-24 09:17:51的状态。

3. 创建一个水果销售表，并填充数据，然后按照水果的产地为该表创建表分区。

4. 为上述水果销售表创建根据表分区而划分的本地索引分区。

第 10 章

Oracle数据库设计实例

本章导言

理论结合实践方能锤炼真知。本章将以具体项目为例，展示一个完整的Oracle数据库设计流程与实施步骤，使学生能够在实践中将前9章所学内容融会贯通，进一步提升独立分析问题、设计解决方案的能力，真正成为具备实战经验的Oracle数据库管理与应用专家。

学习目标

（1）掌握数据库设计的步骤，能够按照需求设计数据库系统架构。

（2）掌握创建数据库对象的方法和要领，能够正确创建各种数据库对象。

素质要求

（1）通过案例实战，提高将理论知识转化为实践解决方案的能力，展示问题分析和系统设计水平。

（2）提高团队协作、有效沟通及项目管理技能，持续学习、追求卓越，为未来职业生涯奠定坚实基础。

10.1 项目概述

教学管理是学校众多事务中最为核心和繁重的一项业务，也是广大学生读者非常熟悉的领域。随着信息技术的日益发展，利用高效的信息系统提升学校的管理效率尤为必要。

教学管理涉及学生、教师和教务管理员。该系统能为学生、教师和管理员提供不同的权限，各类人员可通过不同的操作来满足自己相应的需求：针对学生，要实现学生选课、查询选课信息和查询成绩等功能；针对教师，要实现查询自己教授的课程、查询对应课程的学生、为上课的学生判定成绩等功能；针对管理员，要实现管理教师、课程和学生等功能。教学管理系统的功能模块图如图10–1所示。

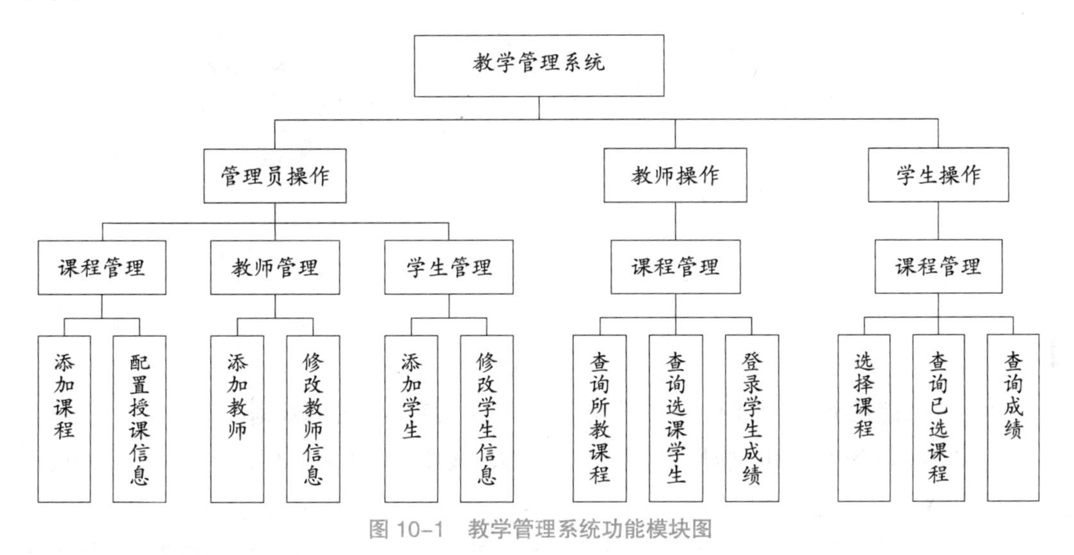

图 10–1 教学管理系统功能模块图

10.2 数据库设计

10.2.1 E–R 图

教学管理涉及学生、教师和教务管理员3类人员，而课程是管理的主要对象。通过需求分析，系统可以创建的实体对象有教师、学生、管理员和课程。它们之间的关系为：教师可以讲授多门课程，每门课程也可以由多名教师教授；学生可以选修多门课程，每门课程也可以被多名学生选修；学生可以选学任意一名教师教授的课程，每名教师也可以教授多名学生。根据以上分析，可绘制出教学管理系统的E–R图，如图10–2所示。

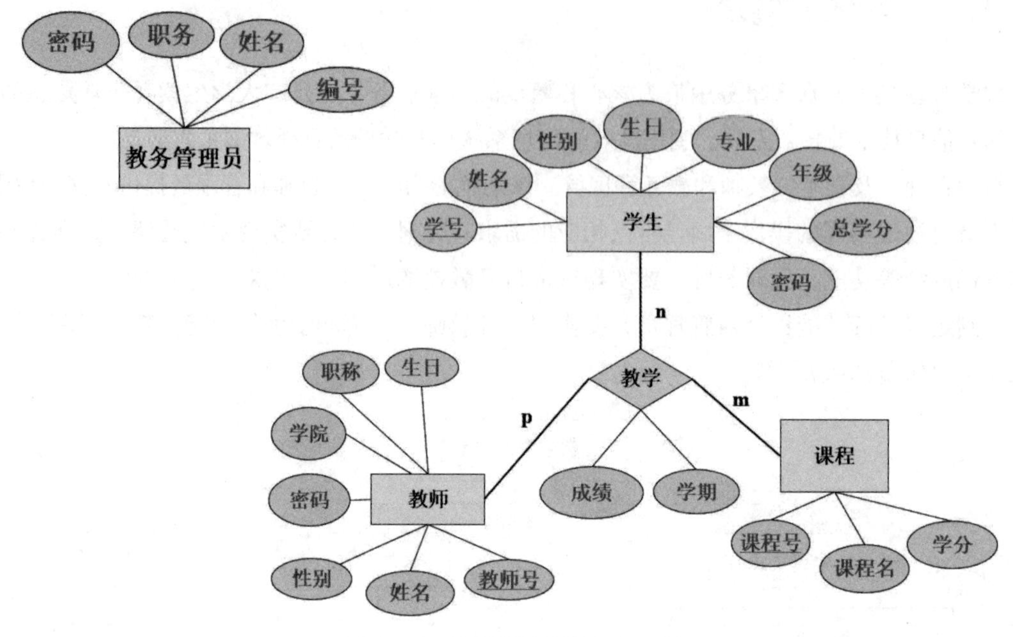

图 10-2　教学管理系统的 E-R 图

10.2.2　表结构设计

根据教学管理系统的E-R图，将其转换为Oracle的关系表，转换规则如下。

（1）将E-R图的每个实体转换为一张表，实体的属性转换为表的列，标记为主码的属性转换为表的主键列。

（2）若实体间的联系是$m:n:p$，则将联系也转换为表，表的列为三端实体类型的键（作为外键）加上联系类型的属性，表的主键为三端实体键的组合。

根据以上转换规则，并结合需求分析得到的实际情况，设计教学管理系统的表结构如表10-1～表10-5所示。

表 10-1　学生表 T_Student

列　名	描　述	数据类型	可　空	默　认　值	说　明
XH	学号	CHAR(6)	×	无	主键
XM	姓名	CHAR(20)	×	无	
XB	性别	CHAR(2)	×	无	{男,女}
CSRQ	出生日期	Date	√	无	
ZY	专业	CHAR(20)	×	无	
NJ	年级	CHAR(4)	×		
ZXF	总学分	Number	√	0	
MM	密码	VARCHAR2(16)	√	无	

表 10-2 课程表 T_Course

列 名	描 述	数据类型	可 空	默 认 值	说 明
KCH	课程号	CHAR(6)	×	无	主键
KCM	课程名	CHAR(20)	×	无	
XF	学分	Number	×	无	

表 10-3 教师表 T_Teacher

列 名	描 述	数据类型	可 空	默 认 值	说 明
JSH	教师号	CHAR(6)	×	无	主键
XM	姓名	CHAR(20)	×	无	
XB	性别	CHAR(2)	×	无	{男,女}
CSRQ	出生日期	DATE	√	无	
ZC	职称	CHAR(6)	√	无	{教授,副教授,讲师,助教}
XY	学院	VARCHAR2(12)	√	无	
MM	密码	VARCHAR2(16)	√	无	

表 10-4 教学安排表 T_ TeachingArrangement

列 名	描 述	数据类型	可 空	默 认 值	说 明
XH	学号	CHAR(6)	×	无	复合主键之一，外键引用T_Student(XH)
KCH	课程号	CHAR(6)	×	无	复合主键之一，外键引用T_Course(KCH)
JSH	教师号	CHAR(6)	×	无	复合主键之一，外键引用T_Teachar(JSH)
XQ	开课学期	CHAR(12)	×	无	
CJ	成绩	NUMBER	√	无	[0, 100]

表 10-5 管理员表 T_Manager

列 名	描 述	数据类型	可 空	默 认 值	说 明
GLYH	编号	CHAR(6)	×	无	主键
XM	姓名	CHAR(20)	×	无	
ZW	职务	CHAR(8)	×	无	{科员,副科,科长,副处,处长}
MM	密码	VARCHAR2(16)	√	无	

10.2.3 创建数据库对象

数据库对象包括表空间、表、视图、索引、存储过程、函数、触发器等。下面分别创建项目中需用到的各主要数据对象。

（1）创建表空间Space_JXGL和临时表空间tmpSpace_JXGL。

表空间的初始大小为500 MB，自动扩展，每次增加100 MB，最大为10 GB，分区管理模式为local模式；临时表空间的初始大小为100 MB，每次增加20 MB，最大为10 GB。代码如下：

```
--创建数据表空间Space_JXGL
CREATE TABLESPACE Space_JXGL
    LOGGING
    DATAFILE 'E:\Oracle_DBFile\MyData.dbf'
    SIZE 500M
    AUTOEXTEND ON
    NEXT 100M MAXSIZE 10G
    EXTENT MANAGEMENT LOCAL;

--创建临时表空间tmpSpace_JXGL
CREATE TEMPORARY TABLESPACE tmpSpace_JXGL
    TEMPFILE 'D:\Oracle_DBFile\MytmpData.dbf'
    SIZE 100M
    AUTOEXTEND ON
    NEXT 20M MAXSIZE 10G
    EXTENT MANAGEMENT LOCAL;
```

（2）创建用户User_JXGL，并为用户授予DBA的权限和对表空间的使用权限。代码如下：

```
CREATE USER User_JXGL IDENTIFIED BY pwd123
    DEFAULT TABLESPACE Space_JXGL
    TEMPORARY TABLESPACE tmpSpace_JXGL
    QUOTA 20M ON Space_JXGL;

GRANT CONNECT, RESOURCE, DBA TO User_JXGL;
GRANT UNLIMITED TABLESPACE TO User_JXGL;
```

（3）在表空间Space_JXGL中创建表。

①创建学生表T_Student。代码如下：

```
CREATE TABLE T_Student
    (
        XH  CHAR(6)  primary key,  --学号
        XM  CHAR(20)  not null,  --姓名
        XB  CHAR(2)  not null check(XB in ('男','女')),  --性别
        CSRQ  DATE  null,  --出生日期
        ZY  CHAR(20)  not null,  --专业
        NJ  CHAR(4)  not null,  --年级
        ZXF  NUMBER  default(0),  --总学分
        MM  VARCHAR2(16)  null  --密码
    ) TABLESPACE Space_JXGL;
```

②创建课程表T_Course。代码如下：

```
CREATE TABLE T_Course
    (
```

```
        KCH  CHAR(6)  primary key,  --课程号
        KCM  CHAR(20)  not null,  --课程名
        XF  NUMBER  not null  --学分
    ) TABLESPACE Space_JXGL;
```

③创建教师表T_Teacher。代码如下：

```
CREATE TABLE T_Teacher
    (
        JSH  CHAR(6)  primary key,  --教师号
        XM  CHAR(20)  not null,  --姓名
        XB  CHAR(2)  not null check(XB in ('男','女')),  --性别
        CSRQ  DATE  null,  --出生日期
        ZC  CHAR(6)  null  CHECK(ZC in ('教授','副教授','讲师','助教')),  --职称
        XY  VARCHAR2(12)  null,  --学院
        MM  VARCHAR2(16)  null  --密码
    ) TABLESPACE Space_JXGL;
```

④创建教学安排表T_TeachingArrangement。代码如下：

```
CREATE TABLE T_TeachingArrangement
    (
        XH  CHAR(6)  not null,  --学号
        KCH  CHAR(6)  not null,  --课程号
        JSH  CHAR(6)  not null,  --教师号
        XQ  CHAR(12)  not null,  --开课学期
        CJ  NUMBER  CHECK( CJ>=0 and CJ<=100) ,  --成绩
        CONSTRAINT PK_XKJ PRIMARY KEY (XH, KCH, JSH),  --主键约束
        CONSTRAINT FK_XH FOREIGN KEY(XH) REFERENCES T_Student(XH) ON
DELETE CASCADE,
        CONSTRAINT FK_KCH FOREIGN KEY(KCH) REFERENCES Course(KCH) ON
delete CASCADE,
        CONSTRAINT FK_JSH FOREIGN KEY(JSH) REFERENCES T_Teacher(JSH)
ON  delete CASCADE
        --外键约束
    ) TABLESPACE Space_JXGL;
```

⑤创建管理员表T_Manager。代码如下：

```
CREATE TABLE T_Manager
    (
        GLYH  CHAR(6)  primary key,  --编号
        XM  CHAR(20)  not null,  --姓名
        ZW  CHAR(8)  nullZ  CHECK( ZW in ( '科员','副科', '科长', '副处' ,
'处长' )),  --职务
        MM  VARCHAR2(16)  null  --密码
```

```
    ) TABLESPACE Space_JXGL;
```

（4）创建视图。不同的用户，往往从各自的角度看待数据库中的数据。例如，教师比较关注自己的教学任务安排，学生更关注自己的选课结果，管理员关注的是教学效果，即教学成绩。为提高查询效率，简化查询操作，下面从不同用户的角度创建视图。

①创建教学任务视图V_TeachingTask。代码如下：

```
CREATE VIEW V_TeachingTask
AS
SELECT T.JSH 教师号, T.XM 教师姓名, C.KCH 课程号, C.KCM 课程名, A.XQ 开课学期
FROM T_Teacher T, T_TeachingArrangement A , T_Course C
WHERE T.JSH=A.JSH AND A.KCH=C.KCH
```

②创建选课视图V_SelectiveCourses。代码如下：

```
CREATE VIEW V_SelectiveCourses
AS
SELECT S.XH 学号, S.XM 学生姓名,C.KCH 课程号,C.KCM 课程名,A.XQ 开课学期
FROM T_Student S, T_TeachingArrangement A, T_Course C
WHERE S.XH=A.XH AND A.KCH=C.KCH
```

③创建成绩单视图V_Score。代码如下：

```
CREATE VIEW V_Score
AS
SELECT S.XH 学号, S.XM 学生姓名, C.KCH 课程号, C.KCM 课程名, T.JSH 教师号,
T.XM 教师姓名, A.CJ 成绩, A.XQ 开课学期
FROM T_Student S, T_TeachingArrangement A, T_Course C, T_Teacher T
WHERE S.XH=A.XH AND C.KCH=A.KCH AND T.JSH=A.JSH
```

（5）创建索引。Oracle的索引是一种物理结构，它能够提供一种以一列或多列的值为基础迅速查找表中行的能力。索引中记录了表中的关键值，提供了指向表中行的指针。学生姓名和教师姓名是教学管理系统查询时经常访问的列，因此，在这两个表上建立姓名的索引，可以提高系统的查询效率。

①在学生表的姓名列上创建一个非唯一索引。代码如下：

```
CREATE INDEX Idx_Student_XM ON T_Student (XM)
    TABLESPACE Space_JXGL;
```

②在教师表的姓名列上创建一个非唯一索引。代码如下：

```
CREATE INDEX Idx_Teacher_XM ON T_Teacher (XM)
    TABLESPACE Space_JXGL;
```

（6）创建存储过程和函数。

①创建一个存储过程Proc_GetInfoByCName，实现输入课程名称后，返回所有讲授该课程的教师中平均分最高的教师号、教师名称，以及成绩最高分、最低分和平均分（以参数形式返回）。

代码如下：

```
CREATE OR REPLACE Procedure Proc_GetInfoByCName(Cname IN VARCHAR2, Tno OUT VARCHAR2, Tname OUT VARCHAR2, AvgScore OUT NUMBER, MaxScore OUT NUMBER, MinScore OUT NUMBER)
  AS
  BEGIN
     SELECT t.教师号 INTO Tno, t. AVG_Score INTO AvgScore
     FROM
           (
           SELECT 教师号, AVG(成绩) AVG_Score
           FROM V_Score
           WHERE 课程名=Cname
           GROUP BY 教师号
           ORDER BY AVG(成绩) DESC
        ) t
     WHERE rownum=1;

     SELECT 教师姓名 INTO Tname,
          MAX(成绩) INTO MaxScore,
          MIN(成绩) INTO MinScore
     FROM V_Score
     WHERE 教师号=Tno AND 课程名=Cname
  END;
```

②创建函数，实现输入专业名称和课程名称后，返回该专业此门课程的平均分。代码如下：

```
CREATE FUNCTION Fun_GetAvg(specialty VARCHAR2, cour_name VARCHAR2)
RETURN NUMBER
AS
   avg_cour NUMBER;
BEGIN
   SELECT AVG(成绩) INTO avg_cour
   FROM V_Score
   WHERE 课程名称 = cour_name AND 学号 IN
       (SELECT XSH FROM T_Student WHERE ZY= specialty) ;
   RETURN(avg_cour);
END;
```

巩固练习

1. 使用Oracle软件实现人事管理系统数据库的设计。

2. 使用Oracle软件实现电子商务网站系统数据库的设计。

参考答案

第1章

一、选择题

1.B 2.C 3.A 4.C 5.A

6.C 7.C 8.B 9.C 10.D

二、填空题

1.硬件；软件；人员；数据

2.概念数据模型；逻辑数据模型；物理数据模型

3.实体型；实体属性；实体间的联系

4.关系型数据库管理系统

5.需求分析；概念结构设计；逻辑结构设计；物理结构设计；数据库的实施；数据库的运行与维护

三、简答题

（略）

第2章

一、选择题

1.D 2.B 3.D 4.A

二、填空题

1.cloud；云计算

2.用户；模式；数据库；实例

3.内存结构；进程结构；存储结构

4.逻辑存储结构；物理存储结构

5.数据字典表；数据字典视图

三、实训题

（略）

第3章

一、选择题

1. D 2.B 3.D 4.B 5.C

二、填空题

1.启动实例、加载数据库、打开数据库

2.非空约束、唯一约束、主键约束、外键约束、自增约束

3.ORDER BY、GROUP BY

三、实训题

（略）

第4章

一、选择题

1.B 2.C 3.A 4.B 5.D

二、填空题

1.声明部分、执行部分、异常处理部分

2.声明游标、打开游标、提取游标、关闭游标

3.说明部分、包体部分

4.DML触发器、INSTEAD OF触发器、系统触发器

三、实训题

（略）

第5章

一、选择题

1. B 2. C

二、填空题

1.丢失更新、不可重复读、脏读、幻读

2.READ COMMITTED、REPEATABLE READ、SERIALIZABLE、NONE

3.数据锁、字典锁、内部锁、分布锁

三、实训题

（略）

第6章

一、选择题

1.C 2.A 3.D

二、填空题

1.系统权限、对象权限

2.权限管理、角色管理、概要文件管理

三、实训题

（略）

第7章

一、选择题

1.A 2.D 3.C

二、填空题

1.系统数据、数据字典数据、索引数据、应用数据

2.读写、只读、脱机

三、实训题

（略）

第8章

一、选择题

1.D　2.A

二、填空题

1.网络连接文件、控制文件、联机重做日志文件

2.脱机备份、联机备份

三、实训题

（略）

第9章

一、选择题

1.B　2.C　3.A　4.B

二、填空题

1.闪回查询、闪回版本查询、闪回事务查询、闪回表、闪回删除、闪回数据库

2.回收站、回收恢复区

3.范围分区、散列分区、列表分区、复合分区

4.本地索引分区、全局索引分区

三、实训题

（略）

第10章

（略）

参考文献

[1] 加西亚-莫里纳，沃尔曼，威德姆.数据库系统全书[M].岳丽华，等译.北京：机械工业出版社，2003.

[2] 莫顿，等.Oracle SQL高级编程[M].朱浩波，译.北京：人民邮电出版社，2011.

[3] 凯特，库恩.Oracle编程艺术：深入理解数据库体系结构[M].朱龙春，等译.北京：人民邮电出版社，2016.

[4] 於岳.Oracle数据库基础与应用教程[M].北京：人民邮电出版社，2016.

[5] 聚慕课教育研发中心.Oracle从入门到项目实践：超值版[M].北京：清华大学出版社，2019.

[6] 朱亚兴.Oracle数据库系统应用开发实用教程[M].3版.北京：高等教育出版社，2019.

[7] 赵明渊.Oracle数据库教程[M].2版.北京：清华大学出版社，2020.

[8] 王英英.Oracle 19c从入门到精通：视频教学超值版[M].北京：清华大学出版社，2021.

[9] 尚展垒，杨威，吴俭.Oracle数据库管理与开发：慕课版[M].2版.北京：人民邮电出版社，2020.

[10] 张华.Oracle 19C数据库应用：全案例微课版[M].北京：清华大学出版社，2022.

[11] 明日科技.Oracle从入门到精通[M].5版.北京：清华大学出版社，2023.

[12] 张晓，曾欣，苏雪.Oracle数据库基础与应用[M].北京：电子工业出版社，2023.